Entscheidung an der Dunkelwolke

Geheimakte MARS 03

I0464815

© 2022 D. W. McGillen

Umschlagsfoto: Mit Lizenz

Paperback: ISBN: 9781522883661
Imprint: Independently published

Hardcover: ISBN: 9798410218979
Imprint: Independently published

ISBN-e-Book: ebenfalls erhältlich:

D.W. McGillen, 31.01.2022

Geheimakte Mars 01: Suche nach dem Ursprung
Geheimakte Mars 02: Erde in Gefahr
Geheimakte Mars 03: Entscheidung an der Dunkelwolke

Inhaltsverzeichnis

Neue Aufgaben

Major Travis und Prinzessin Sirin saßen auf der Veranda von Major Travis Haus in Douglas, auf der schönen Insel Isle of Man, Seite an Seite auf einem alten Sofa. Sie schauten auf das Meer hinaus. Es war ein schöner Sonnentag gewesen. Die Gischt der Wellen peitschte an den Strand. Möwen zogen kreischend vorbei und erfüllten den Abend mit Gemütlichkeit. Der Major nahm das Kellner-Messer von dem Tisch. Sirin reichte ihm die Flasche Bordeaux-Wein an. Mit dem Champagnerhaken schnitt er die Banderole auf und drehte den Korkenzieher in den Korken der Flasche. Das Endstück des Kellner-Messers setzte er auf den Flaschenhals auf und bog das Griffstück nach oben. Der Korken bewegte sich, folgte dem Druck zum Flaschenhals hin, wo er mit einem leichten Plopp aus der Flasche sprang.

»Eine interessante Technik«, bemerkte Sirin. »Was ihr nicht alles für Dinge erfunden habt. Das zeigt mir tatsächlich den Wissensdurst von euch Menschen. Ihr seid Immer am Tüfteln, am Verbessern und am Verändern. «

Major Travis schmunzelte sie an.
»So sind wir eben«, antwortete er. »Es gibt viele Artikel, die bisher nicht modifiziert wurden. War das bei euch auf Natrid nicht ebenfalls so? «

»Wir haben das, was nötig war stets entwickelt, aber nicht mit dem Zwang, alltägliche Dinge immer mehr zu verändern, bis etwas ganz anderes dabei herauskommt«, erwiderte Sirin.

Major Travis lachte.

»Es kann auch einmal passieren, dass Dinge bei der Entwicklung entstehen, die vorher niemand geplant hatte. «

»Ihr seid Tüftler und Weltverbesserer«, bemerkte Sirin.

»Habe ich das nicht immer gesagt«, entgegnete der Major. »Es gibt immer etwas zu verbessern. Findest du Gefallen hieran? Kannst du dir vorstellen, in dieser rastlosen Welt zu leben? «

»Das mache ich doch bereits«, antwortete sie. » Glaubst du, ich wäre bei dir, wenn ich mich hier nicht wohlfühlen würde? Du hast mir eine zweite Heimat gegeben. Ich setze noch einen drauf, eine zweite, schönere Heimat. Die Erde ist wesentlich attraktiver, als es Natrid einst war. Diese ganzen bizarren Gegensätze, die ich auf Tarid kennenlernen darf, die gab es auf dem Mars nicht. «

Major Travis verharrte einen Augenblick und schaute auf das aufgewühlte Meer hinaus.

»Ja«, flüsterte er. » Ich bin ebenfalls gerne hier. «

Er zog Sirin an seine Schulter.
»Wir haben viel erreicht«, sagte er. »Die Erde konnte dank der Duplikatoren bereits eine recht große Flotte an Schiffen aufbauen. Derzeit macht nur noch die Personal-Beschaffung Probleme. Du hast es selbst mitbekommen.

So schnell können wir nicht die Raumschiff-Besatzungen schulen. Ich bin kein Freund davon, nur Robot-Schiffe ins All fliegen zu lassen. Wichtige Aufgaben werden in der Zukunft von Schiffen übernommen, auf denen Menschen ihren Dienst absolvieren. «

»Das war ja zu unseren Hochzeiten auch nicht anders«, bemerkte Sirin. »Das Imperium wurde immer größer und die Bevölkerung immer lethargischer. Auch Natrid fand nicht mehr genügend Freiwillige, die als Besatzungen für Raumschiffe ausgebildet werden konnten. Aufgrund dieser Situation kam der Gedanke auf. Roboter als Besatzungen für unsere Schiffe einzusetzen. Bei uns gibt es ein Sprichwort. Dieses heißt, Not macht erfinderisch. «

Der Major lachte laut.
»Dieses Sprichwort gilt vermutlich für alle Zivilisationen und Planeten im Universum«, antwortete er. «

»Das kann gut sein«, erwiderte Sirin. »Alle Species, die sich weiterentwickeln wollen, werden irgendwann einmal vor den gleichen Problemen stehen.«

Der Major hob das Weinglas und stieß mit Sirin an.
»Auf eine gute Zeit für uns und das Neue-Imperium von Tarid & Natrid«, schmunzelte er.

»Prost«, hauchte Sirin ihm entgegen.

Beide tranken einen Schluck Wein aus ihrem Glas.

»Der schmeckt aber gut«, flüsterte sie. »Ich bin immer wieder entzückt, wie viele unterschiedliche Geschmacksvarianten von Weinen es auf der Erde gibt. «

»Ja«, antwortete Major Travis. » Das hängt von vielen Kriterien ab. Wein ist nicht gleich Wein. Der Boden spielt eine wichtige Rolle, die tägliche Sonnen-Einstrahlung, die Pflege und natürlich auch die Art der Verarbeitung. «

Sirin drückte Marc einen Kuss auf die Wange.
»Das habe ich mittlerweile verstanden, mein Schatz«, hauchte sie ihm zu.

Es polterte im Haus. Mit zerwühltem Pelz stand Heinze in der Türe.

»Das Sofa ist zu hart«, sagte er. »Ich kann nicht schlafen. Eure Diskussionen sind langweilig. Ich kann nicht nachvollziehen, wie man so ein Gesäusel von sich geben kann. Ist es denn nicht möglich, über ernsthafte Themen zu sprechen? «

»Das kommt noch«, lächelte Major Travis. » Man muss auch zwischenzeitlich auf seine Lieben eingehen. Habt ihr das auf eurem Planeten nicht gemacht? «

»Nein«, antwortete Heinze. » Nicht in diesem Umfang. Wenn sich bei uns jemand zu dem anderen hingezogen fühlte, dann wurde die Angelegenheit mental besprochen. So sagt ihr doch hier auf der Erde. «

»Das funktionierte immer?«, erkundigte sich Major Travis.

»In der Regel schon«, antwortete Heinze. »Ich versuche jetzt noch einige Stunden zu schlafen. «

Er drehte sich ab und verschwand durch die Türe. Sie hörten, wie er die Eisschranktür aufriss und sich eine Flasche Saft nahm.

»Säfte sind die bevorzugten Getränke von Heinze geworden«, erklärte der Major. »Er mag jede Art von Saft.«

Sirin nickte.
»Ja, der Pelzige, der ist schon etwas besonders«, antwortete sie.

Tart 1 und Tart 2 kamen von ihrem Kontrollgang zurück. Major Travis und Sirin blickten zu ihnen auf.

»Alles ruhig«, teilte Tart 1 blechern mit.
»Keine erwähnenswerten Ereignisse«, ergänzte Tart 2.

Sie bezogen Posten rechts und links neben der Veranda.

»Was liegt als Nächstes an? «, fragte Sirin.

»Ich denke, die paar Tage Urlaub haben uns gutgetan«, entgegnete der Major. »Ich könnte dir weitere sehenswerte Stellen auf der Erde zeigen. Aber die Pflicht ruft. Wir werden morgen durch unseren Transmitter nach Tattarr gehen. Dort schauen wir uns die neuen Einsatzbefehle an. Falls keine besonderen Einsätze vorliegen, dann möchte weitere Koordinaten des alten Kaiser-Imperiums prüfen. Wir versuchen neue Hypertronic-KI geführte Planeten zu finden und hoffen sie wieder aktivieren zu können. Es wäre sehr schade, wenn wir die natradischen Ressourcen nicht wieder dem Imperium übergeben könnten «

Major Travis überlegte kurz.
»Es kann natürlich auch sein, dass General Poison und Noel wieder neue Aufgaben für uns haben«, bemerkte er.
»Die Termar 1 war ja gerade erst im Dock auf Natrid und wurde rundum überprüft. Es konnte immer noch nicht geklärt werden, warum die Termar 7 einen kompletten Energie-Ausfall verzeichnen musste. Nur hierdurch konnte der Schutzschirm ausfallen und das Schiff von den relativ harmlosen Laserstrahlen der Green-Lizards vernichtet werden. Commander Rosenblatt war ein guter Commander und ein Freund von mir. Ich bedauere seinen Verlust sehr.«

»Hatte er Familie gehabt? «, fragte Sirin.

Der Major nickte.
»Ja, eine Frau und zwei Kinder«, teilte er mit. »Ein Junge und ein Mädchen. Alle beide noch sehr jung. «

»Wie hat denn seine Frau die Nachricht aufgefasst? «, fragte Sirin traurig.

»Ich weiß es nicht«, antwortete Major Travis. »General Poison wollte sie informieren. Das werden wir bestimmt morgen erfahren. Jeder Verlust ist schwer zu ertragen. Es sterben Menschen, mit denen du eng verbunden warst, Freunde oder auch Familienangehörige. Für uns ist es neu, eine so große Kriegs-Flotte zu unterhalten. Wir sollten uns hierauf einstellen und uns weiter von Noel schulen lassen. «

»Die Familienbande scheinen mir auf der Erde noch intensiver zu sein als auf Natrid«, bemerkte Sirin. » Obwohl ich zur kaiserlichen Familie gehörte, hat mir die Familie nie die Wärme gegeben, wie ich sie jetzt schon auf der Erde erhalte. Ich spüre, dass dieses Gefühl gut ist. Die mir entgegengebrachte Wärme zeigt mir meine Zugehörigkeit zu dir. Das ist neu für mich. Es ist schön und ich bin dankbar hierfür. «

Sie kuschelte sich tiefer bei Marc in seine Seite und legte eine Decke um ihre Schultern.

»Es wird kälter«, hauchte sie ihm zu.
»Es ist Abend«, antwortete der Major. » Gehen wir schlafen. Morgen geht unser Abenteuer weiter. «

***

Major Travis, Sirin und Heinze standen in der zentralen Verwaltung des Neuen-Imperiums. Die große Kommando-Zentrale wurde von etlichen Personen bevölkert, welche Monitore oder Gerätschaften bedienten und überwachten. Das CIC zeigte nichts besonders an.

»Das ist die wiederbelebte Einsatzzentrale von General Poison und Noel«, erklärte der Major. »Die beiden ergänzen sich hervorragend. Ich hätte es nicht für möglich gehalten, dass der Alte sich mit der natradischen Hypertronic-KI und einem Klon anfreunden würde. Doch ich wurde eines Besseren belehrt. «

Major Travis sah sich um. Spitzenkräfte von der ganzen Erde erfüllten ihre Arbeit. Die Besten der Besten, durften das wichtigste Geheimnis im Universum hüten und steuern. Ihnen standen Waffen und Mittel zur Verfügung, um die Milchstraße aus den Angeln zu heben. Seit ein Personen-Transmitter in seinem Haus in Douglas installiert worden war, konnte er schnell einmal nach Hause springen, um mit seinen Freunden so richtig auszuspannen. Die Wege hatten sich verkürzt.

Die lästige Flugzeit entfiel. Damals, als die Zentrale der EWK noch ausschließlich auf der Erde zu finden war, konnte der Major relativ einfach, von seinem Haus in die Zentrale wechseln. Jetzt verlagerte sich die Administration immer mehr auf Natrid. Dort liefen die ganzen Leitungen und Informationen aus dem großen Universum zusammen. Nicht zuletzt aufgrund der schnelleren Erreichbarkeit und der besseren Einsatzbereitschaft wurde in das Haus von Major Travis ein solcher Transmitter eingebaut.

Gerade kamen General Poison und Noel in die Einsatz-Zentrale.

»Wie geht es ihnen? «, fragte der General erfreut. » Heinze macht auch wieder einen munteren Eindruck. Haben sie den Urlaub genossen. «

»Wenn man 5 Tage Freizeit als Ferien bezeichnen kann, dann ja«, antwortete der Major. » Was ist so wichtig, dass es nicht warten kann? «

»In dem Sinne nichts Besonderes«, antwortete der General. » Sie wissen, dass ich seit geraumer Zeit mit der UN intensive Gespräche führe, die EWK als einzige Weltraum-Behörde der Erde bestätigen zu lassen. «

»Ja«, antwortete Major Travis und nickte dabei.

»Jetzt, wo die Bedrohung durch die Green-Lizards erst einmal beseitigt ist, gehen die Diskussionen über die Finanzierung wieder los«, fluchte General Poison. » Die Gemeinschaft der Staaten sieht es nicht ein, so viel Geld in unsere Missionen zu stecken. Sie erkennen nicht die Bedrohung, die vor uns allen liegt. «

»Wie kann ich dabei helfen? «, fragte Major Travis.

»Das kann ich Ihnen sagen«, antwortete General Poison. »Sie kommen mit mir. Ebenfalls Noel, Sirin und Heinze. Mit diesem Auftritt werden wir die nationalen Staaten der Erde überzeugen, weitere Gelder in den Aufbau unserer Flotte zu stecken. Wir bieten allen nationalen Staaten ein Bündnis an. Hilfe wird gegenseitig gewährt, auch bezüglich aller internen Fragen und Antworten, welche Natrid betreffen. «

» An uns soll es nicht liegen«, lächelte der Major. » Wann ist der Termin vor der Staaten-Gemeinschaft? «

»Um ehrlich zu sein, heute Mittag, in nicht mehr ganz drei Stunden«, lächelte der General verlegen.

Major Travis blickte General Poison skeptisch an.

»Einen noch kurzfristigeren Termin konnten sie vermutlich nicht erhalten? «, antwortete der Major.

»Jetzt werden sie mal nicht komisch, Junge«, antwortete der General väterlich. » Je eher wir diese Angelegenheit hinter uns gebracht haben, umso besser ist es für uns. Ich habe für sie ein Essay verfasst. Dieses können sie sich auf dem Flug zur UN durchlesen. In dieser Abhandlung stehen Argumentationen für eine weitere Erforschung des Weltalls. Lassen sie uns gehen. Ein spezielles, modernisiertes Taluk-Schiff wartet auf dem Landeplatz auf uns. Wir haben dieses bereits mit dem neuen Super-Schutzschirm ausgestattet. Ferner begleitet uns Sergeant

Hardin mit zwölf Marines und zwölf Kampfrobotern, neuster natradischer Fertigung. «

»Sind neuerdings Roboter den Marines unterstellt? «, fragte Major Travis.

Noel nickte.
»Sergeant Hardin hat seine Truppe um 5.000 Kampfroboter aufgestockt. Sie übernehmen gefährliche Einsätze und sind dank des individuellen Schutzschirmes besser geschützt als unsere Marines. «

»Wollen wir mit diesem Aufgebot vor der UN erscheinen? «, fragte Major Travis nach.

General Poison schaute zuerst Noel an, dann drehte sich sein Blick Major Travis zu.

»In der Regel nicht«, antwortete er. »Doch wir haben Informationen, dass militante und religiöse Gruppen Attentate auf uns planen. Diese Gruppen, die natürlich nur eine sehr kleine Meinung der Menschen auf der Erde vertreten, sehen in der Erforschung des Weltalls eine Beleidigung des Himmels, also auch von Gott. Sie verdammen die natradische Technik als Maschinen des Teufels. Diese Gruppen wissen noch nichts von Heinze, Sirin und Noel. Ebenso wenig haben sie Kenntnisse über die Angriffe, die wir bisher überstehen mussten. Wir haben genügend Informationen unseres Geheimdienstes vorliegen, um diese Drohungen ernst zu nehmen. Jeder von ihnen zieht seine individuelle Taja an. «

Noel trat vor.

»Ich erkläre ihnen kurz die Neuerungen«, teilte er emotionslos mit. »Dieser Schutzanzug der kaiserlichen Kaste von Natrid, wurde durch Marin und Gareck weiterentwickelt. Die geheimnisvolle Farbe Schwarz ist geblieben. Polierte glänzende Knöpfe aus Natridstahl, mit silberfarbenen Zeichen am Kragen und auf der Brust der Uniform, weisen auf den Rang des Trägers hin. Der künstliche Stoff mit seiner angenehmen Oberfläche fühlt sich überaus hautfreundlich an. Er ist halborganisch und passt sich selbstständig dem Körper des Trägers an. Nicht sichtbar für den Betrachter sind die viele Sensoren, die von uns in den Anzug integriert wurden.

Sie garantieren eine optimale Sicherheit für den Träger. Sobald die Taja Hieb oder Stichwaffen in unzumutbarer Nähe registriert, verändert sie selbstständig ihre Oberfläche. Ihr Kampfanzug wird innerhalb von Millisekunden hart wie ein Stein, fast unverwüstlich. Es baut sich ein künstlicher Panzer auf. Bei einem Angriff von Strahlen-Waffen wird in Sekundenschnelle der neue Super-Schirm aktiv, der den Träger schützt. Der Anzug recycelt Schweiß und Körper-Ausscheidungen. Mit einer Taja kann der Träger mehrere Wochen ohne Wasser und Nahrung auf einem trostlosen, öden Planeten überleben.«

Noel übergab die Taja's an die Gruppe.

»Lasst uns gehen«, sagte General Poison. » Die UN lässt man nicht warten. «

Auf dem Gelände der EWK-Zentrale in Douglas, stieg die Gruppe in das bereitgestellte Schiff der Taluk-Klasse. Der 100 Meter-Angriffs-Kreuzer natradischer Fertigung, wurde speziell als Fluggerät für die Beförderung von Roboter oder Einsatz-Personal verwendet. Das Schiff war wendig und schnell. Im Verbund mit weiteren Taluk-Schiffen wurde es dank seiner modifizierten Waffen-Systeme und des neuen Super-Schirmes zu einem Angriffs-Kreuzer erste Güte. Die modernisierte Ausführung besaß neue Raketen-Batterien, Granat-Werfer und ausfahrbare Laser-Türme. Die Experten der EWK hatten eine gute Arbeit geleistet.

Die Sicherheit des EWK-Personals wurde hoch bewertet. Sergeant Hardin und seine Marines saßen bereits in dem Schiff. Die Kampfroboter hatten sich im unteren Teil des Kreuzers versammelt.

General Poison gab den Befehl zum Start des Schiffes. Der 100-Meter-Kreuzer hob sanft von dem Gelände der EWK ab. Die Anti-Grav. Absorber leisten fast geräuschlos ihre Arbeit. Langsam gewann das Schiff an Höhe. Ab der regulären Flughöhe schaltete der Pilot auf die Atmosphären-Triebwerke um. Ein leichter Sog vorwärts wurde für sie Insassen spürbar. Aufgrund der vorliegenden Berichte auf ein Attentat, gab Major Travis den Befehl den neuen Super-Schutzschirm des Schiffes zu aktivieren.

Das Team der EWK hat sich in der Zentrale des Schiffes versammelt. Nach einer Weile brach General Poison das Schweigen.

»Ich denke, sie haben alles gelesen und wissen, wie sie ihre Antworten formulieren sollten. Halten sie ihre Augen offen und beobachten sie alles sehr genau. Nach unserer Landung baut Sergeant Hardin mit seinem Team erst eine Schutz-Zone auf. Wir gehen in der Mitte seiner Eskorte in das UN-Gebäude. Haben sie noch Fragen? «

»Wie lange dauern die Gespräche? «, fragte Heinze. » Ich habe meine Möhren vergessen. «

»General Poison verzog sein Gesicht und blickte Major Travis an.

»Vielleicht sollten wir Heinze hierlassen«, bemerkte der General. »Der Ro kann dann im Schiff auf uns warten. «

»Das ist nicht nötig«, antwortete der Major. »Er hat lediglich Hunger und das äußert er. Heinze ist sich der Wichtigkeit unserer Aufgabe bewusst. «

Der Bord-Lautsprecher des Taluk-Schiffes wurde angeschaltet.

»Wir gehen in den Landeanflug über«, teilte der Pilot mit. »Suchen sie sich bitte einen festen Standort, ich setze das Schiff auf dem Landefeld, vor dem UN-Gebäude auf. «

Mit abnehmender Geschwindigkeit brach das Schiff aus den Wolken und näherte sich dem Boden. Bremsdüsen und Anti-Schwerkraft-Absorber schalteten sich ein. Vorsichtig setzte das Schiff auf der Landfläche vor dem UN-Gebäude auf.

General Poison hatte aufgrund der besonderen Umstände, von der UN eine Sonder-Parkfläche für das Schiff zugesprochen bekommen. Commodore McGregor und Commodore von Häussen erwarteten die Abordnung der EWK bereits auf dem Flugfeld. Sie gingen zu dem gelandeten Schiff. Langsam öffnete sich das Schott und eine Laserbrücke aktivierte sich. Kampfroboter in Zweierreihen drängten sich aus dem Schott und marschierten den Ausstieg herunter. Die gefährlich aussehenden Metall-Kolosse musterten die Umgebung. Sie hatten in den Kampfmodus geschaltet. Ihren roten Augen entging nicht das Geringste. Ihnen folgten Marines, unter dem Kommando von Sergeant Hardin. Sie wussten, was ihre Aufgabe war. Nachdem sie sich rechts und links postiert hatten, durften die restlichen Offiziere das Schiff verlassen. General Poison begrüßte seine Mitarbeiter, die vorschriftsmäßig salutierten.

Tart 1 und Tart 2 traten vor Major Travis und Sirin aus dem Schott. Akribisch suchten sie die Umgebung ab. Ihre intensiven Sensoren richteten sich auf das Gebäude, die Mauern, umherstehende Fahrzeuge, Bäume, Sträucher, und Personen, die weitläufig das Gelände umrundeten, wurden von ihnen gescannt.

»Alles in Ordnung«, sagte Tart 1 emotionslos zu Major Travis. »Wir können gehen. «

Major Travis nickte General Poison zu. Commodore von Häussen und Commodore McGregor gingen voraus, gefolgt von Noel und General Poison. Langsam setzte sich der Tross in Bewegung. Obwohl die natradischen Kampfroboter eine waffenstarrende Gasse gebildet hatten, trat Tart 1 vor seinen Schutzbefohlenen. Sirin und Heinze gingen hinter Major Travis her. Tart 2 bildete das Schlusslicht der Gruppe. So geschützt gingen die Führungskräfte des Neuen-Imperiums auf den geschmückten Eingang des UN-Gebäudes zu.

Die Elite-Soldaten der UN kannten bereits die 2.20 Meter großen Kampfroboter der EWK. Respektvoll wichen sie einen Schritt zurück. Ohne große Kontrollen akzeptierten die Soldaten die Sonder-Ausweise der Gruppe. Die Offiziere wurde von ihnen schnell durchgeschleust und konnte sich dem Sitzungssaal nähern.

Bereits vor der prächtigen Pforte der General-Versammlung, hörten die Besucher eine laute Geräusch-Kulisse. Diese verstummte schlagartig, als die Gruppe der EWK den Sitzungssaal betrat.

UN-Präsident Barocolo trat den Offizieren freudig. Er schüttelte General Poison und allen weiteren Personen die Hände. Selbst Heinze machte gute Miene zu diesem Spiel. Er konnte die Gedanken von Präsident Barocolo lesen. Dieser war sichtlich froh, dass die EWK-Gruppe endlich eingetroffen war.

»Was für ein Auftritt«, sprach er General Poison an.

Der nickte nur.
»Leider«, entgegnete der General nach einer kurzen Pause. »Wir wären lieber ohne unsere Roboter-Garde gekommen. Doch uns erreichen derzeit täglich Drohungen von militanten und religiösen Gruppen, die vorgeben Attentate auf uns zu planen. Ich bitte um Verständnis, das wir die Sicherheitsstufe anheben mussten. «

»Ich verstehe«, antwortete Präsident Barocolo.
»Wenn das so ist, ändere ich die Reihenfolge der Ansprachen. Sie werden als erste Gruppe sprechen können, um ihren Kritikern eine Antwort geben zu können. Ist ihnen das recht? «

»Gerne«, sagte General Poison. » Ich habe aber trotzdem ein ungutes Gefühl bei der Sache. «

»Machen sie sich keine Sorgen«, antwortete der Präsident. »Unser Gebäude ist eine Hochsicherheitszone. Jede Person wird kontrolliert. «

»Das hoffe ich«, antwortete der General. »Was ist mit den Mitgliedern? «

»Malen sie nicht den Teufel an die Wand«, stutzte Präsident Barocolo. »Wir alle haben doch die gleichen Werte. «

Er drehte sich um und schritt in den Raum der Versammlung. Fragen von Parlamentariern anderer Nationen, beantwortete er nicht.

Präsident Barocolo trat an das Rednerpult. Er hob seine Arme hoch. Die Geräuschkulisse verstummte.

»Meine sehr geehrten Damen und Herren, liebe Parlamentarier und Abgeordnete«, sprach er in das vor ihm stehende Mikrofon. »Ihrem Wunsch folgend, habe ich noch einmal die EWK gebeten, ihnen in diesem Hause Rede und Antwort zu stehen. Stellvertretend für die Organisation begrüße ich General Poison, den obersten Kommandeur der EWK. Ferner Major Travis, der Oberbefehlshaber des Neuen-Imperiums mit einem außergewöhnlichen Team. Wie sie wissen werden, ist der Major der alleinige Verwalter der technischen Hinterlassenschaften des Mars. «

Verhaltener Beifall wurde hörbar.

Der Präsident hob seine Hände in die Luft.
»Sie sind mit einer Schutztruppe Marines hier und den sagenhaften marsianischen Kampfrobotern«, erklärte Präsident Barocolo. »Wir haben der EWK eine Sondergenehmigung erteilt, weil Attentate religiöser Fanatiker angekündigt wurden. Darf ich alle

Parlamentarier dieses Saales bitten, ihre Augen und Ohren offen zu halten. Unsere Sicherheitsmaßnahmen wurden verstärkt. Ich hoffe nicht, dass wir hier im Sitzungssaal mit einem Attentat rechnen müssen. «

Die Delegierten auf ihren Stühlen sahen sich unsicher um.

»Lassen sie sich von dem Anblick der Kampfroboter nicht beunruhigen", erklärte der Präsident. Die Marines und die Roboter verstehen sich lediglich als Schutztruppe für die Abordnung der EWK. Ohne diese Zusage hätten wir die Offiziere der EWK nicht zu einem Besuch in unserem Hause begeistern können. Ich darf das Wort jetzt an General Poison weitergeben. «

Präsident Barocolo zeigte auf den Oberbefehlshaber der EWK.

»General Poison, treten sie vor«, lächelte er. »Das Mikrofon gehört ihnen. «

Die Gruppe der EWK bewegte sich in die Richtung des Redner-Rondells. Während General Poison am Redner-Pult Aufstellung nahm, positionierten sich Sirin, Heinze, Noel und der Major eine Stufe tiefer. Vor ihnen standen Sergeant Hardin, umgeben von Marines und seinen Kampfrobotern. Tart 1 und Tart 2 hatten sich direkt vor dem Rednerpult aufgebaut und in den Kampf-Modus geschaltet. Die gutmütige blaue Farbe der Augen war einem tiefrot gewichen. Sie musterten konzentriert die Umgebung.

Der General begrüßte die Delegierten höflich und kam direkt auf den Punkt.

»Ihre Fragen bitte«, sprach General Poison in das Mikrofon.

»General Poison«, ergriff der Delegierte aus Ägypten das Wort. »Unsere Regierung hatte ihrer Behörde seinerzeit zugesichert, sie finanziell zu unterstützen. Sie werden sich an unsere Zusage erinnern. Wir hielten Wort und konnten sie mit finanziellen Mitteln fördern, um eine Flotte von starken Raumschiffen bauen. Die Angreifer, wie nannten sie diese Wesen, die Green-Lizards, konnten von ihnen aufgehalten werden. Sie übergaben uns die Abschlussberichte ihrer Mission zur Einsicht. Nach einer intensiven Prüfung der Dokumente durch meine Regierung, erscheinen die Angreifer doch nicht so stark gewesen zu sein, wie sie das ursprünglich darstellten.

Wir fühlen uns etwas irritiert. Wofür benötigen sie weitere Raumschiffe. Sie haben doch eine große Menge an Schiffen von dem letzten Einsatz. Diese können sie doch auf bei weiteren Angriffen verwenden. Die offizielle Anfrage meiner Regierung mit der Frage, wie lange mit Zahlungen an ihre Behörde zu rechnen sei, beantworteten sie mit dem Hinweis, dass der Aufbau ihrer Flotte noch nicht abgeschlossen wäre. Aber sie verfügen doch bereits über eine große Menge an Raumschiffe? «

General Poison blickte den ägyptischen Delegierten an.
»Sehr geehrter Delegierter«, antwortete der General.
»Glauben sie oder ihre Regierung ernsthaft, dass es bei diesem einmaligen Angriff bleiben wird? «

Ungeduldig wartete er die Antwort nicht ab.
»Glauben sie das bitte nicht«, ergänzte er. »Wir haben ein neues Territorium für die Erde abgesteckt und das passt einigen Mächten im Universum nicht. Ich bitte Major Travis an den Rednerpult zu treten. «

Der Verwalter der Hinterlassenschaften trat vor.
»Mein Name ist Major Travis «, stellte er sich vor. »Ich bin der Hüter der Hinterlassenschaften des Mars. Jetzt werden sie fragen, warum gerade ich auserwählt wurde, die Hinterlassenschaften zu verwalten? Das war reiner Zufall. Ich trage nachweisbar das benötigte Marsgen in mir, das für die Aktivierung des ganzen Prozesses nötig war. Nur durch die Akzeptanz diese Adelsgen von Natrid, wurde ich als Verwalter der natradischen Hinterlassenschaften auserkoren. Es ist zu einer Vermischung der DNA von natradischen Flüchtlingen und der DNA von Angehörigen auf der Erde lebenden Ur-Völkern gekommen. In mir konnte es nachgewiesen werden. «

Der Major ließ seine Worte wirken.

»Hierdurch haben die Völker der Erde in unserer technischen Entwickelung einen kolossalen Sprung nach vorne gemacht«, fuhr er fort. »Erst durch das Verstehen dieser Technik, konnten wir die bevorstehende Gefahr bannen. Wie sie wissen werden, gelang es uns, den Angriff der Green-Lizards wirkungslos verpuffen lassen und abzuwehren. Stellen sie sich mögliche weitere Angriffe nicht so leicht vor. Die Worgass, welche diese Rasse von Echsen manipuliert hatten, wusste noch nichts über das Wiedererwachen der alten marsianischen Technologie. Sie hatten einen Wurmloch-Knoten aufgebaut, eine Verbindung in die Milchstraße geschaffen, um dort alle ansässigen humanoiden Leben zu vernichten. Stellen sie sich einmal vor, die Erde würde weiter ihren Dornröschen-Schlaf pflegen, dann wären wir von dem Angriff der Echsen überrascht worden. Ich füge noch hinzu, die Erde mit ihrem sämtlichen Lebensformen hätte aufgehört zu existieren. «

Major Travis wartete eine Weile und blickte die Zuhörer an.

»Nur durch den Zufall einer alten Programmierung und der noch intakten Technik des Mars konnte ich die Vernichtung unseres Sternen-Systems verhindern«, fuhr er fort. » Ihnen liegen die entsprechenden Berichte vor. Der Wurmloch-Knoten wurde von uns geschlossen. Es dauert noch 11 Monate, bis die Worgass es frühestens schaffen werden, einen neuen Durchgang zu installieren. Diese Außerirdischen kennen jetzt unsere Waffenstärke. Nach meiner Meinung werden sie nie mehr mit der falschen Bewaffnung hier in der Milchstraße auftauchen. Das konnte nur passieren, weil sich die ehemalige Kontrollmacht Natrid sich viele Jahrtausende nicht mehr gerührt hatte. Wenn die Worgass versuchen sollten, erneut in unsere Milchstraße vorzudringen, dann müssen wir bereit sein. Ihre weiteren Hilfszahlungen würden uns unterstützen eine sichere Abwehr aufzubauen. Es sind nicht nur die Schiffe, die wir bauen müssen. Auch das hierfür benötigte Personal und die Ausrüstungs-Gegenstände werden benötigt. Das bedeutet für ihre Regierungen kontinuierliche Kosten, die jedes Jahr in ihren Haushaltsplänen auftauchen werden. Nur so ist eine wirkungsvolle Abwehr-Flotte, mit exzellenter Ausrüstung finanzierbar. Eine nicht gut ausgestattete Flotte könnte im Ernstfall versagen, oder eine Schlacht verlieren. Dabei könnten wir alles, auch unsere Erde verlieren. Ich appelliere an ihre Vernunft. Sparen sie nicht am falschen Ende. «

Der Delegierte aus China erhob sich.
»Dürfen wir diese Technik auch in unserem Land nutzen? «, fragte er. »Die Volks-Republik China beabsichtigt die fremde Technik zu analysieren und eigenständig weiterzuentwickeln. Wir bezahlen auch dafür. «

Major Travis schaute in die Richtung des Abgeordneten. »Das ist zum Teil möglich«, erwiderte er. »Die neusten Entwicklungen bleiben dem Mars vorbehalten. Aber wir können ihnen ältere Produkte, die von uns bereits geprüft wurden, für ihre Forschungen offerieren.«

»Wir erwarten den neusten technischen Standard«, forderte der Vertreter der chinesischen Delegation. Unsere Volk gibt sich nicht mit ausrangierten Geräten zufrieden. Ihnen wurde auch aktuelle Zahlungsmittel überwiesen. «

»Sie erhalten von uns eine aktuelle Technik, die den technischen Möglichkeiten der Erde weit voraus ist«, erklärte Major Travis. »Bitte verlangen sie nicht von uns Technik abzugeben, die wir derzeit noch im Versuchsstadium testen und die noch nicht von uns freigegeben worden ist. Die Gefahr für die Menschheit wäre viel zu hoch.«

»Das entscheiden nicht sie«, schimpfte der Abgeordnete. »Wir werden zukünftig sämtliche Zahlungen an die EWK und das Neue-Imperium einstellen. Es sei denn, sie erklären sie bereit, aktuelle Technik an uns freizugeben. «

»Das ist allein ihre Entscheidung«, entgegnete Major Travis. » Wir sprachen bereits über die immensen Kosten, die für den Aufbau einer Schutzflotte anfallen. Das Neue-Imperium lässt sich von der chinesischen Regierung nicht erpressen. Falls sie keine weiteren Zahlungen vornehmen möchten, dann können wir ihr Land und ihre Bevölkerung nicht vor weiteren möglichen Angriffen schützen. Falls sich ein Schiff durch unseren Verteidigungswall mogelt und Kurs auf ihr Land nehmen sollte, werden wir nicht einschreiten können. Bitte haben sie Verständnis dafür, dass vorrangig alle Staaten gesichert werden, die ihre Zahlungen geleistet haben. Ferner erhalten sie auch keine ältere Technik mehr von uns. «

»Das ist massive Erpressung«, protestierte der chinesische Abgeordnete. Jetzt zeigt es sich, wie die Staaten-Gemeinschaft von ihnen abhängig ist.

» Nein«, entgegnete Major Travis. » Das ist keine Erpressung. Sie erwarten doch nicht ernsthaft, dass die EWK und das Neue-Imperium die Zahlungen anderer Staaten dafür verwendet, um eine Schutzflotte für das chinesische Territorium aufzubauen. Das wäre nicht fair. Wenn sie ihre Zahlungen einstellen, geht das zu Lasten ihrer Sicherheit. Sie verstehen doch, dass die Länder, die sich bemühen weiterhin Zahlungen zu leisten, in puncto Sicherheit die besseren Karten haben. Eine perfekte Sicherheit kostet leider auch immer Geld. «

Der Vertreter des Landes Österreich erhob sich.
»Herr Major, würden sie uns bitte mehr Informationen über das Ableben von Commander Rosenblatt geben«, bat er. »Die Informationen, die wir bisher erhalten haben, waren sehr spärlich. «

Major Travis nickte.
»Gerne, Herr Abgeordneter«, antwortete er. » Ich habe Commander Rosenblatt sehr geschätzt. Keiner Aufgabe ist er aus dem Weg gegangen. Er war zuverlässig, souverän und loyal. Der Tod von Commander Rosenblatt hat uns sehr getroffen. Er ist zurückzuführen auf die Verteidigung der Erde und auf einen plötzlichen Energieausfall seines Schiffes. Das machte ihn für die Aggressoren angreifbar. Wir suchen immer noch nach Erklärungen, warum bei seinem Schiff ein Energieausfall

auftrat. Bitte geben sie uns noch etwas Zeit. Sie werden von Seiten der EWK komplett informiert. Dafür verbürgen wir uns. «

Major Travis schaute kurz auf General Poison, der bestätigend nickte.

Der russische Delegierte erhob sich.
»Können wir von ihnen eine Antwort erhalten, wie viele Zahlungen noch nötig sein werden, um ihren Schutz zu erhalten«, erkundigte er sich. »Unser Land kann sich solche hohen Zusatz-Aufwendungen auf Dauer nicht leisten. «

»Nicht mehr lange, Herr Delegierter«, antwortete der Major. »Wir bemühen uns auf eigenen Beinen zu stehen. Wenn der Warenaustausch ins Rollen kommt und die Geschäfte mit fremden Rassen florieren, dann werden wir sofort die nationalen Staaten aus der Verantwortung entlassen. Haben sie bitte noch etwas Geduld. «

Major Travis stoppte seine Ausführungen. Tumult war in der asiatischen Ecke ausgebrochen. Einige Personen waren aufgestanden und riefen Schimpfwörter.

Der Major drückte sein Head-Fon und fragte nach.
»Gibt es ein Problem? «, erkundigte er sich «

»Noch nicht«, erwiderte Sergeant Hardin. » Es scheinen Delegierte aus dem asiatischen Lebensraum zu sein, die uns die Schuld an dem Untergang der asiatischen Kolonie geben. Ich kann acht Personen erkennen.«

»Behaltet sie im Auge«, befahl der Major

Ein lauter Aufschrei beendete das Gespräch. Drei Asiaten hoben ein mobiles Flugabwehr-Geschütz hoch und richteten dieses auf das Rednerpult von Major Travis.

»Den Schutzschirme aufbauen«, befahl der Major. »Alle Individualschirme einschalten. «

Das ganze Rednerpult lag sekundenschnell unter der gelben Glocke des neuen Super-Schutz-Schirms. Die Personenschirme der Offiziere flackerten auf.

Tart 1 und Tart 2 handelten bereits. Die Personenschutz-Roboter hatten ihre Waffenarme gehoben und auf die drei Delegierten gerichtet, die das Flugabwehr-Geschütz auf das Rednerpult gerichtet hatten. Sechs Lasersalven aus ihren rechten Waffenhänden, schlugen in die Körper der Asiaten ein. Diese wurden von den Lasertreffern von ihren Beinen gerissenen. Schwer verletzt lagen sie Attentäter auf dem Boden. Doch sie gaben nicht auf.

Mühsam richteten sie sich auf und hoben das Flugabwehr-Geschütz ein zweites Mal hoch. Sie kamen nicht mehr dazu, es auszurichten. Kampf-Roboter und Marines, unter der Führung von Sergeant Hardin, eilten heran. Die drei nicht belehrbaren Attentäter rissen ihre Handfeuerwaffen hervor. Diese legten sie auf die Marines an. Das Knattern von Schnellfeuerwaffen war zu hören. Die drei Asiaten brachen blutend zusammen und rührten sich nicht mehr.

Auf den Stühlen neben den Attentätern sprangen weitere asiatische Delegierten auf. Sie protestierten lautstark und beschimpften die Soldaten des Neuen-Imperiums. Kampf-Roboter beruhigten die Politiker des asiatischen Bundes. Die Delegierten wurden durch Handschellen bewegungslos gestellt.

Die Marines durchsuchten die Taschen der asiatischen Delegierten und sammelten kleinere Fundstücke ein. Vier Marines brachten die Asiaten aus dem Plenarsaal nach draußen, wo Sicherheits-Bedienstete auf sie warteten.

Die Verhafteten konnten ihren misslungenen Versuch nicht akzeptieren und riefen störend Worte in die Menge. »Polizeistaat, Überwachungs-Staat«, schrien sie.

Schnell wurden die Attentäter hinausgeführt und der Gesetzgebung übergeben.

Noch immer war eine eisige Ruhe im Plenarsaal zu spüren. Keiner der Anwesenden hatte hiermit gerechnet. Ein Anschlag auf die große EWK. Alle Beteiligten mussten mit schlimmen Strafen rechnen.

Major Travis klopfte mit seinem Kugelschreiber an das Mikrofon.

»Meine Damen und Herren, sehr geehrte Delegierte«, sagte er. »Sie sahen soeben die Sicherheit, die sie kaufen sollen. Die EWK hat alle Möglichkeiten sie zu schützen. Hier auf der Erde, aber vor allem im All, bevor sich die Gefahr auf der Erde ausbreitet. Zögern sie nicht mit ihren Zahlungen. Beteiligen sich an dem Schutz an unserer Erde, Ihrer Familie und ihren Angehörigen. Ich gebe das Mikrofon weiter an Prinzessin Sirin, die letzte Adelige des ehemaligen marsianischen Kaisergeschlechtes. «

Major Travis trat zurück und gab den Platz für Prinzessin Sirin frei.

Ein erstauntes Raunen ging durch den Saal. Keiner der Delegierten hatte bisher eine Marsianerin kennengelernt. Sirin trat vor das Mikrofon.

»Sehr geehrte Damen und Herren und Delegierte«, sprach sie ruhig in den Saal. »Sie sehen in mir die letzte lebende Marsianerin im Sol-System. Warum stehe ich heute vor ihnen. Ich konnte in einer Stasis-Kammer, sie sagen hierzu auch Kälteschlaf-Kammer, viele Jahrtausende überleben und in ein neues Zeitalter flüchten. Wir waren damals auch überheblich und wollten die Kosten im Griff behalten. Das Ergebnis sehen sie heute. Der Mars ist eine tote Welt. Er hat sich erst jetzt, nach langen 100.000 Jahren von seiner nuklearen Verseuchung und des Angriffes der Rigo-Sauroiden erholt. Verzweifelt sucht er nach seinen ehemaligen Bewohnern.

Doch diese sind vor langer Zeit ausgewandert, auf der Suche nach einer neuen Welt und einem neuen Anfang. Ob wir jemals ergründen werden, wo mein Volk hin ist, oder ob überhaupt noch Natrader existieren, können wir bei dem heutigen Stand unserer Forschung nicht sagen. Sie sollten für sich selbst überlegen, ob das was ihrem Nachbarplaneten zugestoßen ist, nicht auch der Erde widerfahren kann. Eine Rasse sollte nicht zu selbstsicher sein und Hilfe annehmen, wenn sie verfügbar ist. Machen wir uns nichts vor. Auf der Erde und überall im Universum kosten besondere Leistungen Geld. Dieses Geld ist aber nicht so wichtig, als wenn sie alles andere verlieren würden. Die Worgass möchten das komplette humanoide Leben in der Galaxie vernichten. Denken sie einmal hierüber nach, was das bedeutet. Ich wünsche ihnen nicht so ein Leid, das ich ertragen musste. «

Ergriffen applaudierten die Delegierten. Sie alle kannten die Presse-Berichte über Prinzessin Sirin.

» Danke, Sirin«, antwortete Major Travis. » Jetzt möchte ich ihnen einen neuen Verbündeten vorstellen. Heinze ist ein Lebewesen aus dem Volk der Ro, einem ehemaligen Hilfsvolk der Marsianer. «

Die Anwesenden lachten, als sie den Ro zu Major Travis gehen sahen.

Der Major schaute die Delegierte an.
»Das Gleiche dachte ich auch, als ich meinem Freund das erste Mal begegnet bin«, erklärte er. »Doch schnell

erkannte ich, dass Heinze als besonders begabt eingestuft werden muss. Er ist ein Telepath, ein Telekinet und ein Teleporter. Nicht alle seiner Fähigkeiten sind uns bekannt. Ich gebe das Wort an ihn weiter. «

Heinze trat behäbig vor und schaute in die Runde der Versammlung.

Ein Lachen ging durch die Menge der Zuschauer. Noch immer konnten sie in Heinze nur ein drolliges Pelzwesen sehen.

Heinze richtete sich in voller Größe auf und legte sich passende Worte bereit.

»Wie Major Travis bereits mitgeteilt hat, bin ich ihr Verbündeter«, sprach er in das Mikrofon. »Ich entnehme ihren Gedanken, dass sie über mich lachen. Leider muss ich ihnen sagen, dass die Gedanken aller Personen in diesem Saal offen vor mir liegen. «

Heinze zeigte auf den schwedischen Delegierten.
»Sie dort möchten gerne eine Flasche Wasser trinken«, bemerkte er. »Warten sie bitte, ich bringe ihnen eine. «

Heinze umfasste nur mit seinen Gedanken eine Flasche Wasser vom Buffet und ließ diese langsam zu dem Abgeordneten schweben. Vor dem Delegierten setzte er die Flasche vorsichtig auf den Tisch nieder.

» Ich demonstrierte ihnen meine geistigen Gaben, von denen Major Travis sprach«, fuhr er fort. » Verbündete mit neuen Fähigkeiten sind hilfreich, auch wenn sie nach ihren Vorstellungen wie Tiere aussehen. Sie können zumindest sprechen, wie sie hören können. «

Gelächter erfüllte den Saal.
»Auch meine Welt wurde von dem Krieg der Rigo-Sauroiden nicht verschont«, ergänzte er. » Kein Stein blieb mehr auf dem anderen. Erst Major Travis befreite mein Volk und gab uns Frieden. Die komplette Geschichte können sie in schriftlicher Form von der EWK anfordern. Ich fühle mich daher der Menschheit verpflichtet und beabsichtige meine Schuld zu erfüllen. Es sollte für sie ebenfalls eine Pflicht sein, zusammenzustehen, weitere Zahlungen zu leisten, um neuen Gefahren zu begegnen. «

Heinze verbeugte sich vor den Politikern.
»Ich danke ihnen«, verabschiedete er sich.

Lauter Applaus wurde laut. Die Delegierten waren begeistert.

General Poison trat wieder vor das Mikrofon.
»Sie haben gesehen, dass wir selbst hier in diesem Gebäude der UN nicht sicher vor Attentaten sind«, erklärte er. »Wir von der EWK besitzen die Technik, bereits im Vorfeld die Personen zu erkennen, die Böses anrichten wollen. Vertrauen sie uns. Die Gefahr ist nicht vorüber, sondern liegt nur auf Eis. Wir sind nicht allmächtig, doch haben bereits einige Erfahrungen mit

außerirdischen Rassen gemacht. Legen sie ihr Leben vertrauensvoll in unsere Hände. Wir werden sie nicht zu enttäuschen. Ich danke ihnen für ihr Zuhören. Herr Präsident Barocolo, danke für die Redezeit. Ich hoffe sehr, dass sie alle einmal wieder Verständnis für die Kosten aufbringen werden. Wir benötigen das Geld nicht für uns, sondern für die Sicherheit der Erde. «

General Poison trat von dem Rednerpult zurück. Tosender Beifall füllte den Raum. Alle Delegierten hatten die EWK in Aktion erlebt. Flankiert von den Marines und den Kampf-Robotern, immer noch von dem Beifall der Delegierten gehuldigt, zog sich der EWK-Tross aus dem Sitzungssaal zurück.

Außerhalb wartete das Taluk-Schiff auf seine Besatzung. Die Piloten aktivierten die Laserbrücke, als sie General Poison und seine Mitarbeiter aus der Pforte des UN-Gebäudes kommen sahen.

»Schnell alle einsteigen«, sagte Major Travis. »Für heute hatte ich genug Aufregung. «

»Wir auch«, stimmten Tart 1 und Tart 2 zu.

Sergeant Hardin und seine Kampfroboter sicherten den Einstieg.

Der Pilot wartete, bis alle Personen eingestiegen waren. Dann wurde die Laserbrücke deaktiviert. Sanft hob das Taluk-Schiff ab und gewann zusehends an Höhe. In einer

Höhe von 500 Metern schaltete der Pilot den Tarnmodus zu und änderte hiernach die Flugrichtung. Das Schiff war ab jetzt für den irdischen Radar nicht mehr sichtbar. Der Weg über die Transmitter-Strecke zur EWK-Zentrale nach Tarid war schnell absolviert. General Poison hatte sein Team in der Einsatz-Zentrale der EWK versammelt.

»Sind sie zufrieden, Herr General? «, fragte Major Travis.

» Eigentlich schon«, antwortete der Vorgesetzte. » Wir haben der Vollversammlung wieder einige Stücke hingeschmissen, die sie jetzt auseinanderreißen dürfen. Ich würde mich freuen, wenn wir irgendwann dahin kommen würden, dass bei Besuchen der UN-Vollversammlung keine Zwischenfälle mehr vorkommen.«

»Dann dürfen sie die Menschen nicht in Freiheit leben lassen«, sagte Noel. » Bei dieser Menge von Lebewesen kann man es nicht jeder Person recht machen. «

»Aber da wollen wir nicht hin«, entgegnete der Major. » Die Menschen haben sich ihre Freiheit erkämpft. Dabei wird es auch bleiben. Wir müssen solche Auftritte entsprechend absichern. Die Möglichkeiten hierfür haben wir. Konzentrieren wir uns auf unsere neuen Aufgaben. Wann fliegen wir wieder los? «

Noel dachte nach.
»Rufen sie ihr Team zusammen«, antwortete er. »Ich werde wichtige Koordinaten von Planeten heraussuchen,

die vorrangig dem Imperium wieder einverleibt werden sollten. Ich übergebe die Daten ihrer Schiffs-KI. «

»Wir haben immer noch ein volles Gefängnis-Schiff, mit fast 30.000 Green-Lizards an Bord. Was wollen wir mit ihnen machen? «, fragte General Poison. «

»Immer wenn sie so komisch fragen, bekomme ich Bauschmerzen«, antwortete Major Travis. » Sie werden doch die Echsen nicht abschlachten wollen? Wir haben den Green-Lizards versprochen, dass wir ihnen eine lebenswerte, feuchte Dschungelwelt suchen. Das ist ihr bevorzugter Lebensraum. Hier können sie in Ruhe ihre Eier legen und ihren Nachwuchs ausbrüten. Wie steht es mit dieser Welt. Haben sie schon eine gefunden? «

Noel nickte zustimmend.
»Ich habe eine gefunden«, antwortete er. » Zumindest war sie es vor dem Krieg mit den Rigo-Sauroiden. Ein grüner feuchter Planet, nicht allzu weit von hier entfernt. Er liegt im Sternbild Kassiopeia. «

»Bitte legen sie die Daten auf den Bildschirm«, sagte Major Travis.

Sofort tauchte ein grüner Punkt auf, der schnell größer wurde.

»Da sich die Milchstraße durch Kassiopeia zieht, ist diese Region sehr reich an Sternen und enthält einige interessante Objekte bereit«, erklärte Noel. »H-

Kassiopeia ist ein Doppelsternsystem in nur 19,4 Lichtjahren Entfernung. Das System besteht aus einem gelblich leuchtenden Stern der Spektralklasse G0 und einem rötlichen Begleiter der Klasse M0. Hier finden wir auch unseren Dschungel-Planeten. Es ist ein kleines System mit 7 Planeten, wie geschaffen als neue Heimat für die Green-Lizards. Dort können sie sich neu einrichten.«

» Sieht gut aus«, entgegnete Sirin. » Ist auf dem Planeten eine KI installiert? «

»Leider nicht«, antwortete Noel. »Außer Bäumen, Pflanzen und sonstiger Vegetation, ist noch keine Analyse des Planeten zu natradischer Zeit durchgeführt worden. Ich schlage vor, sie eskortieren die Green-Lizards zu dem Planeten, scannen ihn aber vorher. Wenn die Scans keine Lebensformen entdecken, sollte einer Übergabe nichts im Wege stehen. Wenn sie dann wieder hier sind, habe ich die neue Navigations-Karten mit wichtigen natradischen Einrichtungen vorliegen. «

»Die Termar 1 ist bereit, die Besatzung an Bord und bereitet den Start vor«, sagte General Poison. » Wollen sie Raise Zyran und Morass mit auf ihr Schiff nehmen, oder sollen sie mit dem Sammler fliegen? «

»Ich nehme sie zu mir auf die Termar 1«, antwortete Major Travis. »Ich kann sie dann noch etwas auf unsere Denkweise einschwören. Sie leben nicht mehr in der Andromeda-Galaxie, sondern hier in der Milchstraße.

Lassen sie bitte ein Hyperraum-Funksystem verladen. Da der Planet keine Roboter-Verwaltung besitzt, sollten wir sicherstellen, dass sie uns im Notfall erreichen können. «

»Ich habe noch mehr in die Wege geleitet«, erwiderte Noel. » Da wir ihre Raumschiffe zerstört haben, sitzen die Green-Lizard auf dem Planeten fest, den wir ihnen zuweisen. Ich gebe ihnen daher drei Raumschiffe mit Ausrüstungs-Gegenständen und fünf Montage-Trupps. Zusätzlich eine entsprechende Menge von Arbeits-Robotern. Auf den Transport-Schiffen finden sie Fertigteile, um eine lebensnahe Kolonie für 30.000 Lebewesen aufzubauen. Individuelle Wohneinheiten, Nasszellen, Versammlungs-Einheiten und Technik für die Hyperfunk-Kommunikation. Zusätzlich noch das von ihnen befürwortete Notrufsystem, Module zur Wasseraufbereitung und Aggregate für die Strom-Erzeugung. Die mitgegebenen Masarith-Kristalle werden viele Jahre die benötigte Energie liefern. «

Sirin verzog ihr Gesicht.
»Besser kann es den Echsen dann auch nicht mehr gehen«, sagte sie. »So gut werden sie es unter der Herrschaft der Worgass nicht gehabt haben. «

Major Travis schaute sie an. Er erkannte, dass sie immer noch schmerzhaft das Gesicht verzog, wenn ein Gespräch auf die reptilen Angreifer gelenkt wurde. Sie sah die Green-Lizards als direkte Nachkommen der ehemaligen Rigo-Sauroiden an. Ihre Vorfahren hatten ihren Planeten und ihr Volk vernichtet.

»Wir nehmen die Green-Lizards ohne Hintergedanken in das Neue-Imperium auf«, sagte Major Travis. » Alle Rassen, so unterschiedlich sie auch sind, dürfen sich frei entfalten und ihrer Entwicklung folgen. Voraussetzung ist der Wunsch nach einem Miteinander und der Einfügung und der Beachtung aller vorgegebenen Richtlinien. «

»Ich bin ja schon ruhig«, erwiderte Sirin. » Ich muss mich erst an diesen Gedanken gewöhnen. Zu meiner Zeit, wurde das Leben stark durch die bei uns entstandene Erbmonarchie beeinflusst. Nicht zuletzt durch sie wurden für die Bürger nicht tragfähige Gesetze erlassen, die das normale Leben sehr erschwerten. «

»Wir fördern auf der Erde ein Leben nach freiheitlich-demokratischen und sozialen Gesichtspunkten«, erklärte Major Travis. »Der Index für die freie menschliche Entwicklung ist sehr hoch. «

»Das habe ich bereits verstanden«, sagte Heinze. »Letztendlich merkt man das auch in dem Umgang der Menschen mit fremden Rassen. «

Sirin schaute ihn böse an. Heinze vermied es vorsichtshalber, seine Bemerkung fortzuführen.

»Viele der Materialien, die wir den Green-Lizards zur Verfügung stellen, stammen aus Lagern der EWK«, fuhr Noel fort. »Dank der großzügigen Spende von General Poison waren wir in der Lage den Echsen schnell und unbürokratisch helfen. Major Travis hat Recht. Nur wer seine Heimat liebt, wird sie bei einem Angriff verteidigen. Geben wir den Green-Lizards eine neue Heimat. Durchbrechen wir die Geschichte und machen Feinde zu Freunden. «

»Gut gesprochen«, antwortete General Poison. » Das ist die künftige Politik unseres Imperiums. Je schneller sie das akzeptieren, umso einfacher wird es für sie alle. «

»Mit welcher Flotte starten wir? «, fragte Major Travis. Noel und General Poison sahen sich an.

»Es ist ja ein Routineauftrag«, erklärte Noel. »Er sollte keine so großen Flotten-Bewegungen erforderlich machen. Ich muss ihnen sagen, dass fast alle Schiffe mit Roboter-Besatzungen unterwegs sind, um Anlagen, Stationen und Planeten zu sichern. Allein auf der Transmitter-Strecke nach Morina haben wir unsere Flotten-Präsenz massiv verstärkt. Die Jets der Tarin-Klasse sind für einen Langstrecken-Flug nicht ausgelegt. Die Hälfte der Schiffe ist in den Docks und wird mit den Super-Schutz-Schirmen ausgestattet. Ferner werden auf allen Schiffen die Waffentürme modifiziert. Marin und Gareck haben Verbesserungen an den Laser-Türmen vorgenommen. Hierdurch verdreifacht sich die Schlagkraft. «

»Das hört sich gut an«, antwortete Major Travis. » Wir wissen derzeit noch nicht, welche Geschütze die Worgass auffahren. Wir haben zwar noch elf Monate Zeit, dennoch sollten wir uns bemühen, rechtzeitig einen Abwehrplan auszuarbeiten. «

»Da sind wir dran«, erwiderte General Poison. » Sie können sich vorstellen, wie schwierig es ist gute Abwehrpläne über einen Gegner zu erstellen, den wir nicht kennen. Wir wissen nicht, wie stark er ist. Vielleicht kann Morass bei seinem Volk noch einige Informationen erhalten, die uns hilfreich sind. «

»Ich frage ihn gerne«, antwortete der Major. »In der Zwischenzeit kann ich ihnen mitteilen, dass wir unsere nächste Kolonie eröffnet haben«, sagte General Poison freudig. » Der Titan-Mond wird unsere wichtigste, technische Produktions- und Waren-Drehscheibe werden. Ich habe alles mit Noel abgesprochen. Unter dem Super-Schutz-Schirm ist eine natürliche Atmosphäre erzeugt worden. Die Kolonie wurde trotzdem vorsichtshalber, falls der Schirm doch einmal ausfallen sollte, unter einer riesigen Kuppel aus transparentem Aluminium gebaut. Das ist aber nur eine zusätzliche Sicherheits-Einrichtung. Unsere Saturn-Raumtransporter wurden von uns in den letzten Wochen mit natradischen Triebwerken ausgestattet. Sie sind andauernd unterwegs, um Wissenschaftler, Techniker, Handwerker und allgemeines Personal nach Titania zu bringen. Das ist der Name der Hauptstadt. Derzeit sind 46.000 Menschen mit dem Aufbau der Stadt beschäftigt. «

»Wie viele Roboter sind zusätzlich im Einsatz? «, erkundigte sich Heinze.

General Poison schaute Noel an.

»Ich kann es gar nicht so genau sagen«, antwortete er. »Durch die Fertigstellung der neuen Charge werden wohl 80.000 Roboter an dem Aufbau beteiligt sein. Marin und Gareck haben dort auch ihre neuen Büros bezogen. Allein durch die Absicherung und der Stationierung unserer Schiffe auf den umliegenden Monden Phoebe, Dione, Reha und unter Hinzurechnung der Docks hier auf Titan, sollten wir im Bedarfsfall schnell auf eine starke Verteidigungsflotte zurückgreifen können.«

Der General blickte die Zuhörer an.

»Insgesamt haben wir nachfolgende Schiffe in den Docks.

20 Schiffe der Kaiser-Klasse,
40 Schiffe der Königs-Klasse,
100 Schiffe der Lord-Klasse,
400 Schiffe der Naada-Klasse,
400 Schiffe der Taluk-Klasse,
200 Jets der Tarin-Klasse,
200 Maschinen Garde-Gleiter.

Die Stationierung der schweren Einheiten wird nach Fertigstellung der Werften und Raumhäfen noch nach oben korrigiert. Alle Schiffe sind auf dem neusten Stand. Sie brauchen sich vor Angreifern nicht zu fürchten. Als Verstärkung können Schiffe von den Kampf-Stationen hierher beordert werden. Der Sprung von Natrid hierher kann mit der neuen Transmitter-Strecke schnell absolviert werden. «

»Ich sehe, wir sind vorbereitet«, antwortete Major Travis.
» Welche Schiffe haben sie für mich vorgesehen? «

»Nehmen sie die Termar 1«, antwortete der General. »
Als Begleitschutz gebe ich ihnen zwölf moderne Schiffe
der Königs-Klasse mit. Diese sollten ausreichen, um
Angreifern Respekt einzuflößen. Diese Schiffe warten an
der Titan-Umlaufbahn auf sie. Es sind Schiffe mit der
bekannten Robot-Besatzung. Begleiten sie unser Gäste-
Schiff und die drei Material-Transporter zu dem
Dschungel-Planeten. Er kann der neue Heimatplanet der
Echsen werden. «

Major Travis stand auf. Er blickte Noel und den General
an.

»Danke für ihre Bemühungen «, sagte er.

Das war das Zeichen für den allgemeinen Aufbruch. Sirin,
Heinze, Tart 1 und Tart 2 folgten dem Beispiel und
erhoben sich von ihren Plätzen.

»Zeit für neue Abenteuer«, sagte der Major. »Wir ziehen
los. Informieren sie mich bitte über alles, was ihnen
wichtig erscheint. «

»Sie sind der Erste, der von mir informiert wird, das
wissen sie doch«, antwortete Noel. » Gute Reise. Ich hoffe
die Green-Lizards sind mit dem Planeten einverstanden. «

»Das werden sie wohl«, erwiderte der Major. » Bis bald.«

Major Travis und sein Team verließen die Zentrale des Neuen-Imperiums in Richtung Raumschiff-Hangar. Dort wartete bereits seine Raumschiff-Crew auf ihn. Ein Garde-Gleiter flog das Team durch die unterirdische Stadt, dem großen Raumhafen entgegen. Von weitem sahen sie die Termar 1 auf ihren Landestützen stehen.

»Welch ein imposanter Anblick«, sagte Major Travis zu seinen Freunden.

Der glänzende schwarze Natrid-Stahl des Naada-Raumers spiegelte sich auf dem Flugfeld.

Der Gleiter senkte sich auf den Boden ab. Die Crew trat aus dem Schott heraus und schritt auf ihr Raumschiff zu. Das Team der Termar 1 stieg Laser-Rampe zum Einstieg hinauf.

»Dieses 500-Meter-Schiff der Naada-Klasse reicht für unsere Belange völlig aus«, dachte Major Travis.

Das Schott schloss sich, nachdem alle Personen die automatische Identifikation passiert hatten. Kontroll-Roboter waren mit der Überprüfung von Versorgungs-Paketen beschäftigt. Der Turbo-Lift brachte das Team in das zentrale Stockwerk.

»Ich gehe direkt in die Kabine und schaue nach, ob alle meine Habseligkeiten angekommen sind«, kündigte Sirin an.

»Ich schließe mich an«, ergänzte Heinze. »Sie brauchen mich ja im Moment nicht. Ich möchte noch etwas lernen.«

Der Major schmunzelte.
»Ist in Ordnung«, sagte er. » Im Moment liegt nichts an. «

Er wusste natürlich, dass Heinze überprüfen wollte, ob der bestellte Möhren-Vorrat in seiner Kabine eingelagert worden war. Das schien ihm im Moment das Wichtigste zu sein.

Major Travis betrat die Brücke. Er begrüßte seine Crew und stellte sich zu Commander Brenzby an das CIC.

»Hallo Commander, wie war der Kurzurlaub? «, fragte er.

»Hallo Major«, antwortete sein Freund. » Der Kurzurlaub hat gutgetan. Ich konnte mich mal wieder bei der Familie sehen lassen. Sie hat sich sehr gefreut. Welche Aufgabe haben wir? «

»Wir fliegen nach Titan«, teilte Major Travis mit. »Dort wartet das Gäste-Schiff mit den Green-Lizards auf uns. Wir nehmen noch drei Material-Transporter mit, vollgepackt mit Hightech Utensilien, zur Aufbau einer Kolonie auf dem Dschungel-Planeten. Als Schutz-Flotte gibt der Alte uns 12 Schiffe der Königs-Klasse mit. Ich hoffe nicht, dass wir auf große Probleme stoßen werden. Sind Raise und Morass schon hier? Ich habe darum gebeten, dass sie mit uns fliegen. «

»Sie wurden bereits auf unserer Schiff geleitet und haben ihre Kabinen bezogen«, antwortete der Commander.

»Perfekt«, antwortete der Major. »Dann können wir los. Bitte leite den Start ein. Nächster Haltepunkt ist Titan. Fliege bitte einmal kurz über die Baustelle des neuen Distributions-Zentrums. Sie bauen jetzt dort auch eine neue große Stadt. Titania wird Hauptstadt dieses Mondes werden. Ich möchte gerne einmal sehen, wie weit die EWK in unserer Abwesenheit gekommen ist.«

»Achtung Start«, meldete Steuermann Hausmann.

Sanft glitt die Hebe-Plattform nach oben. Auf der halben Höhe öffneten sich die großen Schiebe-Tore und gaben den Blick in den Natrid-Himmel frei. Als die Hebe-Plattform ihre Teleskoparme ausgefahren hatten, löste sich die energetische Verankerung und gab die Termar 1 frei. Langsam hob Sergeant Hausmann das Schiff mit den Anti-Graf-Servos an, dem Himmel entgegen. Erst jetzt zündete er die Atmosphären-Triebwerke, die das Schiff leicht in die Ionosphäre von Natrid hoben.

»Ich gehe auf Unterlicht 2«, teilte Sergeant Hausmann mit. »Der Flug wird nicht lange dauern. «

Die Termar 1 durchdrang das Asteroiden-Feld, das einmal der Mond Nors gewesen war. Im großen Krieg wurde diese natradische Bastion restlos vernichtet. Schon kam der Jupiter in die Reichweite der Monitore.

»Warum wurde nie eine KI auf Jupiter gebaut? «, fragte Commander Brenzby.

»Das kann ich auch nicht genau beantworten«, sagte Major Travis. »Es kann nur so verstanden werden, dass der Planet nichts Interessantes zu bieten hatte. Aufgrund seiner chemischen Zusammensetzung zählt er zu den Gasplaneten und hat keine sichtbare, feste Oberfläche. Zudem verursacht das Abflauen der großen Stürme große Temperatur-Unterschiede zwischen den Polen und dem Äquator von bis zu zehn Kelvin. Diese werden ansonsten wegen der ständigen Gasvermischung durch die Stürme verhindert. Ich denke, aufgrund dessen hat man auf eine feste Station verzichtet. «

»Wir nähern uns Titan«, teilte Sergeant Hausmann mit. » Ich reduziere die Anflug-Geschwindigkeit. «

Major Travis und Commander Brenzby schauten auf den großen Panorama-Bildschirm. Der größte Mond des Saturns kam schnell näher.

Das CIC zeigte etliche Flotten-Verbände an. Die Absicherung des Systems funktionierte perfekt.

»Die Wachschiffe haben bereits unsere Signatur gescannt«, teilte Sergeant Dantow mit.

»Sind wir nahe genug für den Tiefenscan? «, fragte Major Travis.

Commander Brenzby nickte.
»Ich lege die Bilder auf den Schirm«, bestätigte er.

Sofort füllte sich der Bildschirm mit den Nahaufnahmen der neuen Kolonie.

»Das ist keine Kolonie mehr«, bemerkte der Major. »Das ist bereits eine Großstadt. «

Wieder zeigte sich, dass die EWK den anderen Staaten der Erde eine Nasenlänge voraus war. Das hatten mittlerweile auch die ausgebildeten Experten und Koryphäen der Erde erkannt. Die vielen Bewerbungen von Spitzenkräften erfreuten die EWK. Zusätzlich wurde diesen Bewerbern eine Spezialschulung nach natradischem Vorbild implantiert, um sie mit der neuen Technik vertraut zu machen. Unterstützt wurde die Ausbildungen durch Schulungen und Seminare, die teilweise von Marin und Gareck ins Leben gerufen worden waren.

»Phantastisch«, sagte Commander Brenzby.
Die anderen Crew-Mitglieder staunten nicht schlecht, als die Bilder von einer fertigen Großstadt über die Monitor der Termar 1 flimmerten. Eine lange, zentrale Straße von Nord nach Süd wurde sichtbar. Sie war vermutlich für die

bodengestützten Fahrzeuge gedacht. Sie mündete in der Mitte in einen zentralen Platz. Die ganze Planung wies auf eine moderne Architektur hin. Rechts und links der Hauptstraße waren moderne Büro- und Verwaltungs-Komplexe errichtet worden.

»Zwei Tower erkenne ich«, sagte Major Travis. »Vermutlich wird einer von ihnen eine TV-Station sein. Der Zweite kann eigentlich nur für die Flugkontrolle der Transport- und Begleit-Schiffe sein. Die Energie-Versorgung liegt unter der Erde, nach altem natradischem Vorbild.« »Beeindruckend«, flüsterte Commander Brenzby. » Das alles wurde aus vorgefertigten Materialien und Bauteilen zusammengesetzt.

»Wir haben genug gesehen«, sagte Major Travis. » Widmen wir uns wieder unserer Aufgabe. Sergeant Farmer öffnen sie bitte einen Kanal. «

Der Funk-Offizier nickte dem Major zu.
»Hier spricht Major Travis, erbfolgeberechtigter Oberbefehlshaber der vereinigten Natrid & Tarid Streitkräfte und Erhobener im Gefüge der Kaiserkaste mit Rang 1. Bestätigt und eingesetzt von Noel von Natrid im Rahmen der Nachfolge Programmierung von Admiral Tarin. Ich rufe die Schiffe des Sonder-Kommandos „Dschungelwelt".

Commander Brenzby schaute Sirin an.
»Das ist unser offizieller Deckname für diesen Auftrag«, sagte er.

»Starten sie ihre Schiffe und schließen sie auf«, befahl Major Travis. »Die Mission beginnt jetzt. «

»Geben sie die Koordinaten des ersten Sprunges an alle Schiffe weiter«, befahl der Major. »Lassen sie sich bitte den Erhalt bestätigen. Die Termar 1 ist befehlsführend. «

» Sprung in 10 Sekunden«, sagte Major Travis.

Die Schiffe entschwanden dem Normalraum und setzten den Flug im Hyperraum fort.

»Wie lange dauert der erste Sprung? «, fragte Major Travis den Commander.

»Wir haben hierfür sechs Stunden errechnet«, antwortete Commander Brenzby. » Der Sprung bringt uns aber ein gutes Stück nach vorne. «

»Übernehme bitte«, bat der Major. » Ich gehe in meine Kabine und schaue einmal nach Sirin. Sie ist spurlos verschwunden, seit wir gestartet sind. «

Major Travis ging von der Brücke. Tart 1 und Tart 2, die Personenschutz-Roboter, folgten ihm im dezenten Abstand. Der Major hatte sich hieran gewöhnt. Sie versuchten nicht aufzufallen und ließen ihn seine Arbeit machen. Sobald aber Gefahr drohte, waren sie bereit einzugreifen. Er wusste, dass im Ernstfall mit diesen

Personenschutz-Robotern, natradischer Bauweise, in keiner Weise zu spaßen war. «

Die Dschungelwelt

Major Travis, Prinzessin Sirin, Heinze, Commander Brenzby, Raise und Morass Zyran standen am CIC und blickten auf den großen Panoramaschirm der Termar 1. Vor ihnen lag die grüne Dschungelwelt.

»Der vierte Planet ist ihre neue Heimat«, teilte Major Travis mit. »Wir haben nach ihren Wünschen einen Planeten gesucht, der uns für sie besonders geeignet erscheint. «

»Er sieht gut aus«, antwortete Raise. » Wir können ihnen gar nicht genug danken. Sie haben so viel für uns getan. Das hätten wir vorher niemals geglaubt. «

»So kann man sich täuschen«, antwortete Major Travis. » Sehen das ihre Artgenossen genauso, oder werden sie unter Umständen enttäuscht sein. «

»Sie werden glücklich sein«, antwortete Raise. »Was kann besser sein, als der Knechtschaft der Worgass zu entgehen. «

Tränen rollten ihre Wangen hinab.

»Denken sie bitte daran«, bemerkte Major Travis. »Es ist leider nur ein Anfang für wenige Angehörige ihrer Rasse. Viele ihrer Artgenossen mussten ihre Familie zu Hause lassen. Nach unserer Meinung wird es für diese Lizards nicht angenehm sein. Wir bemühen uns aber, eine Lösung zu finden. «

Raise und Morass Zyran blickte den Major fragend an.

Der winkte ab.
»Ich möchte ihnen noch nicht zu viel versprechen«, sagte er. »Bitte gedulden sie sich und führen sie ihre Leute auf unserem Schiff in eine neue Zukunft. «

Der Major blickte Commander Brenzby an.
»Haben unsere Scans etwas ergeben? «, erkundigte er sich.

Der Commander nickte.
»Sie wurden von unserer KI flächendeckend abgeschlossen«, entgegnete er. »Wir sehen eine ursprüngliche, unverbrauchte Welt auf dem Bildschirm. Intelligente Lebensformen wurden nicht registriert, jedoch schwanken unsere Anzeigen etwas. Es scheint eine Lebensform zu existieren, sie nicht näher spezifiziert werden kann. Sie besitzt nur eine sehr kleine Population. Es wurden jedoch eine Vielfalt von Tieren von unserer Hypertronic-KI erkannt. «

»Haben sie etwas gegen Einheimische und Tiere? «, fragte Major Travis und schaute die beiden Lizards an.

»Viele Humanoide meinen, wir wären auch Tiere«, antwortete Raise. »Es passt also alles zusammen. Wie heißt das Sprichwort, das ich ihren Archiven entnehmen konnte. Gleich und Gleich gesellt sich gerne. Mit den Einheimischen werden wir uns arrangieren. Wir akzeptieren die Gewohnheiten von möglicherweise bereits hier lebenden Wesen. «

***

Schon lange hatte der Wächter die Raumschiffe bemerkt. Er hielt den Zeitpunkt noch nicht für gekommen, um die anderen seines Volkes zu verständigen. Eine lange Zeit hatten die alten Instrumente nichts mehr angezeigt.

»Niemand interessierte sich bisher für diese heiße Dschungelwelt«, dachte er zu sich selbst. »Warum gerade jetzt?«

Viele Jahrtausende konnten sich die Angehörigen seines Volk neu orientieren und dem alten Leben abschreiben. Nichts mehr wollten sie mit den Außenweltlern zu tun haben. Sie waren über ihren Zenit hinausgewachsen und im Einklang mit der Natur ihres Planeten verbunden.

»Wir benötigen unsere Ruhe«, sagte Dranlagg. »Wir kümmern uns nicht mehr um andere Welten. «

Er fluchte laut vor sich hin.
»Allein die Arbeit, die durch die Anwesenheit der Fremden entstand, ist reine Impertinenz«, meckerte er.

Er stand von der alten Überwachungskonsole auf und schritt auf seinen Kollegen zu. Diese saß auf einem Stuhl und war eingeschlafen. Er stupste Rantagg an.

»Es ist Zeit aufzustehen«, flüsterte er. »Du verschläfst wieder den ganzen Tag. «

Rantagg erhob sich.
»Was soll ich denn sonst machen«, antwortete er. »Es passiert hier nicht viel. Jeder Tag ist gleich. «

»Heute nicht «, antwortete Dranlagg. »Schau auf den Bildschirm. Fremde Schiffe nähern sich. Es scheint so, als ob sie auf unserer Welt landen wollen? «

Rantagg erhob sich und kam zu den alten Gerätschaften geschritten.

Ein Blick auf den Schirm genügte ihm.
»Du hast Recht«, erkannte er. » Es sind 16 Schiffe. Was wollen die hier? Es gibt hier nichts zu holen. «

»Wenn ich das wüsste? «, entgegnete Dranlagg. »Rufe die große Runde ein. Wir müssen uns beratschlagen, wie wir vorgehen wollen. Die Gefahr wird erst akut, wenn die Fremden tatsächlich gelandet sind. Ich gehe davon aus, dass sie es machen werden. «

Rantagg lief aus der Höhle in das dichte Dickicht des Waldes. Er wurde zu einer Einheit mit den grünen Pflanzen.

Dranlagg schaute auf seine Monitore. Liebevoll streichelte er mit einer Hand über den Bildschirm.

»Gut, dass sie immer noch funktionieren«, dachte er. »Ansonsten wären wir blind. «

Die letzten Wartungsroboter waren ausgefallen. Nach langen 100.000 Jahren der Veränderung seines Volkes, hatten sie mit der verhassten Technik nichts mehr zu tun. Er war ein Sarrtolan. Ein Nachkomme der Besatzung eines natradischen Zerstörers, dass auf diese Welt abgestürzt war. Niemand suchte jemals nach ihnen. Das große Imperium hatte die Besatzung des Zerstörers sehr schnell aufgegeben. Die Überlebenden mussten sich auf dieser Welt arrangieren.

Die Sarrtolan lebten in Clans. Die völlige Symbiose mit ihrer Umwelt hatte sie stets vor größeren Schäden beschützt. Sie konnten sich seit einigen Tausend Jahren unsichtbar machen. Dranlagg vermutete, dass die Evolution sie bereits in die nächste Stufe geschubst hatte. Seit sich ihre Vorfahren auf dieser Welt ein neues Leben aufgebaut hatten, lebten sie nach ihren Vorgaben. In Verbundenheit mit dem Planeten und der Natur. Sie waren eins mit der Natur geworden. Die Farbe ihrer Haut konnten sie, wie ein Chamäleon wechseln und der Umgebung anpassen.

Früher waren sie von humanoider Abstammung gewesen, jedoch gelang es ihnen, sich im Laufe der vielen Jahrtausende weiterzuentwickeln. Sie waren Waldbewohner geworden. Immer noch um die 1,80 Meter groß, hatten sie kräftige Oberarme entwickelt, mit denen sie sich gut durch das Geäst der Bäume hangeln konnten.

Dranlagg schaltete die Geräte ab. Er stand von dem Sitz auf und ging zu dem Ausgang.

»Was können die Fremden schon wollen? «, dachte er. »Vielleicht kann ich in einigen Stunden feststellen, wo die Fremden gelandet sind. «

Er verschloss die Höhle und folgte Rantagg, der sicherlich schon die große Versammlung einberufen hatte.

***

Raise Zyran hatte mit ihrem Volk gesprochen. Sie hatte ihnen Fotos von dem Planeten gezeigt. Die Green-Lizards freuten sich. Sie waren begeistert. Endlich konnten sie aus ihrem Gefängnis heraus und frische Luft atmen. Zu lange waren sie bereits im Weltraum unterwegs gewesen. Viele ihrer Artgenossen hatten den puren Gehorsam der Worgass gegenüber mit ihrem Leben bezahlt. Die anderen hatten rechtzeitig umgedacht und auf Raise und Morass gehört. Sie waren noch am Leben, aber in einer fremden Galaxie. Die Humanoiden hatten ihren Wurmloch-Knoten verschlossen. Es gab kein Zurück mehr.

Draise Zosan war der 23. Fregatten-Kommandeur und ein Überlebender der Angriffs-Flotte.

»Viele unserer Artgenossen haben sich für die Worgass geopfert«, dachte er. »Vermutlich wussten sie nicht, dass ihre Schiffe mit zu leichten Waffen ausgestattet waren. Trotzdem habe sie uns in den Krieg befohlen. Die Worgass werden ihren Fehler nicht zugeben. «

Draise Zosan schüttelte seinen Kopf. Er war sehr verärgert über die Geschehnisse.

»Immer liegt die Schuld bei uns Lizards«, dachte er. »Ich kann es und will es nicht mehr hören. Mein Hass auf die Worgass ist unermesslich. Sie sollen alle sterben. Die Frage ist jedoch, wie kann ich das bewerkstelligen? «

Draise Zosan wusste, dass er Verbündete brauchte. Er erinnerte sich, dass es noch 11 Monate dauern würde, bis die Worgass einen neuen Wurmloch-Knoten erbaut und öffnen würden. Diese lange Zeit wollte er nutzen, um Verbündete im Kampf gegen das Worgass-Regime zu finden. Er war fest entschlossen, den gehassten Feinden ein sicheres Ende zu bereiten.

***

Major Travis blickte in die Runde.
»Gibt es Einwände gegen eine Landung? «, fragte er.

Sirin antwortete sofort.
»Eigentlich kennen wir diesen Planeten zu wenig«, erklärte sie. »Ich schlage vor, dass wir zehn Zerstörer der Königs-Klasse zu unserer Sicherheit in der

Umlaufbahn belassen. Falls wir ungebetenen Besuch erhalten sollten, werden wir rechtzeitig gewarnt. Die übrigen Schiffe können das Lande-Manöver durchführen. Zwei Schiffe der Königs-Klasse sollten ausreichen, um unsere Landung zu sichern. «

»Ich halte das für einen guten Vorschlag«, antwortete Major Travis. »Wir fliegen voraus und suchen nach einem guten Landeplatz. Ich möchte möglichst auf einer Lichtung niedergehen, auf der alle Schiffe nebeneinander in Sichtweite landen können und wo genügend Platz für den Aufbau der Kolonie vorhanden ist. Wir verzichten auf die Rodung von Bäumen und auf die Vernichtung der Vegetation. Die Kolonie der Green-Lizards wird harmonisch in die grüne Vegetation integriert. Ich weiß natürlich, wie wichtig den Green-Lizard eine gesunde Umwelt ist. «

Sirin und Commander Brenzby nickten.

»Leiten sie den Landeanflug ein und scannen sie nach entsprechend große Lichtungen", befahl der Major. Alle beteiligten Schiffe folgen unserem Kurs. Die Schiffe mit Roboter-Besatzungen nehmen eine Schutzstellung im Orbit des Planeten ein. Geben sie bitte den Befehl an die Schiffe weiter, Sergeant Farmer. «

Der Funk-Offizier bestätigte.
»Ihr Befehl wurde weitergeleitet«, meldete er.

Die Schiffe schalteten auf Schleichfahrt und näherten sich dem grünen Planeten. Einige Lizards bemerkten, dass sie bereits den Duft der Fauna riechen konnten. Commander Brenzby hielt diese Aussage für übertrieben, doch er vermerkte sie im Logbuch des Schiffes.

»Ich habe eine geeignete Stelle gefunden«, meldete Sergeant Dantow, der Ortungs-Offizier des Schiffes.

»Auf den Schirm legen«, befahl Major Travis. »Lassen sie uns an ihrer Fundstelle teilhaben. «

Die Sensoren richteten sich auf eine Lichtung und gaben das Bild an die Monitore der Termar 1 wieder. Ein Seufzer entglitt den beiden Green-Lizards, die erstmalig das Gebiet auf dem Panorama-Schirm des Schiffes sehen konnten.

»Genau so haben wir es uns vorgestellt«, seufzte Raise. »Einen so schönen Planeten gibt es selbst in Andromeda nicht. Wie können wir ihnen danken? «

»Lassen sie uns erst einmal landen«, erwiderte Major Travis und versuchte die Entzückung zu dämpfen. Es können immer noch Umstände ins Spiel kommen, mit denen wir nicht gerechnet haben. Erst wenn alles stimmt, können wir ihnen den Planeten übergeben. «

Morass schaute Major Travis an.
»Sind sie immer so pessimistisch? «, fragte er.

Major Travis nickte.

»Ich habe als Mitarbeiter der EWK schon viele Dinge erlebt, die einen vorsichtig werden lassen«, erklärte er. »Sie als Parlamentarier und 43. Abgeordneter des Hauses Lizzit und Beschützer der jungen Brüter, sollten eigentlich auch vorsichtig mit neuen Dingen umgehen. «

Morass Zyran nickte zustimmend.

» Sie haben Recht Herr Major«, erwiderte er. » Trotzdem ist unsere Freude sehr groß, wie lange nicht mehr. Sie werden nicht ermessen können, was dieser Planet für uns bedeutet. Hier können wir ein neues Brutgelage initiieren.«

»Warum ist dieser Wunsch so wichtig für sie? «, bohrte der Major nach.

»Nur wenn alle Gegebenheiten stimmen, der Planet selbst, die Temperatur und die Umgebung, dann kann die Stimulanz der weiblichen Lizards die Empfängnis für den Nachwuchs aufnehmen«, erklärte Raise. »Es hört sich einfach an, doch es ist aber eine komplizierte Geschichte.«

»Ich glaube, ich habe verstanden«, entgegnete Major Travis. » Ich drücke ihnen die Daumen, dass alles stimmig ist. So sagt man bei uns. Viel Glück. «

Langsam ging die Termar 1 und ihre Begleitschiffe in den Landeflug über.

***

Dranlagg saß im Kreis der Erfahrenen. Die heiße Quelle vor ihnen spendete Wärme und erholsame Dämpfe.

»Sind deine Informationen sicher? «, fragte Xanlagg.

Dranlagg nickte und bestätigte seine Aussage mit dem Zeichen der Verbundenheit der Clans.

»Fremde Schiffe werden landen«, sagte er. »Es sind große Schiffe mit mächtigen Waffen an Bord. So welche, wie wir lange keine mehr gesehen haben. Es müssen Natrader, oder deren Hilfsvölker sein. «

»Woher weißt du das? «, erkundigte sich Xinlagg.

»Mein Meister weiß vieles«, antwortete Rantagg.

»Halt du dich heraus«, warnte Xinlagg.

»Moment«, erwiderte Dranlagg. »Wer bist du, dass du die Aussage meines Schülers in Frage stellst? Bist du nicht selbst noch ein unwissender Schüler? Warum erdreistest du dich dieser Antwort? «

Erbost sprang Xinlagg auf und stürzte sich auf Dranlagg. Schnell streckte Rantagg ein Bein vor. Xinlagg war so erregt und nicht mehr Herr der eigenen Sinne, dass er das vorgestreckte Bein von Rantagg übersah. Wie ein Angreifer, der von dem eigenen Schwung getragen wurde, verhaspelte er sich. Er stürzte über eine vor ihm stehende Sitzbank und schlug schwer mit dem Kopf auf den Boden auf. Benommen blieb er liegen. Schmerzen rasten durch seinen Körper. Er stammelte etwas, als ein Zittern seinen ganzen Körper durchzog.

»So ein Benehmen legen wir schon lange nicht mehr an den Tag«, rügte ihn Saranlagg.

Er schaute Xanlagg an, den Ältesten der Runde.

»Ich mache von meinem recht Gebrauch und fordere den Rat der Erfahrenen auf, den Schüler Xinlagg von allen Aufgaben auszuschließen «, sagte er. »Sein Verhalten ist nicht mehr tragbar. «

Dranlagg nickte.
»Wir alle haben gesehen, das Xinlagg explosiv und rechthaberisch ist«, erklärte er. »Er wollte mich als ein Mitglied des eigenen Clans angreifen. So etwas kann ich nicht übergehen. Obwohl ich mit Xanlagg befreundet bin, kann ich nicht anders als seinen Sohn Xinlagg zu ächten. «

Dranlagg schaute in die Runde der Ältesten.
»Ich fordere Rantasch. «

Entsetzt blickte Xinlagg ihn an.
»Warum werde ich so hart gestraft«, fragte er.

Der junge Sarrtolan war inzwischen aufgestanden und hoffte auf ein mildes Urteil. Doch als er die ernsten

Gesichter der Ältesten sah, wusste er, dass er in der Gunst des Clans tief gefallen war.

»Jetzt ist das Kind in den Brunnen gefallen«, dachte er. »Hätte ich besser die Lehren der Älteren in mir aufgenommen und wäre nicht immer so leicht aus der Haut gefahren. Leider handelt ein junger Sarrtolan eher, bevor er denkt. «

Reumütig blickt er in die Runde.
»Ich möchte mich entschuldigen«, sagte Xinlagg. »Ich habe es euch schon öfter erklärt. Ich bin der Einzige unseres Volkes, der noch das alte Gen in sich trägt. Es ist das Gen einer jungen Rasse, deren Angehörige immer sehr ungeduldig waren und alles Fremde erforschen mussten. Ich kann mir keine Ruhe gönnen. Ich werde angetrieben immer weiter nach einem Ergebnis zu suchen, bis der Wissensdrang erloschen ist. «

»Das verstehen wir zu gut«, antwortete Saranlagg. » Es kann aber nicht sein, dass du der Einzige bist, der sich in kurzen Abständen immer wieder vor der Versammlung rechtfertigen muss. «

»Ich verspreche, es war das letzte Mal«, antwortete Xinlagg. »Bitte habt Nachsicht mit mir. «

Dranlagg schaute versöhnt.
»Entscheidet ihr«, entgegnete er. »Ich bin es eigentlich leid mit ihm. Doch aufgrund meiner Freundschaft zu Xanlagg würde ich eine positive Entscheidung

akzeptieren. Er soll noch eine Chance bekommen. Vielleicht stehlen ihn die fremden Besucher? «

Lautes Gelächter beruhigte die Situation.
»So sei es«, antwortete Xanlagg. » Danke, meine Freunde. Ich hoffe sehr, dass mein Sohn es endlich verstanden hat. Was machen wir jetzt mit den Fremden? «

***

Major Travis, Sirin, Heinze und Commander Brenzby, Tart 1, Tart 2 und Raise und Morass standen vor der Termar 1 auf der großen Lichtung. Sie atmeten die würzige Luft ein des unverbrauchten Planeten ein.

»Wie versprochen, es ist ein Refugium für unsere Rasse«, bedankte sich Raise.

Morass winkte seinem Volk zu, das langsam aus den natradischen Transportschiffen ins Freie trat. Viele knieten nieder und küssten den Boden. Immer mehr Green-Lizards drängten nach und drängten die Vorausgehenden teilweise von der Laser-Brücke.

»Entschuldigen sie bitte, Herr Major«, sagte Morass. »Sie sehen es selbst, da entsteht schon das erste Problem. Ich muss mich sofort um einen kontrollierten Ablauf kümmern. «

»Machen sie das«, antwortete Major Travis.

Raise stand neben einer Gruppe Lizards und schaute dem Treiben zu. Exakt 1.500 Arbeits-Roboter trugen Kisten mit Materialien aus den Transport-Schiffen und stapelten sie unter eiligst montierten Pavillons. Die Arbeitsroboter hatten eine eindeutige Programmierung erhalten. Ihr Auftrag lautete, schnellsten die Hilfsunterkünfte für die Lizards aufzubauen. Dutzende Bulldozer wurden von Robotern bedient. Sie begannen den Boden der Lichtung zu planieren, um ein Kanalisationsgeflecht zu verlegen.

»Ihre Maschinen arbeiten sehr effizient«, bemerkte Raise. »Das ist alles so perfekt ausgetüftelt. Mit unseren Mitteln wären wir noch lange nicht so weit. «

»Wir helfen gerne«, lächelte Major Travis. » Falls sie noch etwas brauchen sollten, lassen sie es mich bitte wissen. In der Zwischenzeit kümmern sich unsere Techniker um die Installation des Hyperfunk-Notsenders. «

Raise nickte und bedankte sich nochmals. Dann drehte sie sich um und ging ihrem Vater nach, der aufgeregt die Ausschleusung seiner Artgenossen überwachte.

Heinze zog Major Travis am Ärmel seiner Uniform. Dieser blickte ihn an.

»Ich empfange negative Gedankenmuster«, teilte er mit.

»Hier auf dem Planeten? «, fragte Major Travis erstaunt.

Heinze nickte eifrig.

»Ja«, entgegnete er. »Sie stammen von den Einheimischen dieser Welt ab. Ich konnte den Namen ihres Volkes aus den Gedanken herausfiltern. Sie nennen sich selbst Sarrtolan. Es sind Waldmenschen, die in völliger Synthese mit ihrer Natur leben. Sie fühlen sich belästigt und wollen nicht, dass wir hier sind. Sie beanspruchen den Planeten für sich selbst. «

»Das bedeutet, dass die Lizard in einen Konflikt geraten«, erwiderte Major Travis.

Er drehte sich zu Commander Brenzby um.
»Jörge, bitte veranlasse vorrangig die Installation des neuen Schutzschirmes. Wir benötigen Schleusen und Kontrollen in diese Sicherheitszone. Wir werden die Lizards vor Angriffen schützen. Sobald die Reaktoren anlaufen, möchte ich den Schutz-Schirm aktiviert wissen. «
»In Ordnung«, antwortete Commander Brenzby. » Ich kümmere mich sofort hierum. «

Major Travis schaute wieder dem Treiben zu. Immer mehr Module für Wohneinheiten wurden herbeigeschafft, montiert und miteinander verbunden. Die Stadt der Green-Lizards nahm bereits Gestalt an.

Der Major forderte zur Unterstützung der Bautrupps zwölf Gleiter der Tarin-Klasse an, die von den Schiffen der Kaiser-Klasse im Orbit ausgeschleust wurden. Diese wendigen Kampf-Jets sollten über der neuen Stadt patrouillieren und mögliche Hinweise auf

Unstimmigkeiten sofort melden. Auch durften sie nach Rücksprache Kampfhandlungen durchführen.

»Der Schutzschirm bringt erst die nötige Sicherheit«, sagte Major Travis zu Sirin.

Sie blickte ihn an.
»Du kennst meine Meinung über das Volk der Echsen«, entgegnete Sirin. »Außerirdisch ja, aber mit reptilen Lebensformen habe ich meine Probleme. Ich glaube, hiervon habe ich Zeit meines Lebens genug gehabt. Das wird sich auch nicht mehr ändern. «

Major Travis senkte seinen Kopf.
»Ich kann das Nachvollziehen«, antwortete er. »Vielleicht ändert sich ja deine Meinung später noch. «

»Das glaube ich eher nicht«, erwiderte Sirin. » Zuviel ist uns angetan worden. Meine ansonsten so offene Lebenseinstellung verhärtet sich, wenn ich übergroße Reptilien zu sehen bekomme. Bitte entschuldige meine Einstellung.«

Die Tarin-Gleiter kreisten am Himmel. Am Boden bewegten sich Baufahrzeuge, die gerade den Raumhafen planierten. Gebäude schossen aus dem Boden. Im Eiltempo entstand hier eine neue Stadt.

***

Dranlagg schaute von dem Bergrücken in den Himmel empor. Sein Körper leuchtete zu dieser Tageszeit in einem frischen Grün. Das wärmende Doppelgestirn Kassiopeia ließ die Wolken des Planeten in einer rosa Farbe erscheinen.

Dranlagg schaute von der Anhöhe hinunter auf die Lichtung im Tal.

»Sie richten sich schon wohnlich ein«, sagte er zu sich. »Es wird immer schwieriger, sie zu einem Aufgeben zu bewegen. «

Er lenkte seine Aufmerksamkeit dem Raumhafen entgegen. Dort standen 3 Transport-Schiffe, aus denen Roboter kontinuierlich Materialen entluden.

»Es sind immer noch die gleichen Schiffsbauten wie früher«, dachte Dranlagg. »Weiter entfernt steht ein anderes Schiff. Es ist nicht so groß, wie die anderen natradischen Schiffe. Aber es wird trotzdem an die 500 Meter lang sein. Handelt es sich hierbei um eine modifizierte Naada-Klasse? Dann haben es die Natrader gewaltig modifiziert. Wie ist das möglich? Sie sind doch alle ausgewandert, teilte man uns mit. Jedes Lebewesen des alten kaiserlichen Imperiums wurde vor die Wahl gestellt, auszuwandern oder zu bleiben. Ein Schutz durch die kaiserliche Flotte konnte von der Administration nicht mehr zugesagt werden. Admiral Tarin benötigte alle verfügbaren Schiffe für die Evakuierung seines Volkes. «

Dranlagg dachte an die Überlieferungen der Ältesten. »Auch unser Volk sollte ausgeflogen werden«, erinnerte er sich. Die nur leicht bewaffnete Evakuierungs-Flotte, die das Imperium uns geschickt hatte, traf auf zersplitterte Reste der Rigo-Flotte. Die Feinde waren zahlenmäßig überlegen. Der kurze, aber heftige Kampf endete für die natradische Flotte im Chaos. Alle Evakuierungs-Schiffe wurden vernichtet. Es gab keine Überlebenschance. Lediglich zwei beschädigte Schiffe der ehemaligen 89. Division der Evakuierungs-Flotte, konnten schwer beschädigt diesen Planeten anfliegen. Den Besatzungen gelang es sich im Laufe der vielen Jahrtausenden sich mit den Eingeborenen dieses Planeten zu vermischen. Das war die Geburtsstunde unserer Rasse. Der grüne Planet ist unsere neue Heimat geworden. So wird es überliefert.«

Er blickte auf das Treiben im Tal.
»Seit 100.000 Jahren haben wir der Technik abgeschworen und leben im Einklang mit der Natur«, überlegte er. »Wir sind ein Teil hiervon geworden. «

Dranlagg schaute unbehaglich weiter auf die Lichtung.

»Was ist das? «, fragte er sich. » Kleine grüne Wesen stiegen aus einem großen Raumschiff. Es wurden immer mehr. Wesen steigen aus.

Das müssten mindestens 27.000 Wesen, schätzte Dranlagg. «

Er schärfte seine Augen und blickte genau hin. Plötzlich erschrak er.

»Es sind reptile Lebewesen«, überlegte er. »Sollten das Angehörige der ehemaligen Feinde der Natrader sein. Sind es Gefangene? Wie ist das möglich? Angeblich haben sie doch alle einen Suizid begangen haben? «

Dranlagg zuckte zusammen. Ein gelbes Energiefeld blähte sich kreisrund zum Himmel auf. Es zog sich um die große Anlage am Boden und verschloss sie vollständig. Dranlagg blickte in den Himmel. Er konnte das Ende des Schutzschirmes mit seinen Augen nicht erkennen. Er hatte genug gesehen und machte sich auf den Rückweg. In gewohnter Manier hangelte er sich durch die dichten Äste des Waldes und wurde von ihnen weitergetragen.

***

»Die fremden Gedanken waren gerade sehr nahe«, bemerkte Heinze. »Das Wesen muss am Waldrand unsere Aktivitäten beobachtet haben. Es ist nicht glücklich mit den Arbeiten, die wir hier durchführen. «

»Kannst du es verfolgen, wo will es hin? «, fragte der Major.

» Es will zurück zu seinem Clan und über uns berichten«, antwortete der Ro. »Es hat nicht bemerkt, dass ich es belauscht habe. «

»Können wir uns mit ihm treffen? «, erkundigte sich Major Travis. »Ich möchte mit ihm sprechen und unsere Situation erklären. Es ist nicht unsere Art, in eine heile Welt einzudringen und Unfrieden zu stiften. Wir werden eine Art Suchmannschaft zusammenstellen und versuchen Kontakt den Wesen aufzunehmen. «

***

»Es sind viele Wesen«, berichtete Dranlagg den Ältesten. »Sie richten sich bereits ein und wollen hierbleiben. Es handelt sich um natradische Schiffe unserer Ursprungswelt. Es müssen jedoch Nachkommen sein. Sie schleusen reptile Lebewesen aus. Ich habe sie zuerst nicht erkannt. Diese Wesen haben die gleiche grüne Farbe, wie die alten Feinde.«

Ein Raunen ging durch die Versammlung.

»Du sprichst von den reptilen Lebewesen, die den Krieg zu uns brachten? «, fragte Saranlagg.

»Ja«, antwortete der Wächter. » Sie sehen so aus, wie in den Berichten erwähnt. Wir müssen etwas unternehmen.«

»Sie sollen weiterziehen und uns in Ruhe lassen «, bemerkte Xanlagg.

»Das wurde bereits beantwortet «, bemerkte Rantagg. »Sie richten sich ein. Wir sollten den Kriegsrat einberufen.

Alle Stämme müssen zusammenkommen. Entsendet Boten zu allen abgesplitterten Nachkommen. Sagt ihnen, unsere Welt wird bedroht. Sie möchten alle zu dem Stein der Alten kommen, oben auf dem Berg Hiraasch. Die alte Gebetsstätte unserer Väter wird uns helfen, den richtigen Weg zu finden. Eilt, wartet nicht länger, die Zeit läuft uns davon. «

***

Eine Staffel Tarin-Jets überflog das Gebiet der Kolonie, um jeden Kleinigkeit mit Sensoren zu erfassen. Jeden Millimeter des Bodens, jede Anomalie, oder jede Unregelmäßigkeit, wurde sofort an die Hypertronic-KI der Termar 1 weitergegeben. Ultraschall und Radarsensoren suchten jeden Winkel ab.

Major Travis schaute auf die Diagramme.
»Es wurden nur die üblichen Tierbewegungen aufgezeichnet«, teilte er mit. »Intelligente Bewohner wurden nicht erfasst. Wir werden noch etwas warten müssen. «

»Geduld heißt das magische Wort«, antwortete Sirin. »Das habe ich in einem Buch gelesen, geschrieben von einem schlauen Mann. Sagt ihr das so? «

Sie blickte den Major mit ihren dunkelbraunen Augen verführerisch an. Ihre Mine stellte sie bewusst naiv.

»Sie weiß bereits sehr viel über die fraulichen Waffen«, dachte er.

»Tatsächlich ist das so«, antwortete Major Travis. »Möchtest du überhaupt mitkommen, wenn wir uns auf die Suche nach den Einheimischen machen? Sie können bewaffnet sein und uns nicht Gutes wollen. Das würde bedeuten, dass wir in ein Gefecht geraten werden. «

»Ich vertraue auf meine Taja«, antwortete Sirin trotzig. »In diesem Dschungel kann ich dich doch nicht allein lassen. «

»Gerade kommt eine Meldung herein«, meldete Commander Brenzby. »Auf einem Hügel, acht Kilometer von hier, finden sich gerade sehr viele Einheimische ein. «

»Bitte schleuse drei Garde-Gleiter aus«, befahl Major Travis. Wir fliegen dorthin. «

Der Commander bestätigte.
Major Travis informierte über seinen Communicator Sergeant Hardin.

»Kommen sie bitte mit Zwölf Marines und der gleichen Anzahl Kampfrobotern zu unseren bereitstehenden Garde-Gleitern«, erklärte er. »Wir werden den Einheimischen einen Besuch abstatten. Tart 1 und Tart 2 werden sich um die Sicherheit meiner Person kümmern. Ich möchte mit den Einheimischen lediglich reden. Alle Beteiligten legen ihre Taja's an. Die Individual-Schirme werden einschaltet. Ich bitte Standard-Bewaffnung und Hypnose-Strahler mitzunehmen. «

Sergeant Hardin bestätigte und stellte die Gruppen zusammen. Dann marschierte der Trupp zu den Treffpunkt.

Die drei Garde-Gleiter waren besetzt. Sanft hoben sie vom Boden ab. Der Schirm der Kolonie öffnete sich und gab die Schiffe frei. Fast geräuschlos schwebten die Gleiter unter den Wolken hindurch.

»Dort ist der Berg«, sagte Commander Brenzby. »Ich drossele die Geschwindigkeit. «

Die Maschinen schwebten auf den Berg zu, auf dessen Plattform sich Hunderte von Eingeborenen versammelt hatten. Bereits während des Landemanövers wichen die Eingeborenen respektvoll zurück. Commander Brenzby schaltete den Antrieb aus. Langsam erstarben Antriebs-Geräusche der Gleiter.

Die Schotts öffneten sich. Major Travis stieg als Erster aus. Er hob seine rechte Hand, als ein Zeichen des Friedens in die Höhe. Tart 1 und Tart 2 portionierten sich vorsichtshalber neben ihm. Heinze verweilte in gespannter Stellung neben Sirin. Jetzt konnten sie erstmalig die Eingeborenen in Augenschein nehmen.

»Sie sind von natradischer Abstammung«, flüsterte Sirin dem Major zu. »Vermutlich sind es Schiffsbrüchige. Sie haben sich in den letzten Jahrtausenden ihrer Welt angepasst. Jetzt sind sie sprichwörtlich umweltangepasste Wesen. Sie haben sich für dieses Leben entschieden. «

Major Travis bewunderte Sirin, mit welcher Gelassenheit sie die Situation richtig bewertete.

»Danke, für deine Einschätzung«, antwortete er.

Major Travis trat einen Schritt vor.
»Wer ist euer Sprachführer? «, fragte er in Natradisch.

Einer der Waldwesen trat vor.
»Ich bin Xanlagg der Älteste«, antwortete der Grünhäutige. »Was wollt ihr? «

»Ich bin Major Travis, erbfolgeberechtigter Oberbefehlshaber der vereinigten Natrid & Tarid Streitkräfte und Erhobener im Gefüge der Kaiserkaste mit Rang 1. Bestätigt und eingesetzt von Noel von Natrid im Rahmen der Nachfolge-Programmierung von Admiral Tarin. Darf ich zu euch sprechen«?

»Wir haben nichts zu besprechen«, antwortete Xanlagg. »Natrid interessiert uns schon lange nicht mehr. Wir waren Schiffbrüchige im großen Krieg. Keiner hat uns vermisst oder nach uns gesucht. «

»Das bedauern wir sehr«, sagte Sirin. » Wir waren alle mit uns beschäftigt und haben an unterschiedlichen Fronten gekämpft. Unser Bemühen reichte nicht aus. Unsere Heimatwelt ging verloren. Alle Überlebenden Natrader wurden evakuiert, wie ihr auch. Gebt uns bitte nicht die Schuld für den Absturz eures Schiffes. Sie sind trotzdem stolz, Natrader sein zu dürfen. «

»Wer sind sie, dass sie so reden dürfen? «, fragte Xanlagg.

»Ich bin San Sirin, Cousine des Kaisers von Natrid und letzte Überlebende des Kaiser-Geschlechtes«, teilte sie mit. »Ich habe 100.000 Jahre in einer Kälteschlaf-Kammer überlebt. Ich bin die letzte lebende Person des alten Kaiser-Geschlechtes von Natrid. Ich werfe mich vor euch auf meine Knie. Bitte akzeptiert meine Entschuldigung. Alles das, was im großen Krieg passiert ist, war für alle Lebewesen des kaiserlichen Imperiums schrecklich zu ertragen. Wir waren nicht darauf vorbereitet. Leider können wir können diese Zeit nicht mehr zurückdrehen. «

Xanlagg, Saranlagg und Dranlagg sahen sich an.
»Wollen wir die Eindringlinge im Kampf besiegen? «, fragte Saranlagg.

Alle schüttelten ihren Kopf.
»Ich bin Verwalter der Schriften«, teilte Saranlagg mit.
»Meine Aufgabe ist es, das Zeitgeschehen festzuhalten.
»Wenn wir jetzt kämpfen, dann gibt es viele Tote.«

»Lasst sie uns anhören«, entschied Xanlagg. »Kommt in den Kreis. Legt vorher eure Waffen ab. Die Kampfroboter müssen draußen bleiben.

»Das geht nur bedingt«, antwortete Major Travis. »Diese beiden müssen mit, ansonsten fangen sie allein einen Krieg an. Es sind meine Personen-Schutzroboter. Sie haben den Befehl sich ruhig zu verhalten. Bitte vertraut mir. «

Xanlagg machte eine Geste, ihm in die Mitte der Gebetsstätte zu folgen.

Sergeant Hardin sicherte mit seinen Marines und den Kampfrobotern die drei Gleiter. Ihn wollte Major Travis nicht noch zusätzlich den Sarrtolan aufzwingen.

Major Travis erzählte die Geschichte von dem Angriff der Green-Lizards. Er verschwieg keine Details, auch nicht die Manipulation der Brutnester durch die Worgass. Sirin unterstützte ihn. Die Zerstörung des Wurmloch-Knotens und die Abspaltung der Echsen von ihrem Volk interessierte die Sarrtolan sehr genau. Abschießend teilte er den Waldmenschen mit, dass es derzeit keine andere Bleibe für die Green-Lizards gab.

»Können sie sich vorstellen, ein Stück ihres schönen Dschungel-Planeten zu teilen? «, fragte er. » Es sind nicht die Sauroiden von früher. Es sind junge, sich neu formierte Echsen-Wesen, die aus der Knappschaft der Worgass entkommen möchten. Werfen wir ihnen keine Stöcke zwischen die Beine. «

»Wir lassen sie in Ruhe und sie lassen uns in Ruhe«, bemerkte Dranlagg. »Lediglich wenn Gefahr droht, haben die Lizards die Möglichkeit mit uns Kontakt aufzunehmen.«

Raise trat einen Schritt vor.
»Glauben sie Major Travis«, sagte sie. »Wir führen nichts im Schilde und haben auch keine großen technischen Hilfsmittel dabei. Wir suchen lediglich einen Zufluchtsort, den wir mit ihnen teilen möchten. Wir sind anders als die Sauroiden aus ihrer Erinnerung. Geben sie uns bitte eine Chance. «

Die Ältesten blickten sie an. Dann unterhielt sich der Rat eine längere Zeit. Wieder blickten sie die Gruppe der Fremden an.

»Ist für sie eine positive Entscheidung möglich? «, fragte Major Travis.

Die Ältesten der Sarrtolan waren unsicher.

Heinze trat vor.
»Ich merke, dass sie noch unschlüssig sind«, sagte er. »Ich bin auch ein Kind des neuen natradischen Imperiums. Man hat mich aus den Klauen der Finsternis gerettet. Als Dank unterstütze ich das Imperium, das sich derzeit in einer Neuorientierung befindet. Ich bin der Angehörige einer nicht natradischen Rasse. Für sie ein Fremder. Trotzdem hat das Imperium mir und meinem Clan einen umfangreichen Schutz angeboten. Das Neue-Imperium wird zukünftig aus vielen Rassen bestehen, die untereinander Kontakte unterhalten und sich in jeder

denkbaren Form unterstützen. Keiner wird wegen seines Aussehens, seiner Religion oder seiner Denkweise diskriminiert. Hierfür stehen Major Travis und das Neue-Imperium von Tarid & Natrid mit Wort und Tat. Ich unterstütze ihn hierbei. «

Erster Beifall ertönte.
Wieder unterhielten sich die Ältesten der Clans. Heftige Wortgefechte waren zu hören. Nach einer Zeit drehte sich Dranlagg um. Er lächelte der Crew der Termar 1 zu.

» Wir sind uns einig«, antworteten die Ältesten. »Die Green-Lizards dürfen bleiben. Wir bitten sie jedoch, unsere Lebensart zu akzeptieren. Auch wir versuchen im Gegenzug ihre Lebensweise besser zu verstehen. Uns ist sicherlich verständlich, dass wir nicht den ganzen Planeten für uns allein beanspruchen können. Wir werden uns arrangieren und versuchen gemeinsame Strukturen aufbauen. Vielleicht helfen uns die Lizards hierbei. «

»Viel zu lange haben wir im Verborgenen gelebt und uns nicht an das Tageslicht hinaus getraut«, sagte Xanlagg, der Sprecher des Rates. »Das hört jetzt auf. Baut weiter an eurer Unterkunft. Ladet uns ein, wenn sie fertig ist. Wir sind gespannt hierauf. «

Xinlagg, der junge Sarrtolan, konnte die Heuchelei nicht mehr ertragen. Er hatte eine Horde gleichdenkender Jugendlicher um sich geschart. Gemeinsam entfernten sie sich von der Gebetsstätte. All die Jahrhunderte lang hatte sie der Ältestenrat vor möglichen Fremden gewarnt und Szenarien durchgespielt. Nie mehr wollten sich die Clans mit fremden Rassen einlassen. Jetzt aber waren alle Warnungen umsonst gewesen. Viel schlimmer noch, die Ältesten hatten den grünen Echsen ein Asyl angeboten.

Xinlagg und seine Gruppe verstanden die Welt nicht mehr. Alle Jugendlichen waren nach den strengen Grundsätzen der Clans geprägt worden. Immer hieß es, die Andersartigen wären die Teufel. Sie würden Verderben über das Volk bringen. Viele Gedanken flogen durch seinen Kopf.

»Xinlagg wird das verhindern«, dachte er zu sich selbst.

Die Gruppe war an der Lichtung angekommen. Das Grün ihrer Haut sorgte für eine natürliche Tarnung. Ihre Konturen zerflossen perfekt mit der Fauna um sie herum. Ein unbeteiligter Betrachter konnte sie nicht erkennen.

»Habt ihr die alten Granaten dabei? «, fragte Xinlagg.
»Ja«, antwortete ein anderer der jungen Truppe. »Sollen wir das Attentat wirklich ausüben? Es werden Leben getötet. «

»Die Fremden werden ansonsten nicht mehr gehen«, antwortete Xinlagg. »Nur wenn sie feststellen, dass es zu gefährlich für sie ist, werden sie an eine Abreise denken.«

Er blickte auf die Granaten.

»Funktioniert denn die alte Technik noch? «, fragte er. » Können die Granaten etwas bewirken? «

»Sie sind über 100.000 Jahre alt und noch aus der Zeit des großen Krieges«, antwortete der Angesprochene. » Aus diesem Grunde werden sie funktionieren. Zu dieser Zeit hatten die Natrader alles für die Ewigkeit konstruiert. «

Die Gruppe spähte weiter geradeaus. Hektisches Treiben füllte das Leben auf der großen Lichtung. Überall liefen Kolonnen von Arbeits-Robotern herum und montierten, installierten Hallen und Gebäude. Unzählige Green-Lizards kreuzten ihre Wege mit Zeichnungen in der Hand. Sie kontrollierten vermutlich die Montage der Anlage.

»Was für ein mieser Haufen Eindringlinge«, flüsterte Xinlagg. »Wir können sie nicht alle vernichten. Aber Angst unter ihnen zu verbreiten ist möglich. Vielleicht ziehen sie dann wieder freiwillig ab. «

Eine Gruppe von fünfzehn Green-Lizards kam langsam auf sie zu. Sie alle beschäftigten sich mit der Vermessung der Zugangswege. Sie blieben stehen und winkten einige Rodungs-Maschinen heran. Diese stachen ihre schweren Haken in den Boden und rissen das Erdreich in einer Breite von 15 Metern mit sich. Innerhalb kürzester Zeit wurde der Boden planiert und flüssiges Granulat verlegt. Die großflächige Erhitzung durch den natradischen Laser-Beschuss, erzeugte eine harte Glasierung des Belages.

»Sie kommen näher«, flüsterte einer der Jugendlichen.

»Aufpassen, gleich ist es so weit«, flüsterte Xinlagg. »Jetzt, die Granaten werfen. «

Aus dem Gebüsch hagelten Granaten zwischen die Füße der Green-Lizard Gruppe. Verdutzt schauten sich die Personen gegenseitig an, als laute Explosionen sie in kleine Stücke zerriss.

Es raschelte im Unterholz. Die Sarrtolan hatten den Erfolg ihres Angriffes verfolgt. Eiligst machten sich eilig aus dem Staub.

Alarmsirenen heulten auf. Der Super-Schutzschirm wurde massiv hochgefahren. Nichts konnte mehr aus dem gesicherten Gebiet hinaus, oder auch hinein. Hilfskräfte suchten die Umgebung ab. Medi-Roboter standen bereit. Der leitende Lizard des Hilfs-Teams schüttelte seinen Kopf.

»Hier ist nichts mehr zu machen«, teilte er mit. »Die grünen Humanoiden haben ganze Arbeit geleistet. Informiert bitte Morass Zyran. Diese Welt hier ist nicht so friedlich, wie man uns das einreden möchte. «

Major Travis drehte sich um und wollte zurück zu den Gleitern gehen. Sein Communicator piepste. Er aktivierte die Verbindung.

»Hier ist Major Travis«, sprach er in das Mikrofon. » Was gibt es? «

»Sergeant Farmer spricht«, tönte es aus dem Gerät.
»Kommen sie bitte zu uns. Ein Angriff ist auf eine Gruppe
Green-Lizards erfolgt. Es gibt fünfzehn Tote, leider keine
Überlebenden. Wir haben den Schutz-Schirm vollständig
aktiviert. Sämtliche Gruppen wurden kontrolliert. Es sieht
so aus, als ob Granaten alter natradischer Bauart
verwendet worden wären. Die Spür-Roboter, unser
Sicherheitsteam und Einheiten der Green-Lizards sind vor
Ort und versuchen Licht ins Dunkle zu bringen. «

»Danke Sergeant Farmer«, antwortete der Major.
In seinem Gesicht spiegelte sich die Enttäuschung über
das Attentat wider.

»Ich bitte den Ältestenrat der Sarrtolan noch zu bleiben«,
sagte Major Travis ernst.

Diese schauten irritiert auf.
»Gerade in diesem Moment wurde ein Attentat auf eine
arbeitende Gruppe von Green-Lizards durchgeführt«,
teilte er mit. »Es wurden fünfzehn Echsen-Wesen getötet.
Leider gab es keine Überlebenden. Können sie mir das
bitte erklären? «

Raise Zyran heulte plötzlich schmerzhaft laut auf. Auch sie
hatte die Meldung des Attentates erhalten.

Major Travis blickte die Gruppe der Sarrtolan an. Diese
wurden unruhig und fingen an zu flüstern.

»Wir haben Probleme mit unserem Nachwuchs«, antwortete Dranlagg. »Ich habe gerade jemanden in unser Waffenlager gesandt. Er soll sich vergewissern, ob alles noch vorhanden ist. Uns überkommt ein ungutes Gefühl. Xinlagg, der Sohn unseres Ältesten geht nicht konform mit unseren Entscheidungen. Er war gegen unsere Entscheidung, ein Gespräch mit ihnen zu führen. Unsere alten Lehren haben ihn geprägt, Diese entstanden vor vielen Jahrtausenden, kurz nach dem großen Krieg. Die Schriften hätten schon lange überholt werden müssen. «

»Kommen sie mit uns, um die Spuren zu analysieren und zu prüfen«, sagte Major Travis. »Schauen sie, ob es sich bei den Granaten um Waffen aus ihrem Archiv handelt? «

Xanlagg nickte.
»Wir kommen mit«, entschied er. »Es war unserer Fehler, dass wir uns so lange nicht der Realität gestellt haben. Jetzt holt uns unsere eigene Lehre ein. «

Xanlagg dreht sich zu seinem Volk um.
»Geht nach Hause«, sagte er laut. »Das, was wir verhindern wollten, ist bereits eingetreten. Jemand hat ein Attentat auf die Fremden verübt. Fünfzehn von ihnen sind hierbei umgekommen. Wir gehen mit den Fremden und kümmern uns um sie. Bildet Trauerkreise und gedenkt ihrer. «

Viele Sarrtolan gehorchten sofort und zogen ab. Andere verharrten noch und wollten die weiteren Ereignisse abwarten. Die Abordnung der Ältesten folgte Major Travis in die drei Garde-Gleiter.

Commander Brenzby meldete die Ankunft der Gleiter über den Flotten-Funk. Der Schutzschirm öffnete sich einen Spalt, gerade groß genug, um die Schiffe passieren zu lassen. Auf den neuen Straßen wimmelte es nur so von den Green-Lizards, Spür-Robotern und Sicherheits-Personal.

Die Gleiter setzten sanft auf dem Boden auf. Die Antriebe erstarben. Major Travis und sein Team stiegen die aus dem Schott. Sie sahen sich um. Dranlagg und der Ältesten-Rat folgten ihnen. Eine gewisse Art der Beengtheit schien sie zu überkommen.

»So muss es früher einmal auf unserer eigenen Welt gewesen sein«, sagte Dranlagg. »Hektik und große Betriebsamkeit. «

Xanlagg nickte zustimmend.
»Ich sehe das auch so«, erwiderte er.

Major Travis sprach Befehle in seinen Communicator. Er hatte die erhöhte Alarmbereitschaft angeordnet. Sergeant Hardin trat neben ihm. Er winkte die Gäste zu sich.

»Wir werden Suchkommandos aufstellen«, erklärte er. »Würden sie sich hieran beteiligen? «

Xanlagg nickte.
»In jedem Fall ist uns sehr an einer Aufklärung gelegen«,
teilte er verlegen mit.

Morass Zyran eilte heran.
»Ein hinterhältiger Mord war das«, sagte er außer Atem.
»Ein feiger Anschlag auf ein unbewaffnetes Vermessungs-
Team. «

Er schaute auf die Ältesten von den Sarrtolan.
»So begrüßen sie also Gäste auf ihrer Welt? «, fragte er
mit lauter Stimme. «

Geschockt blickte Dranlagg ihn an.
»Sie sind aufgeregt und nicht mehr Herr ihrer Worte«,
erwiderte er. »Wir Sarrtolan verabscheuen Morde. Uns ist
die innere und äußere Harmonie mit der Umwelt das
wichtigste Ziel. Wir werden ihnen helfen die Schuldigen
zu finden. Sie werden der gerechten Strafe übereignet.
Seien sie gewiss.
«
»Wie viele Gruppen können wir für die Suche einteilen?
«, fragte Major Travis.

Sergeant Hardin dachte nach.
»Ich habe 16 Spürtrupps zusammengestellt «, antwortete
der Sergeant. »Sie haben Fußabdrücke gefunden. Denen
folgen wir. Es ist etwas beschwerlich, da die Gruppe sich
kontinuierlich aufzuteilen scheint. Aber wir werden sie
kriegen. «

»Bleiben sie in Kontakt mit uns«, entscheid Major Travis.

»Morass«, sprach Major Travis den Lizard an. »Nehmen sie die Sarrtolan mit. Zeigen sie ihnen alles und versuchen sie Verständnis zu zeigen. Sie sind neu in ihrer Welt. Helfen sie ihnen zu verstehen. «

Heinze hatte die Flüchtenden bereits erfasst.
»Wir sollten einen Tarin-Jet nehmen«, sagte er. »Damit können wir die Flüchtlinge schneller verfolgen. «

Major Travis, Sirin, Heinze und Commander Brenzby stiegen in den ersten Gleiter ein. Tart1 und Tart 2 folgten der Gruppe im zweiten Gleiter. Sergeant Hardin führte drei Marines und drei Kampfroboter als dritte Gruppe in einen Gleiter.

»Ich möchte die Attentäter lebend erwischen«, sagte Major Travis.

Commander Brenzby schaute ihn an.
»Wir wollen erst einmal hoffen, dass wir die Täter überhaupt finden? «, erwiderte er.

Die Tarin-Jets hoben ab und flogen dem Himmel entgegen. Die Maschinen aktivierten ihren Tarnschutz. Sie entzogen sich den Augen am Boden stehenden Beobachter, durch ihr Tarnfeld.

»Wir nähern uns«, bemerkte Heinze. »Die Flüchtenden haben Angst. Ihnen war nicht wohl bei dem Anschlag. Sie wollen sich nicht vor dem Ältestenrat rechtfertigen müssen. Sie streben eine Veränderung an. Zu lange mussten sie nach den Richtlinien der Ältesten leben. Sie irren ohne Ziel durch den Wald. Sie wollen nur Entfernung zwischen ihnen und dem Attentat bringen. Das Gewissen peinigt sie. Ich bemerke Reue in ihren Gedanken. «

»Das ist gut«, sagte Major Travis. »Dann ist bei den Sarrtolan noch nicht alles verloren. Wenn wir die Attentäter hinrichten würden, könnte das vermutlich einen Nachgeschmack verursachen. Das künftige Leben der Green-Lizards auf diesem Planeten würde nicht einfacher. Ich hoffe noch weitere Informationen über die Worgass zu erhalten. Diese werde ich aber nur erhalten, wenn die Lizards ein zufriedenes Leben führen und andere Rassen anfangen zu akzeptieren. «

»Da unten müssen sie sein«, bemerkte Heinze. » Ich spüre sie ganz deutlich. «

»Vorsichtig landen«, befahl der Major. »Wir steigen aus. Sensoren und die Individual-Schirme einschalten. Wir wissen nicht, welche Waffen sie einsetzen können. «

Der Gleiter setzte am Boden auf und wurde wieder sichtbar. Die Spürtruppe stieg aus.

»Los geht's«, sagte Major Travis »Die Roboter gehen voraus und sichern ab. Heinze zeige uns bitte die Richtung. «

Dieser hob seinen Arm und hielt in die nördliche Richtung.

Die Gruppe setzte sich in Bewegung. Die Doppelsonne spendete ihr Licht tief über dem Horizont liegend. Obwohl eine leise Verfolgung befohlen war, pflügten die Kampf-Roboter das Dickicht um. Ihre schweren Körper planierten einen Weg für die nachfolgenden Personen. Kleinere Pflanzen und zierliche Bäume wurden niedergetreten. Die Verfolgung der Attentäter musste Vorrang haben.

Heinze hatte die Kampfroboter angehalten. Angestrengt esperte er in den dichten Wald hinein. Die Gruppe sah nichts. Major Travis blickte ihn an.

»Was spürst du? «, erkundigte er sich.

»Vorne hinter dem Baum versteckt sich einer von ihnen«, flüsterte der Ro. »Er hat Angst und traut sich nicht weiter vor. Waffen spüre ich nicht an ihm. Er sollte leicht zu fangen sein. «

Major Travis spurtete voraus, Tart 1 und Tart 2 folgten ihm auf dem Schritt.

»Ihr links um den Baum herum«, befahl er. »Den Sarrtolan festhalten. «

Die Personen-Schutzroboter erhöhten das Tempo. In einer halsbrecherischen Geschwindigkeit umliefen sie den Baum und stürzten sich auf die Gestalt. Der Major erkannte, wie diese sich fürchterlich erschreckte und sich schnell duckte.

»Festhalten«, warnte er. »Nicht wegspringen lassen.«

Ein fürchterliches Geschrei hallte durch den Wald. Jedem Unbeteiligten musste das Mark in den Knochen gefrieren. Die Tart-Roboter ignorierten es. Sie hatten schon andere Dinge erlebt.

Der Wutschrei der Sarrtolan diente dem Volk als deutliche Abschreckung für Tiere auf der Pirsch. Für andere Sarrtolan bedeutete es, haltet euch fern. Ein ungeschriebenes Blatt der Verhaltensregeln auf diesem Planeten. Tart 2 packte den zappelnden und schreienden Sarrtolan und trug ihn zu Major Travis.

Sergeant Hardin legte ihm vorsichtshalber Hand- und Fußfesseln an.

»Nur zur Vorsicht«, sagte er. »Die Waldmenschen sind sehr gut im Flüchten. «

Prinzessin Sirin trat näher.
»Du willst ein Nachkomme unserer Rasse sein«, sagte sie. »Ich schäme mich für dich. Du bist ein heimtückischer Attentäter. Nach den Richtlinien des alten kaiserlichen Imperiums wärst du sofort hingerichtet worden. Ist das dein Wunsch? «

Der Waldmensch schaute trotzig in eine andere Richtung. Er verstand Sirin, beantwortete die Frage aber bewusst nicht.

»Wie ist dein Name? «, fragte Major Travis.
»Mein Name ist Xinlagg, Sohn des Ältesten«, antwortete er. »Wie habt ihr uns gefunden? Wir haben keine Spuren hinterlassen. «

»Wir haben unsere Möglichkeiten«, erwiderte Major Travis. »Wer war noch bei dem Attentat dabei? «

»Ich war allein«, erklärte Xinlagg. »Es war niemand dabei.«

»Du lügst«, antwortete Heinze. »Deine Freunde verstecken sich dort im Wald. Gar nicht weit von hier. Du warst wie immer zu neugierig. Daher haben wir dich fangen können. «

Xinlagg sagte nichts hierzu.
»Wir werden es noch herausbekommen«, antwortete Major Travis. »Bitte rufe jetzt deine Freunde, dass sie zu dir kommen und dir etwas Gesellschaft leisten können. «

»Das werde ich bestimmt nicht machen«, antwortete Xinlagg boshaft. » Die werdet ihr nicht bekommen. «

Major Travis wandte sich Sergeant Hardin zu.
»Die Freunde von ihm können nicht weit entfernt sein«, flüsterte er. »Bestreichen sie den Wald mit Paralyse-

Strahlen. Diese werden auf diese kurze Entfernung besonders gut wirken. «

Sergeant Hardin gab die Anweisungen an seine Marines und die Kampfroboter weiter.

In einem Atemzug zogen sie ihre Strahler aus der Halterung und bestrichen den Wald vor ihnen fächerartig mit breiten Paralyse-Strahlen.

Xinlagg musste mit ansehen, wie seine Freunde, wie reifes Obst, von den Bäumen fielen.

»Ihr seid Zauberer? «, fragte er entsetzt.

»Nein«, antwortete Major Travis. »Wir haben lediglich Strahlen eingesetzt, die müde machen. »Deinen Freunden geht es gut, sie leben noch. Aber selbstverständlich werden sie vor ein Gericht der Green-Lizards kommen. Gerechtigkeit hat in unserem Imperium eine sehr große Bedeutung. «

Major Travis drehte sich nach seinem Sicherheits-Offizier um.

»Sergeant Hardin lassen sie die Sarrtolan einsammeln«, befahl er. »Wir bringen sie zu Morass Zyran und seiner Behelfs-Verwaltung. «

»Wir müssen dich durchsuchen«, sagte Major Travis an die Adresse des Sarrtolan. »Bei einer verdächtigen Bewegung werden wir schießen. «

Er nickte einem Marine zu. Der trat heran und durchsuchte die Kleidung des Waldmenschen.

»Nichts«, sagte er. »Waffen hat er keine mehr. «

»Bringt ihn und seine Komplizen ins Schiff«, befahl der Major.

»Wir fliegen zurück«, sagte Commander Brenzby.

Schnell wurden die sieben jungen Attentäter ins Schiff verfrachtet und festgeschnürt. Als Letztes stiegen der Major, Heinze und Sirin ein.

»Ich kann es immer noch nicht glauben, dass diese Brut einmal Natrader waren«, sagte sie. »In ihrem Fall erkenne ich eine kolossale Rückentwicklung unserer Rasse. Es hat keine Entwicklung in dieser langen Zeit unserer Abwesenheit stattgefunden. Ich hatte eigentlich nach 100.000 Jahren, eine technische Innovation und etwas Neues erwartet vorzufinden. Stattdessen treffen wir auf degenerierte natradische Nachkommen, die dem Wald huldigen. Was für eine glorreiche Entwicklung. Hoffentlich finden wir nicht noch mehr solcher Splittergruppen. Dann kann ich die Suche nach meinem Volk schon vorzeitig begraben. «

»Sei nicht so pessimistisch«, antwortete Major Travis. »Es sind erst die ersten Hinweise auf dein Volk. Du siehst also, es haben welche von ihnen überlebt. Diese hier stammen von gestrandeten Besatzungen. Die große Hauptflotte unter Admiral Tarin wird schon eine neue Heimat gefunden haben. Wir werden diese neue Welt irgendwann finden. Verlass dich auf mich. «

Der Jet setzte sanft neben der Termar 1 auf. Morass und Raise Zyran erwarteten die Gruppe bereits.

»Sind das die Attentäter? «, fragte Morass.
»Ich denke schon«, antwortete Major Travis. »Sie sind vor uns geflüchtet und haben sich in Widersprüche verstrickt.«

Dranlagg und Xanlagg eilten heran.
» Das ist mein Sohn«, sagte er. » Hat denn bei dir meine Erziehung nur das Falsche bewirkt? Machst du denn nie etwas richtig. «

Xanlagg trat vor und ohrfeigte seinen Sohn drei Mal auf jede Wange. Dann spuckte er aus und drehte sich zu Morass um.

»Ich übergebe ihnen meinen Sohn zur Gerichtsbarkeit «, erklärte er.

Dieser schaute Raise an, dann Major Travis und die umherstehenden Green-Lizards.

»Wir können hier nichts entscheiden«, antwortete er. »Nehmt sie in Gewahrsam. Das Gericht muss urteilen. Sie werden hoffentlich dabei sein, Xanlagg? «

Der Sarrtolan drehte sich Morass zu.
»Soll ich zusehen, wie mein Sohn hingerichtet wird«, fragte er. » Verlangen sie das von mir? «

Raise blickte ihren Vater an. Sie kannte ihn nicht mehr. Wo waren die guten Augen geblieben. War nicht ihr Vater immer der gutmütige Beschützer gewesen?

Morass wusste, was Raise dachte.

»Es sind 15 Lizards gestorben«, sagte er mit fester Stimme. » Auch sie waren Kinder eines Nestes. Was sollen wir den Hinterbliebenen mit auf den Weg geben. Soll ich sagen, dass es ein bedauerlicher Irrtum war. Das einige Jugendliche dieses Waldvolkes es waren, die sich stark fühlten und Veränderungen herbeiführen wollten? Sagt es mir bitte. Was soll ich den Eltern antworten. «

Raise und Dranlagg schauten betroffen zu Boden. Die Situation war klar. Es war Unrecht geschehen und das musste gesühnt werden.

»Ich werde als Parlamentarier die ordentliche Gerichtsbarkeit einberufen und dort meine Vorschläge unterbreiten«, teilte Morass mit. »Bis dahin möchte ich gerne die Attentäter im Arrest-Bereich sehen. «

»Die Entscheidungen liegen bei ihnen«, antwortete Major Travis. » Ich übergebe ihnen die Gefangenen und ziehe mich zurück. Es wird dunkel. Morgen werden weitere Entscheidungen getroffen. Seien sie weise. «

Morass nickte nachdenklich.

Zurück auf der Termar 1 saß Major Travis im Aufenthaltsraum mit Commander Brenzby zusammen an der Bar.

»Ich denke, sie werden sich einigen«, sagte Commander Brenzby. »Sie wissen auch, dass zu viel auf dem Spiel steht. «

» Major Travis nickte beipflichtend.
»Stimmt, falls die Green-Lizards einen Fehler begehen, dann werden sie für immer Feinde haben«, antwortete er. » Die Folge hieraus ist, sie werden hier nicht glücklich werden. Wir haben aber keinen neuen Dschungel-Planeten für sie. Es wird sicherlich noch einen geben, aber der muss erst noch gesucht werden. Wir beginnen gerade erst mit der Bestands-Aufnahme des alten Imperiums. Ferner wissen wir nicht, ob sich auf anderen Planeten nicht auch Leben entwickelt hat. Ich habe so eine Ahnung, dass wir noch mehr solche Splitter-Zivilisationen finden werden, die alle auf das ehemalige natradische Kaiserreich hinweisen. «

Der Major ließ eine kurze Pause einfließen.

»Es muss vor 100.000 Jahren ein gewaltiges Durcheinander entstanden sein«, fuhr er fort. »Viele Flüchtlinge haben vermutlich nicht auf die Evakuierungs-Flotte von General Tarin warten wollen und sich in kleinen Verbänden selbst auf den Weg gemacht. Sie sind dann auf Verbände der Rigo-Sauroiden-Flotte gestoßen und größtenteils vernichtet worden. Beschädigte Schiffe mussten notlanden, Hilfe war von dem Imperium nicht mehr zu erwarten. Viele von ihnen mussten den nächsten, erreichbaren Planeten anfliegen und sich häuslich einrichten. «

»Warten wir hier, bis der Aufbau der Green-Lizard Kolonie abgeschlossen ist? «, erkundigte sich der Commander.

Major Travis schüttelte den Kopf.
»Das möchte ich eigentlich nicht«, antwortete er. »Wir lassen die Transport-Schiffe das Material auslagern. Unsere Roboter helfen diese in ihre neuen Unterkünfte zu bringen. Dann nehmen wir die Transport-Schiffe wieder mit und ziehen uns zurück. Ich möchte nicht, dass die Lizards über ein Raumschiff verfügen, dass unter Umständen irgendetwas ausspionieren kann. Wir wissen nicht, ob ihre Mentalität wieder umschlägt, wenn die Worgass in elf Monaten das Wurmloch-Tor aufmachen. Derzeit sind sie alle über ihren Dschungel-Planeten erfreut«

»Wir wissen auch nicht, mit welcher neuen Technik die Worgass in der Milchstraße eindringen werden«, sagte

Commander Brenzby. » Vielleicht schauen wir dann komisch aus der Wäsche. «

»Ich denke nicht«, antwortete Major Travis. » Wir haben ja noch einige Trümpfe in der Hand. Zum einen ist es der Orion-Nebel, den uns die Höhlen-Zeichnungen auf der Erde mitgeteilt haben. Ich hoffe, dass unsere Wissenschaftler die Koordinaten exakt bestimmen können. Dann ist da auch noch der Kontakt mit dem Allmächtigen zu prüfen. Vielleicht lohnt sich auch eine Suche nach dieser Rasse. Sie scheinen zumindest technisch noch weiter entwickelt zu sein, als die Natrader es je waren. Falls das alles nicht hilft, setze ich auf Marin und Gareck. Diese wichtigen natradischen Wissenschaftler müssen wir stärker fordern. Ich werde ihnen eine Aufgabe stellen, woran sie sich die Zähne ausbeißen. Sie sollen sich mit neuer Technologie beschäftigen. «

Der Major schaute in die Runde und trank sein Getränk auf. Der Barista kam mit der Flasche irischen Whiskys und wollte nachschenken.

»Danke, es reicht«, winkte er ab. »Er schmeckt ja sehr gut, muss aber in Maßen getrunken werden. Wir sehen uns morgen, Commander. «

Commander Brenzby salutierte und Major Travis ging geraden Schrittes aus der Bar, in Richtung seiner Kabine. Tart 1 schritt wenige Meter voraus, Tart 2 nur wenige Meter hinter dem Schutzbefohlenen. Er sicherte seinen

Rücken. Der Major hatte sich an die beiden speziellen Roboter gewöhnt. Er nahm sie gar nicht mehr war. Er trat in seine Kabine ein. Sirin saß auf der Couch. Ein Glas Wein stand vor ihr auf dem Tisch. Das bordinterne TV lief.

»Was gibt es Schönes zu sehen«, fragte Major Travis.

»Es gibt Dokumentarfilme von Gegenden auf der Erde, die ich noch nicht kenne«, antwortete sie. »Komm setze dich zu mir. Habt ihr alles besprochen? Wie geht es jetzt weiter? «

»Wir fliegen so schnell wie möglich zurück«, erwiderte der Major. »Die Strukturen ihrer Lebensgemeinschaft müssen die Green-Lizards und die Sarrtolan selbst deklarieren. Wir können uns nicht hieran beteiligen. Jedes Volk muss in eigener Regie seinen Weg finden. «

»Das hast du so besprochen? «, fragte Sirin. » Ich bin stolz auf dich. Du bleibst deinen Vorsätzen treu und lässt dich nicht hiervon abbringen. «

Sie zog ihn zu sich herüber auf das Sofa und gab ihm einen Kuss auf den Mund. Fordernd schaute sie ihm in die Augen und rieb ihren Schenkel an seinem Bein.

»Es gibt nicht nur Abenteuer da draußen«, hauchte sie ihm zu.

Major Travis schmunzelte.
»Wieder war er Sirin in die Falle getappt«, dachte er.

Das Feuer in ihm fing an zu lodern.

Im Gal-System

Major Travis, Sirin, Commander Brenzby, Tart 1, Tart 2, Heinze und Sergeant Hardin, mit zwölf Soldaten seiner Marines, standen in dem neuen Versammlungshaus der Lizards. Es waren notdürftig Sitzgelegenheiten und Tische aufgebaut worden. Groß war das öffentliche Interesse an dieser Verhandlung auf ihrer neuen Heimat-Welt.

Morass kam zu Major Travis getreten.
»Das war ein schwieriges Gespräch«, sagte er. » Viele Angehörige meines Volkes verlangten Gerechtigkeit in Form der Todesstrafe. Der Verwaltungsrat konnte aber den Hass aus ihren Gedanken entfernen. «

Er blickte zum Podium.
»Die Richter kommen«, flüsterte er mit.

Es wurde leise in dem Saal. Die Geräuschkulisse verebbte.

Xanlagg und die Ältesten der Sarrtolan-Clans, saßen rechts neben dem Podium der Richter. Sie wurden durch Sicherheitskräfte von den restlichen Zuschauern der Green-Lizards abgeschirmt.

Die obersten Richter des Gremiums der Lizards standen auf.

»Nach langen Überlegungen konnten wir unsere Beratungen beenden«, verkündete der Sprecher. »Wir haben einen Entschluss gefasst. «

Er winkte einem Gerichtsdiener.

»Führen sie die Angeklagten herein«, befahl er.

In Fesseln wurden die sieben Sarrtolan vor das Podest mit den Richtern geführt. In einer Reihe standen sie vor dem Gremium.

»Habt ihr etwas zu eurer Verteidigung zu sagen? «, fragte der vorsitzende Richter.

Stumm schauten die sieben Angeklagten zu ihm hoch.

»Darf ich etwas sagen«, erkundigte sich Xinlagg. »Ich möchte auch im Namen meiner Freunde sprechen. «

Der Richter nickte.

»Sprich zu den Familien, die ihre Angehörigen verloren haben «, antwortete er. »Sie tragen das schwerste Leid. «

»Es tut uns leid«, flehte Xinlagg die Angehörigen der Lizards an. »Wir waren verblendet und folgten den falschen Idealen. Die Geschichte unserer Entwicklung geht zurück auf den Angriff von Rigo-Sauroiden auf die Milchstraße und auf unsere Schiffs-Flotten. Viele unserer Freunde kamen um. Das große Elend ereilte mein Volk. Nur wenige Sarrtolan kamen unversehrt davon. Sie flohen in unbekannte Gebiete des Universums. Unser Kriegsschiff war schwer beschädigt und zwang uns zu einer Notlandung auf diesem Planeten. Wir hatten alles verloren, was uns lieb war. Es kam keine Hilfe mehr von der Heimat. Notgedrungen gründeten wir auf dieser Welt eine neue Zivilisation.

Viele Jahrtausende sind seitdem vergangen. Aber das Schreckgespenst der Rigo-Sauroiden blieb in unserer Geschichte und in unseren Köpfen lebendig. Allen Kindern und dem ganzen Nachwuchs wurde erzählt, wenn man nicht lieb ist, dann kommen die grünen Rigo-Sauroiden und nehmen euch alle mit. Mit dieser Weisheit wuchsen wir auf, lernten uns davor in acht zu nehmen. Die Teufel blieben in unseren Gedanken zurück, als grüne Sauroiden.

Jetzt landeten sie auf unserer Welt. Ihr Aussehen war identisch, wie die Teufel in unserer Erinnerung. Eine Menge Green-Lizards, so nennen sie sich ja, stiegen aus dem Raumschiff. Keiner informierte uns über ihre Ankunft, oder was sie von uns wollten. Wir setzten erneut unsere Ängste frei, wollten aber nicht ein zweites Mal unser Leben neu beginnen müssen. Wir lebten erneut die Ängste aus, die wir noch von den Rigo-Sauroiden her kannten.

Erst jetzt erzählte man uns die Geschichte ihres Volkes. Eine Tragödie, die sehr viele Ähnlichkeiten mit unserer Vergangenheit aufweist. Bitte entschuldigen sie den Angriff. Es war reine Selbstverteidigung. Wir wussten es nicht besser. «

Die sieben Angeklagten verbeugten sich vor dem Gericht und vor den Hinterbliebenen der Opfer.

Ein lautes Stimmengewirr erfüllte den Saal.
»Das kann jeder sagen«, schimpfte einer der Zuhörer.

Ein anderer Lizard rief Sätze in den Saal.
»Die wollen doch nur ihren Kopf aus der Schlinge ziehen.«

Ein dritter Green-Lizard kreischte aufgebracht.
»Wir wollen Vergeltung«, sagte er.

Der vorsitzende Richter war aufgesprungen.
 »Ruhe, Ruhe, Ruhe, oder ich lasse den Saal räumen«, forderte er erzürnt.

»Wie auf der Erde«, dachte Major Travis.

»Ruhe bitte«, ertönte wieder die Stimme des Richters.

Langsam ebbte die Geräuschkulisse ab.

»Wir haben deine Aussage zur Kenntnis genommen und erkennen Reue in ihr«, nickte der Richter. »Das ist ein gutes Zeichen. Verständnis kann nur der positive Anfang eines gemeinsamen Zusammenlebens sein. Wir sind neu auf deiner Welt. «

Der Richter schaute in die Ecke, in der die Vertretung der Sarrtolan wachsam das Geschehen verfolgte.

»Wir dürfen uns nicht bereits am Beginn unserer Bitte nach Asyl, mit der Bestrafung eines Sarrtolan-Nachwuchses ein Denkmal setzen«, teilte der Richter mit.

»Es sind 15 Green-Lizards gestorben, weil unter unseren Völkern noch kein Vertrauen gewachsen war. Sollen wir dieses Misstrauen zusätzlich mit einem Todesurteil beflecken? Dieser Rat sagt deutlich nein. Aus diesem Grunde hat das Gericht folgende Entscheidung getroffen. Die Gruppe der Attentäter wird lernen müssen, ihre Vergangenheit zu bewältigen. Die jungen Sarrtolan werden nicht der Todeszelle übereignet. Dieses Gericht spricht sie frei und hofft einen wichtigen Beitrag zu einem wichtigen Miteinander zu legen. «

Ein lauter Tumult entstand im Saal. Sicherheitskräfte zerrten die Unruhestifter von ihren Stühlen, hinaus ins Freie.

»Folgende Begründung ergab den Ausschlag für unser Urteil«, teilte der Richter mit. »Diese Welt sollte unbewohnt sein. Die alten Karten der Natrader stimmen nicht mehr. Wem soll hierfür die Schuld zugewiesen werden. Wir suchten eine Dschungelwelt, friedlich und unbewohnt. Unter dieser Voraussetzung haben wir zugestimmt auf dieser Welt zu landen. Wenn wir gewusst hätten, dass hier bereits ein intelligentes Volk lebt, dann hätten wir nach einer unberührten Welt weitergesucht. Durch unsere Landung wurden erst die Ängste der Bewohner neu entfacht.«

Er schlug dreimal mit einem Hammer auf den Tisch.

Zuhörer blickten den Richter an.

»Folgende Strafe ergeht an die Jugendlichen dieser Welt«, erklärte er. »Ich biete dem Ältestenrat der Sarrtolan zu Beginn unseres Zusammenlebens folgendes an. Die sieben Attentäter werden bei uns Lizards leben. Sie dienen als offizielle Verbindungs-Personen zwischen unseren Kulturen. Die jungen Personen werden Informationen zu ihnen bringen und ihnen von unserer Lebensweise berichten. Wir geben ihnen eine angemessene Unterkunft, Lebensraum, Nahrung und Wasser. Sie werden uns kennenlernen. Irgendwann hoffen wir, dass der grüne Rigo-Sauroid in ihren Gedanken nicht mehr ein Angehöriger von uns Green-Lizards sein wird. «

Beifall durchzog den Saal. Die Sarrtolan waren aufgesprungen und klatschten.

Xanlagg hatte Tränen in seinen Augen.
»Mein Junge wird nicht hingerichtet«, dachte er. »Welch eine gute Entscheidung. Wir sind für immer in der Schuld der Green-Lizards. Warum haben wir nicht schon früher auf eine Verständigung gesetzt. «

Major Travis kam zu ihm getreten.
»Ich habe noch eine Frage an sie«, sagte er. » Wie nennen sie diese Dschungelwelt? «

Xanlagg schautet in seltsam an.
»Wir nennen diese Welt einfach nur Planet«, antwortete er.

»Haben sie etwas dagegen, wenn sich die Green-Lizards einen Namen für diese schöne Welt ausdenken? «, entgegnete Major Travis.

Xanlagg schüttelte seinen Kopf.
»Keineswegs«, antwortete er. »Vielleicht ist der Name so schön, dass wir ihn auch annehmen werden. «

Xanlagg verbeugte sich vor den Richtern und verließ den Saal. Dieser lehrte sich zusehends.

Major Travis, Sirin Commander Brenzby und Heinze schauten sich an.

»Eine weise Entscheidung«, sagte der Major. »Meinen sie es ehrlich? Was liest du in ihren Gedanken, Heinze? «

»Die Green-Lizards meinen es aufrichtig«, antwortete der Ro. »Ich glaube hier entsteht eine ernstzunehmende Gemeinschaft. Ihre Gedanken sind durchweg friedlich. Die Gedankenströme der Sarrtolan sind voller Ehrfurcht. Sie denken an nichts Schlechtes. Die Sarrtolan versuchen einen Weg zu finden, mit den Green-Lizards in Frieden zu leben. «

Raise Zyran trat auf sie zu.
»Ich möchte ihnen noch einmal danken«, sagte sie. »Ohne die Hilfe des Neuen-Imperiums hätten wir diese Dschungelwelt nicht gefunden. «

»Sie brauchen noch einen Namen für diese Welt«, lächelte Major Travis. »Die Sarrtolan haben ihr keinen gegeben. Sie nennen diese schöne Welt nur Planet. Kennen sie nicht einen schöneren Namen? «

Raise überlegte kurz.
»Ja«, sagte sie. »Wir nennen diesen Planeten Lizzit 2. Das bedeutet so viel wie „Die Wärme der Heimat". «

»Das hört sich gut an«, bestätigte Major Travis. » Kommen sie zurecht? Die Transportschiffe haben auch eine Notfunkstation dabei. Die Roboter bauen sie ihnen auf. Falls sie Probleme haben sollten, melden sie sich bitte bei uns. «

Raise Zyran nickte dankbar

Der Major blickte sie an.
»Ich denke, dass wir sie noch einmal um Hilfe bitten werden, wenn die Zeit abgelaufen ist und die Worgass ihren neuen Wurmloch-Knoten fertiggestellt haben«, bemerkte er. »Wir kennen diese Species zu wenig. Es ist wichtig, dass sie uns bei den vor uns liegenden Aufgaben unterstützen. «

»Das machen wir«, antwortete Raise. » Wir haben einige Experten dabei, die sich mit der Technik der Worgass sehr gut auskennen. Vielleicht können wir ihnen so behilflich sein. «

»Dann bleibt uns nur noch der Abschied«, sagte Major Travis.

Raise fiel ihm um den Hals, sie war den Tränen nahe.
»Danke Major, sie haben uns ein anderes Bild vom Universum gegeben«, flüsterte sie. »Wir stehen tief in ihrer Schuld. «

»Wir melden uns, wenn wir ihre Hilfe brauchen«, antwortete der Major. »Die Arbeits-Roboter und unsere Techniker bleiben noch, bis alle Anlagen installiert sind und übergeben ihnen diese, nach einer technischen Schulung. Alles Weitere liegt dann bei ihnen. «

Major Travis und sein Team salutierten vor Raise und ihrem Vater. Sie bestiegen den Gleiter, der sie zur Termar 1 brachte. Sanft hob der schwere Angriffs-Kreuzer ab und entschwand den Blicken der Zurückgebliebenen.

Wieder auf der vertrauten Brücke schaute Major Travis sich um. Alle Crew-Mitglieder waren vollständig eingetroffen.

»Commander Brenzby, bringen sie unser Schiff auf den Heimat-Kurs. Wir geben General Poison einen Lagebericht und lassen uns von Noel neue Befehle geben. Zielpunkt ist die zentrale Verwaltung der Tattarr-Stadt. «

»Wird gemacht, Herr Major«, antwortete Commander Brenzby. » Der Kurs wurde eingegeben. «

Sergeant Hausmann beschleunigte die Termar 1 und wechselte wenig später in den Hyperraum.

***

»Da sind sie ja wieder«, sprach General Poison schon von weitem Major Travis an.

Er war sichtlich erfreut, seinen besten Mitarbeiter wohlbehalten zurück erhalten zu haben.

Major Travis grinste.
»Haben sie gedacht, ich gehe verloren? «, erkundigte sich der Major.

General Poison legte ein ernstes Gesicht auf.

»Sie wissen doch, dass sie im Moment die einzige Person sind, bei der wir das Gen der natradischen Adelskaste nachweisen konnten«, antwortete er. »Werden sie getötet, dann ist es möglich, dass uns der Zugang zu den natradischen Hinterlassenschaften gesperrt wird. Ich freue mich, dass sie gesund zurückgekehrt sind.«

Major Travis salutierte vor seinem Chef, der seinerseits den Gruß erwiderte.

Noel war zwischenzeitlich auch zu der Gruppe gestoßen.

»Hat alles mit der Übersiedlung der Green-Lizards funktioniert? « erkundigte er sich.

Major Travis nickte zustimmend.
»Die Green-Lizards sind glücklich«, antwortete er. »Sie bauen ihre Kolonie auf und haben sogar noch etwas Verstärkung bekommen. «

»Was heißt Verstärkung? «, fragte General Poison.
» Die alten natradischen Sternenkarten waren nicht mehr aktuell«, erklärte der Major. »Das wird uns sicherlich noch öfters passieren. Der Planet war nicht unbewohnt. Wir haben natradische Nachkommen vorgefunden. Sie sind in dem großen Krieg mit ihrem Raumschiff abgestürzt und wurden vergessen. Niemand hat sich mehr um sie gekümmert, geschweige nach ihnen gesucht. Sie haben sich eine neue Kultur aufgebaut und leben im Einklang mit der Natur. Ursprünglich beanspruchten sie den Planeten für sich selbst. Sie leben weitgehend ohne Technik. Für den Notfall haben sie jedoch noch einige wenige alte Geräte aus ihrem Raumschiff aufbewahrt. Durch die Jahrtausende lange Abgeschiedenheit vom kaiserlichen Imperium, wurden sie in ihrem Denken eingeengt. Sie nennen sich selbst Sarrtolan. Es liegt jetzt an ihnen, mit den Green-Lizards zurechtzukommen. Es gab schon einen Eklat, den wir aber für beide Seiten gut lösen konnten. Näheres steht in unserem Bordbuch. «

»Gut«, sagte General Poison. » Sie wollen sicherlich wissen, wie es jetzt weiter geht. Unsere Wissenschaftler haben die Höhlenmalereien auf der Erde ausgewertet. Sie haben sich selbst von der Authentizität der Malereien in Schweden überzeugen können. Sie erinnern sich, die wir im Geiranger Fjord gefunden haben. Sie sind eindeutig außerirdischen Ursprungs. Die Zusammensetzung der Farbe kommt auf der Erde nicht vor. Die Technik des Sarkophags ist uns völlig unbekannt. Wir haben die Höhlen-Zeichnungen analysiert und sind der Meinung, dass es sich um ein kleines Sternen-System im Orion-Arm handelt.

Genauer gesagt, es handelt sich um ein kleines System mit sieben Planeten, in der Nähe der Sonne Riegel. Der vierte Planet muss eine Atmosphäre aufweisen und eine für Menschen lebensfreundliche Umgebung bereitstellen. Brechen sie auf und suchen sie dort nach allen Hinweisen, die auf Außerirdische hinweisen. Nehmen sie Kontakt auf und versuchen sie Nutzbares für die Erde zu finden. Vielleicht können sie neue Verbündete für den Kampf gegen die Worgass gewinnen. «

»Über welche Flotte darf ich verfügen? «, erkundigte sich Major Travis.

»Sie arbeiten wieder mit ihrem eingespielten Team von der Termar 1 zusammen«, antwortete General Poison. » Hierzu zählen wir auch Heinze und Sirin. Sie ist wie immer ihr Spezialist für natradische Fragen. «

»Erhalte ich Begleitschutz? «, fragte Major Travis. » Es müssen ja nicht alle Schiffe für die Absicherung der Erde abgestellt werden.«

»Das werden sie ja auch nicht«, entgegnete Noel. » Es gibt immer mehr Kolonien, Produktions-Planeten oder Abbaustationen, die von uns überwacht werden müssen. Wie viele Schiffe möchten sie denn mitnehmen? «

»Ich denke, dass 25 Schiffe der Kaiser-Klasse genügen sollen«, antwortete Major Travis.

Noel schmunzelte. Die für einen Kunst-Klon untypische Eigenart hatte er sich bei den Menschen abgeschaut.

»Leider habe ich den großen Schiffe schon wichtige Aufgaben zugeteilt«, antwortete Noel. »Ich könnte ihnen 15 Schiffe der Naada-Klasse mitgeben. Sie sind gerade aus der Produktion gekommen und mit ihrer Termar 1 vergleichbar. Alle Schiffe wurden mit dem lantranischen Super-Schutzschirm und mit der neuen Hyper-Space-Kanone ausgestattet. Der Antrieb ist noch elastischer als bei den älteren Modellen. Leider habe ich für diese Schiffe nur eine Roboter-Besatzung zur Verfügung. Unser neues Personal befindet sich noch in der Ausbildung. Aber das sollte für sie kein Problem darstellen. Sie kennen sich bestens mit robotgesteuerten Schiffen aus. Diese 500-Meter-Schiffe sind wendiger und besser zu navigieren als die behäbigen Schiffe der Königs- und Kaiser-Klasse. «

»Sie sind ein guter Verkäufer, Noel«, erwiderte Major Travis. » Sie können ihren Leuten alles schmackhaft servieren. Wann geht es los? «

»Das liegt in ihrem Ermessen«, antwortete General Poison. »Die 15 Schiffe warten bereits in der Tarid-Umlaufbahn auf sie. «

»Wurden die Koordinaten für unsere neue Mission bereits überspielt? «, fragte Major Travis.

»Die Daten liegen lediglich der Hypertronic-KI der haben Termar 1 vor«, antwortete Noel. » Bringen sie uns gute Ergebnisse mit nach Hause. «

»Wir werden wie immer unser Bestes tun«, erwiderte Major Travis.

Er nickte allen Beteiligten zu, salutierte und drehte sich zackig auf dem Absatz um und schritt dem Ausgang entgegen.

Die Crewmitglieder der Termar 1 waren vollständig versammelt.

»Können wir starten? «, fragte Major Travis.

Commander Brenzby nickte.
»Ja Herr Major, wir sind vollzählig, die Antriebe laufen bereits warm, wir können abheben. «

»Perfekt«, antwortete Major Travis. » Dann lassen sie uns von hier verschwinden. Ich habe mich lange genug mit dem General beschäftigt. «

Langsam hob die Termar 1 von dem Raumhafen der Tarid-
Kolonie ab.

»Sergeant Farmer, öffnen sie bitte einen Kanal für einen
Funkspruch an die wartenden Naada-Schiffe unseres
Verbandes«, sagte Major Travis.

»Der Kanal ist offen«, teilte Sergeant Farmer mit. » Sie
können jetzt sprechen. «

»Danke«, antwortete der Major.
Er griff nach seinem Communicator.

»Hier spricht Major Travis, erbfolgeberechtigter
Oberbefehlshaber der vereinigten Natrid & Tarid
Streitkräfte«, sprach er in das Gerät. »Erhobener im
Gefüge der Kaiserkaste mit Rang 1, bestätigt und
eingesetzt durch Noel von Natrid im Rahmen der
Nachfolge-Programmierung von Admiral Tarin. Ich
begrüße die 15 Naada-Schiffe mit einer Roboter-
Besatzung. Ich erwarte die absolute Akzeptanz meiner
Befehle. Bei einer Nichtbeachtung folgen Konsequenzen
bis zur Abschaltung ihrer KI. Unser Ziel ist das Orion-
Sternbild. Die genauen Koordinaten gehen ihnen später
zu. Es ist möglich, dass wir auf außerirdisches Leben
stoßen. Daher befehle ich, vor jedem Eintritt in den
Normalraum den Tarnschirm aller Schiffe zu aktivieren.
Erst nach einer Sondierung der Lage und der
Unbedenklichkeits-Prüfung durch die Termar 1, darf der
Tarnschirm abgeschaltet werden. Aufgrund der weiten
Entfernung zu unserem Ziel, kann es nicht schaden

sparsam mit den Energie-Kristallen umzugehen. Die Termar 1 übernimmt die Führung der Formation. Alle weiteren Schiffe reihen sich bitte in Keilform ein. Die Koordinaten übersenden wir ihnen jetzt per verschlüsselten Code. Der erste Sprung wird synchron in drei Minuten durchgeführt. Bitte bestätigen sie meine Anweisungen. Major Travis, Ende. «

Die Bestätigungen trafen unverzüglich ein.
»Alle Schiffe sind bereit«, meldete Commander Brenzby.

Die gesamte Crew der Termar 1 blickte auf den zentralen Bildschirm. Er zeigte das dunkle All mit den vielen leuchtenden Sternen.

»Achtung, der Sprung erfolgt jetzt«, meldete Commander Brenzby.

Die bekannten Sternen-Konstellationen verschwammen und dafür rückte Dunkelheit an ihre Stelle. Die Termar 1 war in den Hyperraum gewechselt. Die geplanten ersten zwei Stunden zogen sich in die Länge. Nach einer gefühlten Ewigkeit wechselte die Flotte wieder in den normalen Raum, jedoch nicht ohne vorher in den Tarnmodus geschaltet zu haben. Mögliche Beobachter hätten nur einen Schatten erkennen können, der von dem Übergang der Schiffe verursacht wurde.

»Zeichnen wir Ortungspunkte? «, fragte Major Travis. » Haben wir etwas? «

Sergeant Dantow schüttelte seinen Kopf.

»Alles ist ruhig, Herr Major«, teilte er mit. »Ich sende die aktuellen Daten an das CIC. «

Major Travis, Commander Brenzby und Sergeant Dantow schauten auf die neuen Ortungs-Daten.

»Nichts«, sagte Commander Brenzby. » Obwohl es hier viele Ansammlungen von Sonnen und Planeten hat, sind keine besonderen Aktivitäten festzustellen. «

Commander Brenzby blickte Major Travis an.

»Die zwei Stunden im Hyperraum haben uns jetzt 10 Millionen Lichtjahre weitergebracht«, erklärte er. »Es ist eine sehr große Strecke, die wir überwinden müssen. Für die 700 Millionen Lichtjahre werden wir 140 Stunden Flugzeit benötigen. Nicht berechnet sind die Minuten und Stunden im Normalraum, in denen wir unsere Konverter wieder aufladen. «

»Den nächsten Sprung führen wir in 60 Minuten durch«, entschied Major Travis. » Wir bleiben diesmal vier Stunden im Hyper-Raum und werden 20 Millionen Lichtjahre überbrücken. Dann wechseln wir wieder in den Normalraum und überprüfen unsere Maschinen. Die lange Zeit im Hyperraum sollte eigentlich keine Probleme verursachen. «

Commander Brenzby nickte.

»Gut probieren wir das«, bestätigte er. »Ich programmiere die Sprungdaten. «

»Danke, Commander«, antwortete der Major. »Übernehmen sie bitte. Ich bin in meiner Kabine. «

»Major Travis wollte noch bei Heinze vorbeischauen. Der Ro war wissbegierig. Alle Informationen, die zu ihm gelangten, nahm er in sich auf. Die Tür zu seiner Kabine war geschlossen. Er bestätigte den Türsummer. Leutnant Carney öffnete.

»Hallo Herr Major, es ist schön sie zu sehen«, sagte sie. »Kommen sie herein. Wir spielen gerade Schach. Heinze hat große Freude hieran. Selbstverständlich ist er bereits so gut, dass ich ihn nicht mehr schlagen kann. «

»Das habe ich befürchtet«, antwortete Major Travis. Heinze saß auf der großen Couch und lächelte, als er Major Travis eintreten sah.

»Hallo Chef«, sagte er. »Was gibt es Neues. «

»Du weißt ja, dass wir einen weiten Weg vor uns haben «, fragte der Major.

»Ja habe ich gehört«, antwortete Heinze. » Es wird über 140 Stunden Flugzeit gesprochen. Das ist schon ein wenig langweilig. «

»Ich weiß«, entgegnete Major Travis. »Mir geht es darum, dass du deine Sinne öffnest. Wir durchspringen so viele Raumquadranten, ohne dass wir sie groß untersuchen können. Falls du die Gedanken von Lebewesen orten solltest, lasse es mich bitte rechtzeitig wissen. Unser langfristiges Ziel ist es, das Neue-Imperium wieder mit Leben zu füllen. Dies bedeutet in erster Linie, Leben zu finden. Alle Lebewesen, die mit uns zusammenarbeiten möchten, sind wichtig für uns. Vielleicht sind auch einige Völker dabei, die durch den ersten, gescheiterten Versuch des alten natradischen Imperiums kuriert wurden und nicht mehr in einem Staaten-Bündnis mitwirken wollen. «

»Ich habe verstanden«, antwortete Heinze. »Ich halte meine Sinne offen. Möchtest du eine Schachpartie mit mir spielen«?

»Ein anderes Mal«, erwiderte der Major. » Ich möchte zu Sirin und mir einige alte natradische Sternenkarten anschauen. Vielleicht finde ich interessante Anlaufpunkte, die uns die Langeweile etwas verkürzen. Viel Spaß beim Spielen. «

»Major Travis hatte es sich in seiner Unterkunft gemütlich gemacht. Die Personenschutz-Roboter Tart 1 und Tart 2 standen wie gewohnt vor der Kabinentüre und hielten Wache. Von dem Anblick der 2,20 Meter großen Boliden natradischer Bauart ging ein ernst zu nehmender Respekt aus. Vor ihm lag ein Stapel alter imperialer Sternenkarten.

»Es gibt so viele Planeten auf unserer Route, die sich in den 100.000 Jahren natradischer Abwesenheit selbstständig weiterentwickelt haben könnten«, dachte Major Travis. » Die alten Karten wurden in der natradischen Hochepoche erstellt. Mehr als ein Verzeichnis von Koordinaten für planetare Flüge, können sie in der heutigen Zeit wohl nicht mehr sein. Vielleicht befinden sich auch geheime Stationen und Basen hierunter? «

Major Travis befürwortete die Einrichtung von robotergesteuerten Basen. Diese konnten spezielle Raum-Quadranten überwachen. Der Weg nach Rigel war weit. Auch wusste er nicht, ob es ihnen gelingen sollte, Spuren von den Außerirdischen zu finden, die seinerzeit die Erde besucht hatten.

Der Major vertiefte sich wieder in die Karten des alten natradischen Imperiums. Er bemerkte plötzlich, wie sich die Türe öffnete. Sirin trat ein.

»Hallo Schatz«, sagte sie bereits von der Türe aus. »Was liest du da? «

Major Travis wusste, dass es jetzt mit der Ruhe vorbei war. Sirin setzte sich zu ihm auf das Sofa. Ihr Blick huschte über die Karten.

»Sind das unsere nächsten Sprungziele? «, fragte sie.

Der Major nickte. Er zeigte mit seinem Finger auf Koordinaten der Karte.

»Ja«, schmunzelte er sie an. »Hier fallen wir aus dem Hyperraum und füllen unsere Sprungkonverter wieder auf. «

Sie zeigte auf eine Position der Karte.
»Dort ist ein kleines Sternensystem zu finden, das uns in den alten Tagen immer gute Dienste geleistet hat«, bemerkte sie. »Dort befand sich eine blühende Welt mit angesiedelten natradischen Kolonisten, die für das Imperium viele Arten von Lebensmittel angebauten. Vielleicht sollten wir die Welt einmal anschauen, ob sie von den Angriffen der Rigo-Sauroiden verschont geblieben ist? «

»Das hört sich gut an«, antwortete Major Travis.

»Es gab auf dem Planeten auch eine Hypertronic-KI, welche unsere Belange regelte«, ergänzte sie. »Falls dort immer noch eine natradische Zivilisation zu finden ist, dann wäre es vielleicht an der Zeit, diesen Planeten wieder an das Neue-Imperium anzuschließen. «

Der Major nickte zustimmend. Er aktivierte seinen Flottenfunk.

»Commander Brenzby, rufen sie mich bitte an, wenn wir wieder im Normalraum sind«, sprach er in seinen Communicator. »Es liegen einige interessante Planeten auf unserer Route zu. Ich möchte sie im Tarnmodus scannen und prüfen, ob sich auf den umliegenden

Planeten Leben existiert. Laut Sirin gab es dort früher natradische Kolonien. «

Die Antwort kam umgehend.

»Wird gemacht, Herr Major«, antwortete der Commander, »Ich melde mich bei Ihnen, wenn wir in den Normalraum fallen. «

***

»Was machen wir jetzt? «, dachte der 1. Offizier auf der Brücke des Trauler-Schiffes. »Der letzte Angriff der Sinss hat den großen Khan getötet. Er sollte doch unsterblich sein, hieß es immer? Der Herrscher wollte uns zum Sieg führen. Jetzt sieht es fast so aus, als ob wir den Krieg gegen unsere Nachbarn verlieren werden. Unsere Schiffe kommen gegen die waffenstarrenden Schiffe der Sinss nicht an. Die Schiff unserer Flotte sind dem Untergang geweiht. Was können wir tun? «

Randann schaute auf die Monitore, die auf der Brücke des Schiffes die Aktivitäten Ärzte in der medizinischen Abteilung wiedergaben. Der 1. Offizier verzog sein Gesicht. Er glaubte nicht an Wunder. Er verfolgte, wie drei Medi-Roboter dem großen Khan seine Gewänder abstreiften. Der leitende Mediziner gab Anweisungen an die Roboter. Eine weiterreichende Untersuchung des großen Khans eingeleitet. Hochglanzpolierte Maschinen fuhren ihre Arme aus und installierten Sonden an dem

Körper des Patienten. Dieser wirkte mehr tot als lebendig aus.

»Das gibt es nichts mehr zu machen«, dachte Randann. »Die Verletzungen werden zu schwer sein. «

Die künstliche Atmung pumpte Luft in den Körper des Liegenden. Der Brustkorb hob und senkte sich. Die filigranen Instrumente der Medi-Roboter bohren sich in den Körper und suchten nach dem Grund des Herzstillstandes. Randann sah, wie ein Medi-Robot einen Hebel zog und sich der Körper des Verwundeten aufbäumte. Immer und immer wieder bog er sich unter den Energiestrahlen hin und her. Diese schienen eine heilende Wirkung zu haben. Die Wunden des Verletzten Khan schlossen sich.

»Schafft er es doch noch?«, stutze Randann. »Die Verletzungen waren sehr tief. Wie ist das möglich? «

Die Entschlossenheit in dem Gesicht des Mediziners ließ vermuten, dass die Operations-Roboter alles Mögliche getan hatten, um das Leben des Khans zu retten. So wie es aussah, sollte es ihnen das gelingen. Die Entschlossenheit, mit dem die Beteiligten ans Werk gingen, ließen auf einen Erfolg hoffen. Vor zehn Minuten hatte das Herz des großen Khans aufgehört zu schlagen. Jetzt aber hatten die Ärzte und die Medi-Roboter es wieder in Gang gesetzt.

Randann blickte Funkoffizier Nagann an.

»Die Toten wollten ihn noch nicht«, flüsterte Randann erleichtert. »Der große Khan hat noch zu viele Aufgaben zu erledigen. Wir können jetzt nicht auf ihn verzichten. «

»Gepriesen sei der Allmächtige«, sagte Nagann. » Der Khan ist nicht einsatzbereit. Er wird sicherlich seine Wunden ausheilen müssen. Können wir die Raumschlacht noch gewinnen?«

»Wir werden dem großen Khan auf die Beine helfen«, erwiderte Randann stolz. »Wir brauchen ihn hier in seinem Befehlstand. Nur er kann die verbliebenen Schiffe unserer Flotte zum Sieg führen. Bleiben sie hier. Ich gehe in die Medi-Bereich und helfe den Ärzten. «

Er stürzte den Korridor hinunter zu den medizinischen Abteilungen. Dort war der Eingang. Die roten Operationslichter wiesen auf die laufende Operation hin. Es durfte niemand den Raum betreten. Randann ignorierte die Anordnung. Er riss die Tür auf und trat ein.

»Was wollen sie hier? «, fragte der betreuende Arzt. » Verschwinden sie unverzüglich. Sie haben hier nichts zu suchen. «

»Halten sie ihren Mund«, entgegnete Randann. » Sie scheinen gegen die Pläne unseres Herrschers zu agieren. Warum ist der Khan noch nicht auf den Beinen. Er verfügt über selbstheilende Gene. «

»Die Wunden waren zu tief«, antwortete der Arzt. »Der Selbstheilungsprozess musste erst von uns wieder in Gang gesetzt werden. Unsere Mediziner trifft keine Schuld. Das ist ein Naturphänomen. Wir haben leider nur geringen Einfluss auf die weitere Genesung. Nach unserem medizinischen Verständnis, hätte der Khan bereits an seinen Wunden erlegen sein müssen. Trotzdem lebt er. «

»Alle Roboter raus hier«, befahl Randann. » Nur die Ärzte bleiben. «

Der 1. Offizier erkannte, wie die Medi-Roboter seiner Anweisung folgten und den Operationssaal verließen. Das Schott schloss sich hinter ihnen.

Randann blickte die Ärzte an.
»Geben sie dem Khan die doppelte Dosis Taurosit«, wie sie der 1. Offizier an. Das wird ihn heilen. «

»Dafür übernehmen wir keine Verantwortung«, monierte der leitende Arzt. «

»Machen sie es«, drängte Randann. »Ich übernehme vor Zeugen die Verantwortung. Es ist äußerst wichtig, dass der Khan an der Spitze unserer Verteidigung steht. «

Ein leises Zischen zeugte von der Injektion des Mittels in die Arterie. Von hier aus wurde das Serum direkt in das Gehirn des Khans weitergeleitet.

Einen Moment dauerte es. Dann bewegte sich der Khan.

»Was ist passiert? «, fragte er.

»Sie sind schwer verwundet worden«, antwortete Randann. »Nur mit Mühe konnten wir sie ins Leben zurückrufen. Die Ärzte waren teilweise am Verzweifeln. Gut, dass sie wieder da sind. Wie fühlen sie sich? «

»Eigentlich ganz gut «, erwiderte der Khan. » Ich merke, wie das Leben in meinen Körper zurückkehrt. «

Langsam richtete sich der Khan auf.
»Wir können gehen«, sagte er. »Ich fühle mich wieder gut. «

»Auf keinen Fall«, protestierten die Ärzte. »Sie sind zu schwach. Das Risiko ist sehr hoch. Sie können nicht so weitermachen, wie bisher. «

Der Khan schaute sie an.
»Ich muss auf die Brücke«, erwiderte er. » Oder wollen sie meine Aufgaben übernehmen? «

Die Ärzte blickten beschämt zu Boden.

Auf der Brücke des beschädigten Flagg-Schiffes der Trauler schaute der Khan sich um.

»Wo sind die fehlenden Offiziere der Brücke? «, erkundigte er sich.

»Die sind tot«, antwortete der 1. Offizier »Sie haben den Treffer in die Kuppel der Brücke nicht überlebt. Der Einschlag des Torpedos des Sinss-Schiffes war zu heftig gewesen. Wir können froh sein, dass unser Schutzschirm die defekte Stelle sofort abgedichtet hat. Es war ein hinterhältiger Anschlag, Wir haben ihn nicht kommen sehen. «
»Über wie viele Schiffe verfügen wir noch? «, fragte der Khan.

»Derzeit kommandieren wir noch 181 schwere und leichte Raumkreuzer. «

»Wie viele Schiffe sind dem Gegner geblieben? «, ergänzte der Khan seine Frage.

Randann gab einem Offizier der Brücke ein Zeichen.

»Die Zählung wurde durchgeführt«, teilte der Ortungs-Offizier mit. »Der Gegner verfügt exakt über 349 intakte Schiffe«.

»Das ist fast doppelt so viele, als uns zur Verfügung stehen «, bemerkte Randann.

»Warum haben wir so viele Schiffe verloren?«, fragte der Khan. «

»Ich vermute, dass die Sinss über neue Waffen-Technologien verfügen«, antwortete Randann. »Wir können mit unseren Laser-Batterien die Schutzschilde des Gegners kaum noch überlasten. Unsere Laserstrahlen sind wirkungslos. «

»Unsere Schiffe sollen wieder ihre Formationen einnehmen«, befahl der Khan. »Teilen sie ihnen mit, dass der Khan erneut den Oberbefehl über die Flotte übernommen hat. Wir überlisten die Sinss. «

***

Major Travis stand auf der Brücke und blickte auf das CIC. Sirin und Heinze standen neben ihm.

»Gleich werden wir in den Normal-Raum wechseln«, sagte er. »Commander Brenzby achten sie bitte darauf, dass alle Schiffe den Tarnmodus aktivieren. Ich halte es für äußerst wichtig, erst einmal die Situation in dem neuen Raumsektor zu erkunden. «

»Tarnmodus wurde von allen Schiffen bestätigt und wurde aktiviert«, teilte der Commander mit. »Achtung wir wechseln in den Normal-Raum.«

Ein kurzes Flimmern zeigte den Übergang an.
»Ich aktualisiere das CIC«, bemerkte Sergeant Dantow. »Die Daten kommen herein. Es sieht fast so aus, als ob vor uns eine Raumschlacht tobt. «

Sirin zeigte auf das kleine Sternen-System.

»Hiervon habe ich gesprochen«, sagte sie. » Damals war nur der 4. Planet bewohnt. Jetzt scheinen Raumschiffe vom 3. Planeten aufzusteigen, um die gegnerischen Schiffe zu bekämpfen. Leider sind sie aber in der Unterzahl. «

»Sirin hat Recht«, bestätigte Commander Brenzby. » Die Schiffe des 3. Planeten sind stark in der Unterzahl. Ich zähle 181 Schiffe. So wie es aussieht, ziehen sich die unterlegenen Schiffe zurück. Sie teilen sich in drei unterschiedliche Formationen auf.

»Was haben sie vor? «, fragte Major Travis.

***

Der Khan sah, dass seine Anweisungen befolgt wurden. Für die Gegner musste es so aussehen, als ob die Schiffe der Trauler flüchteten. Dann sprangen der linke und rechte Schiffsverband in den Hyperraum. Gleichzeitig drehte die mittlere Hauptflotte um und nahm eine versetzte Formation ein. Die gegnerische Flotte konnte das Manöver erst in wenigen Minuten auf ihrem Ortungsschirm erkennen. Das reichte dem Khan aus. Er gab den Feuerbefehl. Aus allen Rohren der Geschütz-Türme wurden die Raketen abgefeuert. Hunderte von Geschossen flogen den Angreifern entgegen. Gleichzeitig materialisierten im Rücken des Gegners der linke und der rechte Schiffsverband. Sie bestanden jeweils aus 60 Schiffen. Die Geschütztürme der Trauler-Schiffe wurden auf die Einheiten der Gegner visiert. Der Abschuss der Raketen glich einem Blitzgewitter.

Die Sinss-Schiffe mussten gleichzeitig drei Angriffs-Wellen abwehren. Die Zeit fehlte ihnen, um alle anfliegenden Raketen zu erfassen. Vernichtend explodierten erste Raketen in den Schutzschirme der Sinss-Schiffe und ließen sie kollabieren. Die zweiten und dritten Wellen trafen mitten in das Herz der angreifenden Flotte. Explosionen flammten auf. Schiffe torkelten aus der Formation. Ein Teil der Kreuzer brach mittig auseinander und entließ die sterbende Besatzung in das kalte All. Der General-Angriff des Khans zeigte Wirkung. Das Blatt hatte sich gewendet. Der List des Khan hatte den Gegner irritiert und verunsichert. Die ehemals aus 349 Schiffe bestehende Flotte der Sinss, wurde innerhalb kürzester Zeit auf 121 Schiffe reduziert.

Die Termar 1 verfolgte das Gemetzel am CIC.
»Ich denke wir sollten hier einschreiten«, entschied Major Travis. » Ich möchte ein Neues-Imperium aufbauen, in dem ein Bruderkrieg nicht geduldet wird. Commander Brenzby fliegen sie unsere Schiffe zwischen die Angreifer und lassen sie unsere Super-Schutzschirme aktivieren. Falls wir unter Beschuss geraten, darf nach mehrmaliger Warnung die Situation bereinigt werden. Sergeant Farmer öffnen sie bitte einen Kanal. «

Major Travis winkte Commander Brenzby zu.

»Enttarnen sie unsere Schiffe«, befahl er. »Fliegen die Schiffe unserer Flotte zwischen die Verbände der verfeindeten Parteien. «

»Die Verbindung baut sich auf«, meldete der Funk-Offizier. »Sie können sprechen Herr Major.«

»Danke«, antworte er.

Er griff nach dem Communicator.
»Hier spricht Major Travis, erbfolgeberechtigter Oberbefehlshaber der vereinigten Natrid & Tarid Streitkräfte. Erhobener im Gefüge der Kaiserkaste mit Rang 1, bestätigt und eingesetzt durch Noel von Natrid im Rahmen der Nachfolge-Programmierung von Admiral Tarin. Ich fordere sie auf, das Feuer gegeneinander einzustellen. Ich dulde keine weiteren Kampfhandlungen mehr. Die Befehlshaber der Flottenverbände bitte ich zu Gesprächen an Bord meines Flaggschiffes zu kommen. Stellen sie sofort die Kriegshandlungen ein. Ich erwarte unverzüglich ihre Antworten. «

Es knackte in der Leitung.
»Hier ist spricht der Oberbefehlshaber der Trauler«, hallte es aus den Lautsprechern. »Mein Name ist Khan. Ich befehlige die Schiffe des 3. Planeten dieses Systems. Wir wurden angegriffen. Die Sinss beuten uns seit vielen Jahrhunderten aus. Erst jetzt können wir uns wehren. Wir fordern lediglich Gerechtigkeit und ein Ende der Ausbeutung. «

»Ihnen wird Gerechtigkeit zuteilwerden«, antwortete Major Travis. »Ich verspreche es ihnen. Beenden sie ihre Kampf-Handlungen und kommen sie auf mein Schiff. Alles Weitere werden hier vor Ort besprochen. Sie werden es nicht bereuen. Kommen sie bitte an Bord. Ihre Sicherheit wird garantiert werden. «

»Ich rufe den Oberbefehlshaber der Sinss«, sprach Major Travis erneut in das Gerät. »Folgen sie dem Beispiel des Oberbefehlshabers der Trauler und stellen sie ihre Kampfhandlungen ein. Kommen sie bitte an Bord meines Flaggschiffes. Wir helfen ihnen dabei, eine gerechte Lösung für sie zu finden. «

Commander Brenzby schaute auf das CIC.
»Achtung, Raketen-Angriff«, meldete er. »Einschlag auf unserer Backbordseite.«

»KI, befahl«, Major Travis. »Fange die Raketen ab. Feuerfreigabe für alle Geschütz-Türme. «

Das Backbord-Geschütze der Termar 1 fauchten im Sekundentrakt Lasersalven aus den Zwillings-Rohren der Geschütztürme. Die Sensoren des Schiffes erfassten jedes anfliegende Geschoss und zerstörten es. Zu langsam war die Geschwindigkeit der sich nähernden Gefechtsköpfe.

»Sergeant Madson«, sagte der Major. »Senden sie dem Flaggschiff der Sinss eine Botschaft von uns. Lassen sie ihren Schutzschirm kollabieren. «

»Wird gemacht«, antwortete Sergeant Madson.

Er bediente die Waffen-Leitstelle des Schiffes. Röhrend zischen dicke Laserstrahlen dem Flagg-Schiff der Sinss entgegen. Wuchtig trafen die Strahlen auf das geschützte Schiff auf und versetzten es einige Meter nach hinten. In Sekundenschnelle überlastete der Schutz-Schirm und stellte seinen Dienst ein. Der nackte Stahlkörper des Sinss-Schiffes wartete auf seinen Todesstoß. Die Besatzung wusste, dass sie einem weiteren Angriff nichts mehr entgegenzusetzen hatten. Sekunden der Angst verstrichen.

»Warum setzen wir nicht auf Verständigung? «, fragte der Stellvertreter des Oberbefehlshabers der Sinss nervös. » Gleich ist es zu spät. Ihre Waffentechnik ist unserer weit überlegen. «

Orrinaxx, der Oberbefehlshaber der Sinss blickte unentschlossen auf die Anzeigen der Instrumente. Er erkannte den Ausfall des Schutz-Schirmes. Die Worte seines Stellvertreters rüttelten ihn wach.

Unverzüglich gab er den Befehl, die Kapitulation durchzugeben und den Wünschen der fremden Macht nachzukommen. Er hatte erkannt, dass er diesen Kampf nicht gewinnen konnte.

»Ihr Funkspruch wurde gesendet«, teilte der Funk-Offizier des Schiffes mit.

Weitere Sekunden der Ungewissheit vergingen. Dann hörte die Besatzung wieder die Stimme des fremden Befehlshabers.

»Wir wollen sie nicht vernichten«, teilte die Stimme von Major Travis mit. »Nutzen sie die Chance auf ein Gespräch. Wir sind im Auftrag von Natrid hier, um Ordnung in dem ehemaligen kaiserlichen Imperium zu schaffen und um wieder eine relative Sicherheit herzustellen. Ich bitte um ein Gespräch mit ihrem Oberbefehlshaber. «

Die Leitung knackte. Die Crew der Termar 1 sah gespannt der Nachricht entgegen.

»Hier spricht Orrinaxx, der Oberbefehlshaber der Sinss«, hallte es aus den Lautsprechern. »Warum sollten wir ihnen glauben? Zu lange hat sich Natrid nicht um uns gekümmert. Wir sind eine selbstständige Kolonie geworden. Im großen Krieg waren wir auf uns selbst gestellt. Wir mussten ausbluten und zusehen, wie die Rigo-Sauroiden unser Land und viele unserer Angehörigen abgeschlachtet haben. Kein Verband der kaiserlichen Flotte war hier, um uns zu helfen. Warum sollten wir ihnen heute glauben? «

Major Travis musste die Worte genau wählen.
»Weil ein Neues-Imperium heranwächst, das so etwas nicht zulassen würde«, erklärte er. »Unser oberstes Ziel ist es, die freie Entwicklung aller Rassen im Imperium zu unterstützen. Jede Rasse kann sich selbst nach ihren

Vorstellungen und Religionen entwickeln. Wir werden sie schützen und planen Handel mit ihnen zu treiben. Der kulturelle Austausch sollte gefördert werden. Auf Wunsch bilden wir ihre Sicherheits-Kräfte aus und unterstützen sie mit Ideen, mit neuer Technik und mit effizienten Vorschlägen. Jede Rasse bleibt eigenständig und kann selbst entscheiden, ob sie weiter dem Planeten-Verbund beiwohnen möchte, oder nicht. Vereint ist man stärker, als sämtliche Probleme allein zu lösen. Ich werde ihren Kampf nicht per Hyperkomm-Funkverbindung diskutieren. Kommen sie an Bord meines Schiffes. Ihre Sicherheit ist garantiert.«

Major Travis gab Sergeant Farmer ein Zeichen, die Leitung zu unterbrechen. Commander Brenzby und Major Travis sahen sich an.

»Es scheinen natradische Nachkommen zu sein«, sagte Sirin. »Vermutlich sind es wieder Splittergruppen, die den großen Krieg überlebt haben und sich auf diesen Planeten angesiedelt haben. «

Major Travis nickte.
»Zwei nebeneinanderliegende bewohnte Planeten geraten in Streit miteinander und gönnen dem anderen nichts«, entgegnete er. »Darauf wird es hinauslaufen. «

»Die Bestätigungen sind gerade eingetroffen«, teilte Sergeant Farmer mit.

» Es werden kleine Gleiter ausgeschleust, mit dem Kurs auf unser Schiff«, meldete Sergeant Dantow.

»Wir bekommen Besuch«, bestätigte Commander Brenzby.

»Instruieren sie Sergeant Hardin und seine Marines«, befahl Major Travis. Die Soldaten sollen die beiden Gruppen trennen. Ich möchte lediglich mit den Oberbefehlshabern sprechen. Falls weitere Personen mitkommen, führen sie diese bitte in einen Warteraum. Sergeant Hardin möchte zur Sicherheit genügend Kampf-Roboter mitnehmen. «

Hier spricht die Termar 1«, sprach Sergeant Hausmann in die offene Hyper-Komm-Leitung. » Ich rufe das Schiff der Trauler. Wir übersenden ihnen einen Leitstrahl zur Andockbucht 5. «

Die Antwort kam sofort in einem reinen Natradisch zurück.

»Wir haben ihren Leitstrahl erhalten, «, tönte es auf den Lautsprechern. »Unseren Oberbefehlshaber Khan ist an Bord. Wir bitten um ihr sicheres Geleit. «

»Docken sie an, für ihre Sicherheit wurde gesorgt«, antwortete Sergeant Hausmann.

»Hier spricht die Termar 1«, sprach Sergeant Hausmann wieder in die noch offene Hyperkomm-Funkverbindung.

»Ich rufe das Schiff der Sinss. Nehmen sie bitte Leitstrahl 2 zur Andockbucht 9. «

Die Antwort erfolgte ebenfalls sofort in einem sauberen Natradisch.

»Wir haben den Leitstrahl erhalten und synchronisieren unseren Flug. Unser Oberbefehlshaber Orrinaxx ist an Bord. Wir erbitten ihr sicheres Geleit. «

»Docken Sie an Bucht 9 an, für ihre Sicherheit wurde ebenfalls gesorgt«, antwortete Sergeant Hausmann ruhig.

Major Travis hatte die Unterhaltung mit angehört. »Zumindest sprechen sie noch reines Natradisch«, bemerkte er. »Damit wird die Verständigung einfacher. «

»Die scheinen sie beibehalten zu haben«, sagte Sirin. » Darf ich bei dem Gespräch dabei sein«?

Major Travis nickte zustimmend.
»Du bist unsere einzige Natrid Expertin«, lächelte er. »Wen Anderen sollten wir an deiner Stelle mitnehmen? Deine Analyse ist sehr wichtig für uns. «

»Trage nicht so dick auf«, fauchte Sirin. » Ich werde wie immer mein Bestes geben. «

Major Travis drehte seinen Kopf und blicke Heinze an. »Warum bist du so ruhig? «, fragte der den Ro.

»Ich habe die ganze Zeit die Gedanken der Besucher seziert«, teilte der Ro mit. »Ihre Gedanken drehen sich um den Wunsch, den Kampf gegen ihre gehassten Nachbarn zu gewinnen. Die Schmach einer Niederlage wäre für beide Parteien sehr hoch. Keiner der Gegner möchte verlieren. Sie beabsichtigen, bis zum letzten Leben zu kämpfen. Sie wissen nicht, wie sie sich jetzt verhalten sollen. Mit einem Eingreifen einer dritten Macht haben sie nicht gerechnet. Bislang war man von der völligen Vernichtung von Natrid ausgegangen. «

»Die Besucher haben angedockt«, teilte Sergeant Hausmann mit. »Sergeant Hardin hat die Besucher getrennt und sichert sie durch seine Marines und seine Kampf-Roboter. Die Oberbefehlshaber sind auf dem Weg in den Besprechungsraum. «

»Danke«, erwiderte Major Travis. »Machen wir uns auf den Weg. Lassen wir unsere Gäste nicht warten. Commander Brenzby, das Schiff gehört ihnen. Halten sie die Augen auf. «

»Danke, Herr Major«, entgegnete Commander Brenzby. » Viel Erfolg bei den Verhandlungen.«

Tart 1 übernahm die Vorhut. Ihm folgten Major Travis, Sirin, Heinze und Tart 2 als Schlusslicht. Alle Personen hatten sich mittlerweile an die Personenschutz-Roboter gewöhnt. Relativ schnell hatte die Gruppe den Besprechungsraum erreicht. Zwei Marines und zwei

Kampf-Roboter sicherten den Zugang zu dem Raum. Sie traten beiseite, als Major Travis mit seinem Offizieren eintraf. Ein Soldat öffnete die Türe. Die Offiziere des Neuen-Imperiums traten ein. Der Blick des Majors schweifte durch den Raum. Rechts und links des großen Tisches saßen die Oberbefehlshaber, weit genug voneinander getrennt. Sie wurden jeweils durch sechs Marines und sechs Kampf-Roboter geschützt.

Ihr Blick richtete sich auf Major Travis und sein Gefolge. Der Major bemerkte ein Aufhellen in dem Blick der Besucher, als sie Sirin erkannten.

»Mein Name ist Major Travis, erbfolgeberechtigter Oberbefehlshaber der vereinigten Natrid & Tarid Streitkräfte«, stellte er sich vor. »Ich bin ein Erhobener im Gefüge der Kaiserkaste mit Rang 1, bestätigt und eingesetzt durch Noel von Natrid im Rahmen der Nachfolge-Programmierung von Admiral Tarin. Ich begrüße sie an Bord der Termar 1. «

Sein Blick richtete sich auf die linke Seite.
»Mein Name ist Khan«, antwortete der Oberbefehlshaber der Trauler. »Ich bedanke mich für ihre freundliche Einladung. «

»Behalten sie Platz«, sagte Major Travis.
Er bemerkte, dass der Khan gesundheitlich einen angeschlagenen Eindruck machte. Sein Blick wandte sich zur rechten Seite.

»Sie müssen dann folgerichtig der Oberbefehlshaber der Sinss sein? «, kombinierte der Major.

»Das ist richtig«, antwortete dieser. »Mein Name ist Orrinaxx. Was wollen sie von uns? «

»Sie waren derjenige, der uns mit Raketen unter Beschuss genommen hat? «, ergänzte Major Travis. » Ihr Ziel war es, uns aus dem Weg zu räumen. «

Dem Oberbefehlshaber war es sichtlich unangenehm, auf diese Frage zu antworten.

Major Travis wartete nicht auf eine Antwort.
»Sie haben sicherlich bemerkt, dass wir ihnen technisch weit überlegen sind «, entgegnete er. »Der Krieg ist seit 100.000 Jahren vorbei. «

Beide Oberbefehlshaber nickten reumütig.
»Das ist uns nicht entgangen«, antwortete der Khan.

»Ihre Hilfe hätten wir im großen Krieg gebraucht«, fiel ihm Orrinaxx ins Wort. » Aber ihre Flotten waren nicht da. Wir waren auf uns selbst gestellt. Sie können sich vorstellen, dass wir gegen die riesige Armada der Rigo-Sauroiden keine Chance hatten. «

Prinzessin Sirin trat vor.
»Was sie nicht sagen«, antwortete sie schnell. »Ich bin San Sirin, eine direkte Cousine des Kaisers und letzter Nachkomme des kaiserlichen Geschlechtes von Natrid.

Ich war Oberbefehlshaber einer großen Flotte im Kampf gegen die Sauroiden und habe externe Systeme in unserem Imperium beschützt. Admiral Tarin konnte die Sauroiden letztendlich besiegen und ihren Heimat-Planeten vernichten. Nicht mehr verhindern konnte er den Abflug einer starken Flotte in die Milchstraße. Der Rückflug seiner Flotte verzögerte sich. Er wurde in starke Kämpfe verwickelt. Er kam zu spät, um zu verhindern, dass Teile der Rigo-Flotte unsere Heimat-Welt angriffen.

Auf dem Weg nach Natrid haben die Rigo-Sauroiden alles angegriffen, dass ihnen einen Hinweis auf Planeten mit humanoider Bevölkerung vermittelte. Die große Flotte von Admiral Tarin stand nicht als Schutz-Bollwerk zur Verfügung. Es war eine unglückliche Verquickung vieler Umstände, die für das Volk der Natrader zum Verhängnis wurde. Ich kann hierfür nur um Entschuldigung bitten. Wir versuchten in der damaligen Zeit das Richtige zu tun. Leider kam in dem großen Krieg die Hilfe zu spät. «

»Danke für ihre Offenheit, Prinzessin«, sagte Khan. » Es freut mich sehr, dass sie überlebt haben. Ihre Reue und ihre Entschuldigungen an unser Volk bedeuten uns viel. Das ist weit mehr, als wir zu erhoffen wagten. In der zugesagten Erwartung auf Unterstützung, haben wir vor vielen Jahrtausenden gekämpft und versucht die Invasionsflotte der Rigo-Sauroiden aufzuhalten. Durch ihre heutigen Worte wissen wir endlich, dass keine Hilfe kommen konnte. Die ganze Flotte war unterwegs, um die Sauroiden in ihrem Heimat-Quadranten zu besiegen. Wir wissen von dem Verlust von Natrid und der Niederlage ihrer Heimat-Verteidigung. Auch wir haben es am eigenen Leibe gespürt.

Die Sauroiden griffen uns an und verwüsteten unseren Planeten. Nur wenige Trauler überlebten. Wir konnten noch froh sein, dass sie unseren Planeten nicht glutflüssig bombardierten, wie sie es mit anderen besiedelten Planeten des kaiserlichen Imperiums gemacht haben. Dies haben wir erst später von Besuchern erfahren. Wir konnten damals nicht genug Schiffe aufbringen, um alle unsere Bewohner evakuieren zu können. In den späteren Jahrtausenden gründeten die wenigen Überlebenden unserer Rasse Kolonien auf den zwei bewohnbaren Planeten unseres System.

Wir hatten nur noch Gleiter, aber keine Raumschiffe mehr. Es hat sehr lange gedauert, bis wir die Entwicklung wieder eingeholt hatten und eigene Schiffe bauen konnten. Durch den Neubeginn auf zwei Planeten, wurde unsere Rasse geteilt und als Trauler und Sinss definiert. Am Anfang kommunizierten wir erfolgreich miteinander. Der Planet der Trauler war für die Produktion von Getreide, Lebensmitteln und Obst optimal geeignet. Durch die Erwärmung und seiner Lage zur Sonne wuchs hier alles sehr exzellent.

Der Planet der Sinss war reich an seltenen Mineralien und Erzen. Hier entstand die große Industrie-Produktion für alle technischen Produkte unseres kleinen Planeten-Verbundes. Alles funktionierte über Jahrtausende problemlos. Der Neuaufbau war oberstes Gesetz für beide Planeten. Es entstand Handel und damit auch Wohlstand auf unseren beiden Planeten. Der Bevölkerung ging es gut. Angriffe aus dem All gab es nicht mehr. Es war eine gute Zeit für beide Planeten.

Es wurden neue Regierungen an die Macht gewählt. Diese wollten mehr. Der Wohlstand reichte nicht mehr. Sie versuchten über den jeweils anderen Planeten zu bestimmen, um mehr Rohstoffe an sich zu reißen. Nach den üblichen Drohgebärden wurde aufgerüstet und der gegnerische Partei mit massiven Militärschlägen gedroht, falls es zu keiner Einigung kommen sollte. Wir als ökologischer Planet wurden gezwungen, starke Abwehrmaßnahmen zu ergreifen. «

Der Khan machte eine kurze Pause und blickte die Zuhörer an. Dann fuhr er fort.

»Zwischen unseren Völkern entstand eine Art Entfremdung. Obwohl wir ehemals der gleichen Rasse entstammten, traute die eine Seite der anderen nicht mehr über den Weg. Es wurden politische Abkommen geschlossen. Mit ihnen wurden alle Lieferungen zwischen den Planeten auf vertraglicher Basis gesichert. Wir lebten uns weiter auseinander. Die Jahre verstrichen, in denen eine ernsthafte Annäherung beider Völker nicht möglich war. Die Beziehungen verschlechterten sich weiter.

Beide Planeten forschten und entwickelten in eigenständige Richtungen. Aus harmlosen Ökologie-Artikeln wurden gefährliche Kampfstoffe und Giftstoffe entwickelt. Die ehemals harmlosen Transportschiffe wurden zu waffenstarrenden Kriegsschiffen ausgebaut. Man wollte die gegnerische Partei mit allen Mitteln in die Knie zwingen. Der Planet der Sinss war offensichtlich im Vorteil. Dort standen die Produktionsanlagen für eine ausgereifte Technik zur Verfügung. Unser Planet war ökologisch ausgerichtet und musste sich ab dem Zeitpunkt erst mit der Herstellung von technischen Produktions-Anlagen beschäftigen. Es war ein mühsamer Weg den Vorsprung der Sinss einzuholen. Wir haben es aber dennoch geschafft. «

Khan lehnte sich auf seinen Stuhl etwas zurück.

»Unsere Entwicklung ist ähnlich verlaufen«, erklärte Orrinaxx. »Ich spare mir jetzt die Vorgeschichte, die ja mein Vorredner bereits darstellen konnte. Zu einem Zeitpunkt wollten unsere Regierungen immer mehr. Ich wähle bewusst den Ausdruck unsere Regierungen, weil ich nicht der einen oder anderen Seite die Schuld zuweisen möchte. Das Vertrauen zwischen den Regierungen beider Planeten ging im Laufe der Jahrtausenden verloren. Jetzt gab es eigentlich nur ein Ziel, den Gegner in die Knie zu zwingen. «

»Ist das ihr persönlicher Wunsch, oder der Wunsch ihrer Regierung?«, fragte Major Travis nach.

»Das ist der Befehl meiner Regierung«, antwortete Orrinaxx. » Mein persönlicher Wunsch ist mit den Traulern in Ruhe und Frieden zusammenzuleben. «

»Danke für die Informationen«, sagte Major Travis leise.

Er schaute Sirin und Heinze an.

»Bitte entschuldigen sie bitte«, erklärte Major Travis. »Wir werden uns kurz beraten. «

Der Major folgte Sirin und Heinze auf den Flur.
»Das ist ein schwieriges Thema«, sagte Heinze. »Beide Rassen sind von Hass zerfressen. Mit gutem Zureden ist hier nichts zu machen. Ich habe die Gedanken sondiert. Sobald wir fort sind, werden sie weitermachen und sich erneut gegenseitig bekämpfen. «

»Wir müssen sie mit Macht hieran hindern«, antwortete Sirin. » Es darf nicht sein, dass wir zusehen, wie sich zwei ehemalige Kolonien des natradischen Imperiums selbst zerfleischen. Sie sollen wieder ihren Platz in unserem Neuen-Imperium einnehmen. «

Major Travis nickte.
»Das sehe ich auch so«, antwortete er. »Ich möchte beide Parteien zum Frieden zwingen. Das ist zwar nicht der Gedanke unseres Neuen-Imperiums, doch hier scheint es so zu sein, dass die beiden Parteien erst einmal zur Vernunft kommen müssen. Wir schicken sie zurück auf ihre Planeten und errichten eine Schutzzone mit 25 Schiffen der Kaiser-Klasse. Diese sollten an eine neue, kleine Basis angedockt werden, die wir noch bauen werden. Ferner eröffnen wir auf jedem der beiden

Planeten ein Konsulat. Abgesichert mit dem neuen Super-Schutzschirm und einer Transmitter-Station, können wir Bodentruppen und Kampf-Roboter nachschieben, falls mal eine Situation eskalieren sollte. «

Heinze nickte.
»Das halte ich bei der angespannten Lage für das Beste«, sagte er. »Auch die Bewohner des jeweiligen Planeten müssen erst ihren Zorn verlieren, bevor für sie wieder ein gutes Miteinander möglich ist. «

Major Travis blickte Sirin an.
»Möchtest du den Oberbefehlshabern unseren Vorschlag verkünden? «, erkundigte er sich.

»Das mache ich gerne«, antwortete Sirin. »Ich sehe auch keine andere Lösung. Der Hass zwischen den beiden Parteien ist sehr tief. «

»Gehen wir zurück und teilen beiden Parteien unsere Entscheidung mit«, entschied Major Travis.

Die Personen betraten den Besprechungsraum, indem die Oberbefehlshaber wortlos rechts und links des langen Tisches saßen. Sie wurden scharf bewacht, durch die natradischen Kampf-Roboter und die Marines.

»Meine Herren, wir haben eine Entscheidung getroffen«, eröffnete Major Travis das Gespräch. »Ich gebe an Prinzessin Sirin weiter, die ihnen unsere Entscheidung offenlegt. «

Prinzessin Sirin trat einen Schritt vor.

»Als das letzte lebende Mitglied der kaiserlichen Familie von Natrid und als Unterstützerin der Anordnungen von Admiral Tarin, folge ich seinem Wunsch, das ehemalige Imperium wieder mit Leben zu füllen«, teilte sie mit. »Entsprechend dieser Tatsache kann ich es nicht dulden, dass sich Nachkommen von Natrid gegenseitig bekämpfen und sich unter Umständen töten. Ich erkläre die Kampfhandlungen ihrer beider Planeten für beendet. Sie befehlen sie ihre Raumschiffe zurück in ihre Basen auf ihren Planeten. Bauen sie die Wirtschaft ihrer Welten wieder auf und fördern sie unseren Gedanken eines gemeinsamen Planetenverbundes.

Teilen sie ihren Regierungen mit, dass ab sofort der Weg eines guten Miteinanders gepflegt und auf kriegerische Auseinandersetzungen verzichtet wird. Hierfür sorgen die Flotten-Verbände des Neuen-Imperiums. Das bedeutet für sie, dass wir eine Sicherheitslinie zwischen ihren beiden Planeten errichten werden. Eine Flottenbasis, die auf 25 Zerstörer der Kaiser-Klasse zurückgreifen kann, wird in ihrem Raumsektor für Ordnung sorgen. Sie kennen die 2.000 Meter messenden Kriegsschiffe aus ihren Archivberichten. Jeder dieser Zerstörer verfügt über exakt 50 starke Laser-Geschütztürmen. Sie werden einen kurzen Prozess mit ihren kampfbereiten und uneinsichtigen Generälen machen.

Ihre beiden Völker stammen von Natrid ab. Sie sind Nachkommen der Kolonisten, die vor langer Zeit Ihre

Heimatwelt verlassen haben, um in der Ferne ihr Glück zu suchen. Leider ist vieles passiert, dass nicht vorhergesehen werden konnte. Heute beginnen wir die Trümmer zu beseitigen. Das Neue-Imperium wird für Zivilisationen und die bewohnten Welten ihres Planetenverbundes da sein. Fehler der Vergangenheit werden sich nicht wiederholen. Neue starke Freunde unterstützen uns hierbei. Wir werden in geraumer Zeit auf ihren beiden Planeten Konsulate errichten. Über die Mitarbeiter dieser Dienststellen können sie im Bedarfsfall Kontakt zu uns aufnehmen. Es wird keinen Krieg mehr zwischen natradischen Völkern geben, das verspreche ich ihnen. so wahr mein Name Prinzessin Sirin von Natrid ist.«

Der Khan und Oberbefehlshaber Orrinaxx sprangen von ihren Stühlen auf und protestierten lautstark.

»Sparen sie sich ihre Drohgebärden«, sagte Major Travis. »Geben sie sich lieber die Hand und freuen sie sich, dass ihre Rassen weiterleben dürfen. Sie sind ab sofort wieder ein wichtiger Teil des Neuen-Imperiums von Tarid & Natrid. «

Major Travis gab Heinze einen Wink.
Dieser suggerierte den beiden Oberbefehlshabern den positiven Blick in die Zukunft in ihr Unterbewusstsein. Die Offiziere der Termar 1 bemerkten plötzlich, wie die Gebärden der Oberbefehlshaber ruhiger wurden. Ihre Gesichter entspannten sich. Heinze verankerte noch

einen Phi-Block in ihren Gehirnen, der einen schnellen Verlust der suggerierten Gedanken verhinderte.

»Meine Herren Oberbefehlshaber«, sagte Major Travis. »Sie können jetzt auf ihre Schiffe zurückgehen und ihrem Volk die freudige Mitteilung überbringen. Der Krieg ist beendet. Natrid ist auferstanden und wird wieder über sie wachen. Überzeugen sie ihre Regierungen mit den politischen Verhandlungen zu beginnen. Schließen sie gegenseitige Abkommen und bauen sie die Wirtschaft ihrer Planeten wieder auf. «

»Wie können wir ihnen danken? «, fragte Orrinaxx. » Das können wir niemals wieder gutmachen«, ergänzte Khan den Satz.

»Es genügt uns, wenn ihre Planeten eine gute Zukunft haben «, erklärte Major Travis. » Sie werden beide noch mit Individual-Schutzschirmen ausgestattet, der Attentate auf sie verhindert, vorausgesetzt der Schirm ist aktiviert. Vergessen sie das nicht. Unsere Leute bringen sie zu ihren Schiffen. Melden sie sich, wenn wir mehr für sie tun dürfen. «

Sergeant Hardin begleitete die Oberbefehlshaber zu ihren Schiffen. Die Einweisung der Individual-Schirmtechnik wurde durch Sergeant Schreiber durchgeführt.

Major Travis stand am CIC und schaute den abfliegenden Schiffen der Oberbefehlshaber nach.

»Sergeant Farmer«, sagte Major Travis nachdenklich. »Stellen sie bitte eine Leitung zu Noel her. «

» Mache ich Herr Major«, antwortete Sergeant Farmer. » Es wird wohl etwas dauern. Das liegt an der weiten Entfernung. «

Major Travis hatte Noel die Situation geschildert und sein Einverständnis eingefordert. Noel sicherte zu, die 25 Zerstörer der Kaiser-Klasse und mehrere Transporter mit Material für den Bau der Raumbasis in diesem Sektor, unverzüglich auf den Weg zu bringen. Major Travis hatte ihm erklärt, dass er nicht eher weiterfliegen würde, bis die Schutztruppe eingetroffen war. Das Neue-Imperium stand bei den Sinss und den Traulern im Wort. Major Travis und Sirin wollten nicht noch einmal, die bewohnten Planeten sich selbst überlassen.

***

Nur drei Tage waren vergangen, als die 30 natradische Schiffe aus dem Hyperraum brachen und nahe der Position der Flotte von Natrid eine Warte-Position einnahmen. Major Travis und Commander Brenzby standen am CIC.

»Die Daten aktualisieren sich«, sagte der Commander.

»Noel hat Wort gehalten«, bestätigte Major Travis. »Ich erkenne 24 Zerstörer der Kaiser-Klasse, ferner 5 Schiffe der Lord-Klasse. Diese werden vermutlich das vorgefertigte Material für eine Raumstation transportieren.

»Eingehender Funkspruch von dem Kommando-Schiff«, teilte Sergeant Farmer.

»Stellen sie durch«, antworte der Major.

»Hier spricht Captain Mantega «, tönte es aus den Lautsprechern. » Wir haben die Order erhalten, hier im Gal-System die Streithähne auseinanderzuhalten. Ich habe die benötigte Schutzflotte mitgebracht.«

»Ich begrüße sie, Captain Mantega«, antwortete Major Travis. » Darf ich sie auf mein Schiff bitten, um ihnen die schwierige Situation hier vor Ort zu erklären. «

»Ich komme zu ihnen«, antwortete Captain Mantega. »Übersenden sie mir einen Leitstrahl. Ich komme mit einem Tarin-Jet zu ihnen. «

Major Travis gab Sergeant Dantow ein Zeichen. Diese kümmerte sich um alles Weitere.

Sirin, Heinze, und Major Travis warteten in den Besprechungsraum der Termar 1. Commander Brenzby hatte Captain Mantega und seinen 1. Offizier Virgil Floyd auf dem Landedeck abgeholt und in den Besprechungsraum geführt.

»Ich freue mich, sie kennenzulernen«, begrüßte der Major den Captain und seinen 1. Offizier. »Es ist das erste Mal, dass ich auf ein Schiff der modifizierten Kaiser-Klasse treffe, das von einer menschlichem Besatzung bedient wird. Kommen sie direkt von der Akademie? «

Captain Mantega nickte.
»Ich war der Beste meines Jahrgangs«, antwortete er. »Als ich gefragt wurde, ob ich nicht das Kommando über ein 2.000-Meter Schiff der Kaiser-Klasse übernehmen möchte, habe ich natürlich sofort zugesagt. Wir sind mit 250 Leuten Personal vollständig bestückt. Sie kennen die technischen Daten eines Schiffes der Kaiser-Klasse?«

» Major Travis bestätigte sofort.
»Die Daten sind mir bekannt«, lächelte er. »Meinen Glückwunsch zu ihrem Raumschiff. Setzten sie es mit Bedacht ein. Denken sie an ihr Personal. Bei einer unüberwindlichen Übermacht drehen sie und rufen sie Verstärkung. «

»Ich bin mir bewusst, wie wichtig diese Schiffe für das Neue-Imperium sind«, antwortete der Captain. »Meine Crew und ich werden sorgsam hiermit umgehen. «

Der Major nickte ihm zu.
»Haben sie alles Notwendige dabei? «, erkundigt er sich.

Captain Mantega antwortete sofort.
»Ja, haben wir«, bestätigte er. »Uns wurden entsprechende Arbeitsroboter und Konstrukteure

zugewiesen, die unsere Raumstation als Mittelpunkt zwischen den beiden Planeten errichten werden. Auf unseren fünf Transporter der Lord-Klasse war viel Platz vorhanden. Wir haben Fertigbausätze dabei, um provisorische Gebäude auf beiden Planeten zu errichten, die als ständige Sitz einer Vertretung genutzt werden können. Beide Gebäude werden mit Transmitter-Stationen ausgestattet und direkt an das Distributionszentrum auf Titan angeschlossen. Die politischen Abgesandten werden erst nach Fertigstellung ihrer Räumlichkeiten erscheinen. Wir sichern die Projekte mit unseren Zerstörern. Noel erwägt die Besatzungen der Flottenverbände jede drei Monate abzulösen. «

»So habe ich mir das vorgestellt«, antwortete Major Travis. »Danke, dass sie so schnell hier waren. Darf ich ihnen noch einen Datenkristall übergeben? «

»Natürlich«, entgegnete Captain Mantega. »Was ist hierauf gespeichert? «

»Alle wichtigen Informationen bezüglich der Sinss und de Trauler, antwortete der Major. »Es sind Nachkommen natradischer Kolonisten. Ich vermute, die beiden Gruppen werden noch nach Lösungen suchen, um sich in die Haare gehen zu können. Das muss verhindert werden. Alle weiteren Aufgaben und Pläne wurden ebenfalls auf diesem Speicher hinterlegt. «

»Danke«, lächelte der Captain. »Dann sollte eigentlich nichts mehr schieflaufen. «

»Wir verlassen sie jetzt und fliegen unserer eigentlichen Aufgabe nach«, erklärte Major Travis. »Wir haben noch einen weiten Weg in den Orion-Sektor vor uns. Alles Gute für sie, Captain. «

Captain Mantega und sein 1. Offizier erhoben sich von ihren Stühlen.

Major Travis und seine Offiziere salutierten, als der Captain Mantega und Leutnant Floyd den Besprechungsraum der Termar 1 verließen.

Der Major lächelte seine Offiziere an.
»Frischer Nachwuchs von der Akademie«, sagte er. »Unsere Schulungen greifen langsam. Es reift eine neue Generation von Captains und Commandern heran. Sie werden bald unsere Zukunft verkörpern. «

Eris

Commander Maley, General Poison und Noel standen in der großen Zentrale des Verwaltungs-Towers des Neuen-Imperium in Tattarr. Die Personen blickten aus dem Fenster und betrachteten die vielen bunten Lichter der unterirdischen Natridstadt. Die geheime Stadt war wieder zum Leben erwacht. Dank den vielen angeworbenen Spezialisten, Fachleuten und Bauexperten, versprühte sie wieder den Glanz, wie in den alten Tagen des kaiserlichen Imperiums von Natrid. Es kloppte an der Türe.

»Dr. Keeler ist eingetroffen«, bemerkte Noel.

»General Poison drückte einen Knopf auf seinem Schreibtisch, der die speziell gesicherte Tür öffnete. Der schlanke Finanzexperte trat ein.

»Commander, sie kennen Dr. Keeler? «, fragte General Poison.

Die Frage war direkt an Commander Maley gerichtet.

»Ja«, nickte der Commander. » Wir haben uns bereits kennengelernt. «

»Bitte nehmen sie Platz«, sagte General Poison.

»Warum wurde ich gerufen, Herr General?«, fragte der Commander Maley. Er fühlte sich sichtlich unwohl. «

»Ich habe sie von der Flugroute der Morina-Transportschiffe abgezogen, weil ich glaube, dass

Commander Stuart allein zu Recht kommt«, erwiderte der General schnell. »Eine neue Aufgabe wartet auf sie. «

Commander Maley zog seine rechte Augenbraue hoch.

»Wie komme ich zu der Ehre? «, stutzte er.

»Um diese Sonderaufgaben bemüht sich in der Regel Major Travis«, flunkerte der General. »Da er zurzeit nicht verfügbar ist, werden sie ihn angemessen vertreten. Ich habe Dr. Keeler gebeten an diesem Gespräch teilzunehmen, damit er klar erkennt, dass wir ihm keine Märchen erzählen. Er ist leider ein Mann, der unsere Berichte des Öfteren anzweifelt. «

Der General Poison ließ einige Augenblicke verstreichen.

»Die EWK betreibt seit sechs Monaten auf Eris eine große Erz-Abbau-Mine «, fuhr er fort. » Wir bauen dort seltene Mineralien ab. Eris ist ein Klein-Planet, vermutlich etwas größer als Pluto. Er wurde lange Zeit als der 10. Planet im Sol-System bezeichnet. Erst der Ausschuss der IAU hat ihn als einen Plutoiden deklariert. Nach der Entscheidung der Internationalen Astronomischen Union sind Plutoiden eine Unterklasse der Zwergplaneten. Sie müssen also eine Umlaufbahn um die Sonne haben und genügend Masse besitzen, um durch eigene Schwerkraft eine hydrostatische Gleichgewichtsform anzunehmen. Ebenso dürfen sie ihren Orbit nicht von anderen Objekten bereinigt haben, so wie es bei Planeten der Fall ist. Ferner darf sich bei ihnen nicht um einen Satelliten handeln.

Im Unterschied zu den anderen Zwergplaneten kommt als zusätzliches Kriterium für die Plutoiden noch hinzu, dass die große Halbachse ihrer Bahn um die Sonne, die des Neptuns übertreffen muss. So viel zu der Einstufung durch die Beamten des IAU. Eris stammt laut Expertenmeinung aus dem Kuiperfeld. Das ist ein Asteroidenfeld, das aus Resten unseres Sonnensystems entstanden ist. Dort hat es die ganzen Bruchstücke hin verschlagen, die nicht zu einem festen Planeten geworden sind. Interessant ist aber, dass wir sehr seltene Materialen und Metalle geortet haben, die ansonsten im ganzen Sonnensystem nicht zu finden sind. Seit sechs Monaten sind dort mehrere Minen der EWK in Betrieb. Betrieben werden sie durch unsere Schwester-Behörde die EWK-MC. MC steht für Mining-Corporation. «

Dr. Keeler trat einen Schritt vor.
»Nach meinen Recherchen werden dort viele unterschiedliche Metalle abgebaut«, sagte er. »Laut den Förderlisten fördern gibt es Fundstellen von seltenen Erden, flüssige Metalle und was besonders wichtig ist, unsere speziellen Energie-Kristalle für Raumschiffe. Seltsamerweise wurde dort ein großes Vorkommen mit den orangefarbigen Kristallen entdeckt. Marin und Gareck stellten fest, dass diese kristallinen Speicher aus irgendeinem Grund die zehnfache Speicher-Leistung besitzen, als die von uns benutzten blauen Kristalle aus natradischer Kunst-Produktion. Wir ließen diese speziellen Kristalle abbauen und in Transportschiffe verladen. Leider kam bisher noch kein Transport bei uns

an. Wir konnten bisher noch keine große Transmitter-Station aufbauen. Wir befürchteten, dass uns jemand ein explosives Paket zustellen könnte. Hierdurch könnte ein Großteil unseres neuen Distributions-Zentrums auf Titan lahmgelegt werden. Wir gehen derzeit von Sabotage aus. Irgendjemand leitet die Lieferungen der Rohstoffe und Kristalle um. «

Dr. Keeler machte eine kurze Pause. Dann fuhr er mit seinem Bericht fort.

»Wir haben auf Eris ausgesuchtes EWK-Personal sitzen«, erklärte er. »Nach meiner Schätzung müssten es mittlerweile an die 1.600 Leute sein. Die meisten von ihnen sind harte Minenexperten, die nichts anderes wollen, als schürfen und gutes Geld verdienen. Leider erwirtschaftet Eris zurzeit keinen Gewinn. Unsere dortigen Erzabbauanlagen verbrennen jeden Tag eine große Summe an Geld. Das muss schnellsten aufhören. Wir haben kein zusätzliches Personal für die Mienen eingestellt, um die Kosten nicht noch weiter hochzuschrauben.

Commander Maley, sie werden klären, was da los ist. Die erste Flotte von Transport-Schiffen der Saturn-Klasse ist mit leeren Frachträumen angekommen. Die Liefer-Papiere waren in Ordnung. Die Abfertigung auf Eris wurde ordnungsgemäß vollzogen. Das Material, die Erze und auch die Flüssig-Container, wurden durch unser Personal vorschriftsmäßig verladen. Es existieren Video-Aufzeichnungen hierüber. Die Schiffe kamen leer auf

Titan an. Die zweite Flotte, das waren acht Transportschiffe, sind auf dem Flug nach Titan aus unerklärlichen Gründen explodiert. Die dritte Transportflotte, sie werden es nicht glauben, hat während ihres Fluges den Kurs gewechselt und ist in der Dunkelheit des Weltraumes verschwunden. Es fehlt jede Spur von ihr. Glücklicherweise waren alle Transportflotten mit Roboter-Besatzungen bestückt. Es wäre ein herber Rückschlag für die EWK gewesen, wenn wir auch noch Tote zu beklagen hätten. Ein Tatbestand bleibt unverändert bestehen. Wir haben derzeit noch nicht eine einzige Materiallieferung von Eris erhalten. Sie verstehen sicher, dass dieser Angelegenheit unverzüglich auf den Grund gegangen werden muss. «

General Poison fuhr fort.
»Die fliegen mit der Termar 3 nach Eris, befahl der General. Sie und ihr Personal verstärken den Sicherheitsdienst in der Erzabbauanlage. Wir geben ihnen fünf Spezialisten mit, die besonders geschult wurden. Es handelt sich um getarnte Sky-Marschalls, sogenannte Schatten in Zivil, aus einer unserer EWK-Spezialeinheiten. Sie und ihre Leute werden sich unter die dortige Mannschaft mischen und ihre Ohren und Augen aufhalten. Wir statten sie und ihre Leute mit unserer neuen Laserpistole TM 520 und den neusten Laser-Kombi-Gewehren aus. Suchen sie die Saboteure. Klären sie, warum die Transporter leer, oder teilweise gar nicht auf Titan ankommen. Setzen sie so viele Kampfroboter ein, wie sie brauchen. Säubern sie die Wege von der Mine bis zum Bahnhof der Transportschiffe. «

»Arbeitet die Leitung der Miene mit mir zusammen? «, erkundigte sich Commander Maley.

»Ja, das wird sie«, antwortete General Poison. »Die Leitung der Minenstation obliegt Captain Jodie McLaine, 1,75 Meter groß, blonde Haare, kompetent und bislang zuverlässig. Gemäß ihren Unterlagen ist alles perfekt gelaufen. Sie kontrolliert ständig den Ablauf, konnte aber leider keine Unregelmäßigkeiten feststellen. Nehmen sie bitte sofort nach der Ankunft Kontakt mit ihr auf. Der Captain wird sie in alles einweisen. «

»Vertrauen sie ihr? «, fragte Commander Maley.

General Poison dachte einen Augenblick nach.
»Ja, das mache ich«, erwiderte er schnell.

»Der Captain ist perfekt ausgebildet worden«, erwiderte der General. »Sie war einer der Besten ihrer Klasse auf der Akademie. Ich glaube an sie. Sie ist sehr respektvoll und kann mit Menschen umgehen. Machen sie sich selbst ein Bild. Sie haben unsere volle Unterstützung. «

»Ich gebe ihnen neue Geräte mit, die gerade aus der Entwicklungs-Abteilung gekommen sind«, sagte Noel »Es handelt sich um Analysegeräte, Sensoren und neue Spür-Roboter. Vielleicht sind ihnen die Gerätschaften hilfreich bei ihre Suche. «

»Danke«, nickte Commander Maley.

»Wenn sie alles verstanden haben, dann machen sie sich bitte sofort auf den Flug«, lächelte General Poison. »Jede Minute zählt. Dr. Keeler wird erst wieder froh sein, wenn sie das finanzielle Loch auf Eris gestopft haben. «

***

Zwei Stunden später beschleunigte die Termar 3 auf UL8. Commander Maley stand mit den Sergeanten Santo, dem Cortez und Alms an dem CIC der Termar 1. Er hatte seine Crew über den neuen Auftrag informiert. Gemeinsam sprachen die Offiziere das Problem nochmals durch.

»Es wird nach meiner Ansicht auf Sabotage hinauslaufen«, sagte der Commander leise. Irgend jemand möchte der EWK die Schürfrechte auf Eris unrentabel erscheinen lassen.

Die Offiziere der Crew nickten.
»Es kann nicht anders sein«, bestätigte Marie Alms. Sie war die Offizierin für die Ortungen des Schiffes verantwortlich. »Irgendjemand gönnt der EWK den Schürferfolg nicht. «

Leutnant Mandert, der 1. Offizier der Termar 3 kam an das CIC geschritten. Er schaute die trübseligen Gesichter. »So wie es aussieht, haben sie noch keine Lösung gefunden für das Problem gefunden, Commander? «, fragte er.

Maley nickte.

»Sie kennen mich bereits sehr gut, Leutnant Mandert«, antwortete er. »Haben sie eine Idee, warum bisher keine Transportlieferungen auf Titan angekommen sind? «

Leutnant Mandert nickte.
»Wir sollten alle Eventualitäten berücksichtigen«, erklärte er. »Wir gehen immer davon aus, dass es jemand von der EWK war, oder möglicherweise auch Agenten aus anderen Staaten der Erde, die für eine Sabotage an den Transportschiffen verantwortlich waren. Was ist, wenn wir falsch liegen? Kann es nicht auch jemand von außen gewesen ein, der die Erzabbauanlage der EWK bewusst torpediert?«

Einen Augenblick herrschte Stille. Die Offiziere blickten sich in die Augen.

»Sie sprechen von Aliens? «, erkundigte sich Sergeant Alms.

»Soweit möchte ich nicht gehen«, lächelte der 1. Offizier. »Es reicht, wenn wir innerhalb der Grenzen des Neuen-Imperiums bleiben. Es gibt genügend Zivilisationen, die uns die technischen Hinterlassenschaften von Natrid streitig machen möchten. «

»Wie sollte das gelingen? «, fragte Piere Santo. »Sämtliche Basen der EWK, aber auch die alten natradischen Einrichtungen verfügen über strenge ID-Kontrollen. «

»Es hat sich jemand eingeschlichen«, erklärte Leutnant Mandert. »Diese Person muss über eine Technik verfügen, die ihn als eine andere Person ausgibt. Vielleicht hat er diese Person vorher beseitigt, oder er hält sie gefangen. Er hat das Aussehen der Person kopiert und sich möglicherweise eine Maske angefertigt. Diese dünnen Silikonmasken sind heute nicht mehr von normaler Haut zu unterscheiden. «

»Das könnte sein«, antwortete Commander Maley. »Welchen Sinn verknüpft er mit seinen Taten. Es wird schwierig werden, diese Person ausfindig zu machen. Sie muss sich schon auffällig verhalten, wenn sie uns ins Netz gehen soll. «

Leutnant Mandert nickte.
»Wir bauen eine Falle auf«, sagte er. »Diese muss so attraktiv sein, dass er nicht hieran vorbei gehen kann. «

»Ihr Vorschlag ist gut«, lächelte Commander Maley. »So machen wir das. Arbeiten sie bitte die Einsatzplanung aus. Legen sie mir diese auf den Tisch, wenn wir im Landeanflug auf Eris sind. Ich werde diese dann mit der Leiterin der Eris-Schürfstation besprechen. «

***

Captain McLaine saß in der technischen Zentrale der Eris-Abbaustation.

»Die EWK, insbesondere General Poison, wird mir Unterstützung senden«, dachte sie. Eine Anlage, die keinen Gewinn erwirtschaftet, die wird über kurz oder lange stillgelegt. Hierzu darf es nicht kommen. Ich habe eine Verantwortung für die Männer und die Familien, die hier auf dem trostlosen Felsen tätig sind.

Der Captain blickte auf seinen Bildschirm. Gerade war eine neue Mitteilung von der EWK-Verwaltung eingetroffen. Sie öffnete die Nachricht und überflog sie.

Ihre Laune verschlechterte sich schlagartig.
»Das heißt nichts anderes, als das die EWK-Verwaltung vermutet, dass ich die Probleme allein nicht in den Griff bekomme«, erkannte sie. »Vermutlich senden sie mir einen oberschlauen Berater, der den ganzen Tag Akten wälzt? «

Sie schob bereits jetzt eine gewaltige Portion Wut vor sich her. Captain McLaine ballte die Hand ihres rechten Armes zu einer Faust. Sie hob ihn an und schlug zwei Mal laut auf ihren Arbeitskonsole. Ihre Mitarbeiter in der Leitstelle hoben kurz ihren Kopf und blickten sie an.

»Entschuldigung«, sagte Captain McLaine. »Ich musste mir etwas Luft verschaffen. «

Die Mitarbeiter der Leitstelle gaben sich erneut ihren Aufgaben hin.

»Es ist aber auch wie verhext«, dachte sie. »Ich habe jahrelang darauf hingearbeitet, eine führende Position in der EWK zu erlangen. Jetzt geht das alles den Bach hinunter, weil man mir die Lösung des Problems nicht zutraut. Ich bin fest entschlossen, die Angelegenheit zu einem guten Ende zu bringen. Es kann nicht sein, dass sich ausgerechnet in der Zeit meiner Befehlsgewalt, auf der Minen-Station ihr Unwesen treiben. Für meine Crew lege ich meine Hände ins Feuer. «

Captain McLaine schaute auf ihre Monitore. Hierauf konnte sie alle aktiven Schürfstellen beobachten. Nichts wirkte verdächtig, alle Mitarbeiter gingen ihren normalen Arbeiten nach.

Sie stand auf und legte ihren Waffengürtel um. Den Individualschutz-Schirm stellte sie auf die leichteste Schutz-Wirkung ein. Man musste schon den Träger eines Individual-Schirmes sehr genau betrachten, um die leichte blaue Färbung des Energieflusses erkennen zu können. Der Schirm schloss sie vollständig ein, behinderte sie aber bei möglichen Arbeiten nicht.

Captain McLaine hatte die Eris-Abbau-Station mit aufgebaut. Vor sechs Monaten wurde sie gefragt, ob sie die Leitung der Station übernehmen möchte. Stolz und selbstbewusst sagte sie zu. Sie war ein Ziehkind der EWK. Stolz hatte sie auf Angebote anderer Industrie-Giganten verzichtet. Doch jetzt war plötzlich war der Wurm in der Anlage.

»Die EWK benötigt eine Antwort von mir«, dachte sie. »Ich habe auf Abbau-Roboter verzichtet, weil ich menschliche Arbeiter bevorzuge. Mit ihnen kann ich mich verständigen und auf sie eingehen. Sollte diese Überlegung falsch gewesen sein.«

Der Captain überlegte einen Augenblick.
»Man muss das Geschwür herausschneiden, hatte ihr alter Lehrer immer gesagt«, erinnerte sie sich. »Erst dann erkennst man das Problem. «

Captain McLaine drehte sich zu ihren elf Mitarbeitern um. »Ich bin auf meinem Rundgang«, sagte sie. »Informiert mich bitte, wenn Unregelmäßigkeiten auftreten. «

Sie hämmerte mit der Faust auf den roten Öffnungs-Mechanismus an der Wand. Der Schott sprang auseinander und gab den Weg ins Innere der Abbaustation frei.

Viele der Menschen, an denen sie vorbeikam, kannte sie persönlich. Sie nickte ihnen zu oder schenkte ihnen ein Lächeln. Sie hätte für alle diese Personen ihre Hand ins Feuer gelegt. Nie hätte sie gedacht, dass große Unregelmäßigkeiten, wie möglicherweise auch Sabotage, das Ende ihrer Karriereleiter bedeuten könnte. Jetzt war es so weit. Sie kam ohne fremde Hilfe nicht mehr weiter. Das musste sie sich selbst eingestehen. Sie ging den stabilen Röhren-Gang weiter entlang. Captain Jodie McLaine kam an eine Kreuzung. Hier teilte sich der Hauptgang in vier gleichgroße Verzweigungen. Die Wege der Station wurden immer wieder durch Röhren-Kreuzungen in andere Richtungen abgeleitet. Die Anlage war von ihrer Größe sehr beeindruckend. Die Abbaustellen waren nicht zentral gelegen, sondern nur durch Hinweisschilder zu finden.

Ein Elektrofahrzeug rauschte vorbei. In der Regel wurden die Fahrzeuge mit technischen Geräten beladen. Sie dienten sie zur schnellen Ersatzteil-Lieferung. Die Mitarbeiter der Wartungs-Abteilungen bedienten sich ebenfalls gerne dieser wendigen Fahrzeuge. Rechts kam eine Gruppe Arbeiter, auf einer Anti-Grav.-Transportplattform auf sie zugefahren. Sie kannte viele Personen der Gruppe, jedoch nicht alle.

»Es müssen etliche neue Arbeiter eingetroffen sein«, dachte sie.

Im Vorbeigehen musterte sie einen Mann. Er fiel ihr auf. Der Arbeiter war 1,90 Meter groß, besaß schneeweiße lange Haare, wirkte hager im Gesicht, hatte eine schlanke Figur und rötliche Augen.

»Ein typischer Albino«, dachte sie. »Irgendwie ist er unheimlich.«

Als die Arbeiter vorbeigefahren waren, drehte sie sich um und schaute ihnen hinterher. Kein Moment zu früh, denn auch der Albino der Gruppe drehte sich um und schaute ihr in die Augen. Ihre Blicke trafen sich. Schnell senkte der Albino seinen Blick und drehte sich wieder der Gruppe zu.

Er musste in Captain McLaine die Leiterin der Station erkannt haben.

»Macht man sich mittlerweile schon durch einen Blickkontakt verdächtig? «, fragte sie sich.

Der Captain öffnete ihren Communicator.
»Hier spricht Captain McLaine«, sagte sie. »Hören sie mich? «

»Wir hören sie deutlich und klar«, kam die Antwort aus der Zentrale zurück.

»Ich bitte um eine Personal-Überprüfung. In der Röhre 34-ZM-7 fährt eine Kolonne Arbeiter. In der Gruppe befindet ein Albino. Bitte identifizieren sie ihn und überprüfen sie seine Daten. «

»Wird sofort erledigt Captain«, tönte die Antwort aus dem Gerät.

Sie ging weiter ihres Weges und schaute intensiv nach rechts und nach links in die Gänge. Nach vier Minuten, summte ihr Communicator.

»Ja«, sprach sie in das Gerät.
»Wir haben den Albino überprüft«, teilte die Leitstelle mit. »Er ist mit der letzten Personalfähre von der Erde gekommen. Es handelt sich um einen Spezialisten für den Erz-Abbau unter Tage. «

»Geht aus der Personalakte etwas Besonderes hervor? «, fragte der Captain.

»Keine weiteren besonderen Hinweise«, lautete die Antwort.

Captain McLaine nickte.
»Danke sehr, ich hatte nichts anders erwartet «, antwortete sie, fast schon ein wenig enttäuscht.

Sie kam an die nächste Kreuzung von Verbindungsröhren. Erneut teilte sich der Weg zu vier neuen Schürfstellen. Captain McLaine schaute auf das Hinweisschild.

»Abbaustelle flüssige Metalle«, las sie.

Ein Elektrofahrzeug rauschte vorbei.

»Es ist nur halb besetzt? «, staunte sie. »Diese Fahrzeuge sind für eine Zuladung von 36 Leuten, ausgelegt. Die Bergleute werden den ganzen Vormittag gearbeitet haben und Energie-Kristalle aus den Felsen gebrochen zu haben. «
Sie war in der Mitte der Anlage angekommen. Die Straßen wurden breiter. Ein reger Verkehr behinderte die Fußgänger. Hier waren die meisten Aufenthaltsräume, der Wellness-Bereich, die römischen Bäder, die Friseure, die Sportstudios und andere Freizeit-Einrichtungen untergebracht. Natürlich gab es auch eine Menge unterschiedlicher Bars, um den Staub nach getaner Arbeit hinunterspülen zu können. Dieser Stadtbereich war

zunächst für 10.000 Personen geplant gewesen. Er, konnte aber bei Bedarf jederzeit erweitert werden.

»Es wird lange dauern, bis wir die vorgegebene Haupt-Auslastung erreicht haben«, dachte Captain McLaine. »Jetzt habe ich erst einmal einen Personalstopp angeordnet, um nicht noch mehr Personen kontrollieren zu müssen. Die Ursache der Sabotage zu finden, ist das primäre Ziel. «

Sie betrat eine große Bar, an der außerhalb die beleuchtete Reklame hing, „Rocky Miners Bar". Ein muffiger Dunst lag in der Luft. Er erinnerte den Captain an billiges Parfüm und verschwitzte Kleidung von den Arbeitern. Der Tresen wurde von zahlreichen kräftigen Männern belagert, die von der Frühschicht zurückgekommen waren.

Captain McLaine schaute auf die Abzeichen der Gruppe. Die Personen gehörten dem Raumschiffs-Frachtwesen an. Nur die besten Materialien wurden von ihnen verladen. Captain McLaine gesellte sich zu ihnen an den Tresen und bestellte sich ein Glas Irish-Cream. Sie blickte die Arbeiter intensiv an. Unter ihrem Blick wurden sie unruhig. Der Vorderste fühlte sich bereits recht unwohl in seiner Haut.

Er drehte sich ihr zu. Sein wettergegerbtes Gesicht blickte sie ärgerlich an.

»Was gibt es da zu glotzen? «, fragte er ärgerlich. Sein Gesichtsausdruck entspannte sich.

»Entschuldigung, sie sind es, Captain«, ergänzte er. »Ich habe sie nicht sofort erkannt. «

Jodie McLaine lächelte und ließ sich nicht aus der Ruhe bringen.

»Gab es irgendwelche Unregelmäßigkeiten bei dem Erzbergbau? «, erkundigte sie sich.

»Was meinen sie hiermit? «, fauchte sie ein zweiter Arbeiter an.

»Ist euch etwas aufgefallen, was nicht stimmte? «, fragte der Captain nach.

»Eigentlich nicht«, erwiderte der Arbeiter.

»Was heißt eigentlich nicht? «, bohrte der Captain weiter.

»Wir haben uns erst vor wenigen Minuten auf dem Weg in diese Bar über das Thema unterhalten«, flüsterte der Arbeiter. »Kann es sein, dass sie immer mehr Albinos einstellen? «

Captain McLaine stutzte.
»Bewusst nicht«, antwortete sie. »Zumindest ist mir das nicht bekannt. «

»Auf jeder Baustelle sehen wir jetzt neuerdings Albinos«, entgegnete der Arbeiter. »Diese Leute passen nicht zu uns. Sie geben sie hochnäsig und allwissend. «

»Das ist mir nicht bewusst«, sagte Captain McLaine. »Albinos sind in der Regel eher selten anzutreffen. Eine Häufung bei uns in der Anlage scheint eher ein Zufall zu sein. «

»Ich wollte es ihnen nur sagen«, erklärte der Arbeiter. »Sie scheinen speziell ausgebildet zu sein, nehmen nicht an den normalen Arbeiten teil, sondern kontrollieren uns.«

»Haben sie einen Zugang zu den Abbau-Materialien? «, erkundigte sich Captain McLaine.

»Sicherlich«, antworteten die Arbeiter. »Sie tragen das Abzeichen eines Schichtführers. Sie sind uns allen weisungsbefugt. «

»Ist ihnen sonst irgendetwas aufgefallen? «, erkundigte sich der Captain. » Verdächtige Personen, jemand der sich an den Förderbändern zu schaffen macht, vielleicht Unregelmäßigkeiten beim Verladen der Materialien auf die Transportschiffe. «

Die Arbeiter schüttelten ihren Kopf.
»Wir haben nichts festgestellt«, antworteten sie.

»Danke für die Informationen«, lächelte Captain McLaine. «Sie haben mir schon sehr geholfen. Haltet trotzdem die Augen offen. «

Die winkte dem Barkeeper zu.
»Die nächste Runde der Herren geht auf mich», lächelte sie.

Die Arbeiter hoben ihre Gläser und prosteten dem Captain zu. Sie reichte dem Barkeeper ihre Kreditkarte. Dieser steckte sie in ein Schlitz. Die Kosten für die runde Getränke wurde abgebucht.

Captain McLaine stand sie auf und schritt zum gegenüberliegenden Ausgang der Bar. Sie blieb einen Augenblick stehen. Auf allen Bildschirmen, die an den Wänden hingen, liefen die neusten Nachrichten aus dem Sol-System. Soeben wurde gezeigt, wie die Green-Lizards einen Dschungel-Planeten als ihre neue Heimat bezogen hatten.

»Schön, dass wir eine Bleibe für die grünen Echsen gefunden haben«, dachte sie. »Heutzutage muss man sich um viel mehr Themen kümmern, als das früher der Fall war. «

Sie trat aus der Türe und ging durch die Stadt. Es dauerte eine Zeit, bis sie an die nächste Kreuzung aus Verbindungsröhren kam. Von hier aus bogen vierundzwanzig Röhrengänge in viele unterschiedliche Richtungen ab. Die meisten von ihnen führten zu den

Wohn und Lebensbereichen der Arbeiter. Hinter den langen Korridoren lagen große Hallen. Hierin hatte die Techniker der EWK zahlreiche Wohncontainer miteinander verbunden. Zahlreiche Leitungen waren verlegt, Wassersysteme und die Elektronik für die Lebenserhaltung waren installiert worden. Auf einer Fläche von 35 Quadratmetern fand ein Arbeiter alles vor, was er für das tägliche Leben brauchte. Die Standard-Wohnungen umfassten einen Küchen-Bereich, einen Feuchtbereich, einen Wohnbereich und einen Schlafbereich. Alles wurde auf kleinstem Raum optimiert und zugeschnitten. Bei speziellen Wünschen des Personals konnten sie gegen Aufpreis auf die doppelte Raumgröße mit individueller Ausstattung erweitert werden.

»Die privaten Räume unserer Arbeiter zu kontrollieren, wird nichts bringen«, dachte Captain McLaine. »Wir müssen die Stelle finden, an der das Material umgeleitet wird. Besser wäre es, die Stelle zu lokalisieren, die für die Sabotage an unseren Schiffen verantwortlich ist. Die EWK will endlich Ergebnisse sehen. «

Sie wusste sehr gut, wenn sie keine Erfolge vorlegen konnte, würde sie irgendwann von ihrem Posten abgelöst werden.

»General Poison versprach mir Spezialisten zu senden«, dachte sie. »Schauen wir einmal, welche Experten er zu uns auf den Weg gebracht hat. «

***

»Panorama Bildschirm an«, befahl Commander Maley. » Sergeant Milton bitten sie um eine Lande-Genehmigung und um die Lande-Koordinaten. «

»Wird gemacht, Commander«, antwortete der Funkoffizier der Termar 3.

»Hier ist die Termar 3 unter Commander Maley«, sprach Der Funkoffizier in das Mikrofon seiner Konsole. »Wir erbitten ihre Landeinstruktionen. Ich wiederhole, hier ist Termar 3 unter Commander Maley. Wir rufen die Flug-Leitstelle von Eris. Bitte übermitteln sie uns sie uns Landeanweisungen. «

»Der Funk-Spruch ist raus«, bestätigte Sergeant Milton.

Die Lautsprecher knacksten kurz, als die Antwort einging. »Hier ist die Flug-Kontrolle von Eris«, begrüßte eine weibliche Stimme die Crew. »Wir begrüßen sie im Orbit von Eris und geben ihnen gerne die gewünschten Koordinaten. Landen sie auf der Verteiler-Plattform 1. Von dort erhalten sie einen Zugang zu unserer Station. Bitte bestätigen sie? «

Der Funk-Offizier der Termar 3 bestätigte den Erhalt der Nachricht.

Der Naada-Angriffskreuzer sank langsam zu Boden. Die Hypertronic-KI des Schiffes übernahm die Koordination und den Langvorgang. 120 Meter über dem Boden wurde das Anti-Grav.-Polster aktiviert. Sanft verringerte sich die Geschwindigkeit, die Termar 3 setzte auf ihren Landestelzen auf. Aus der Anlage schob sich ein flexibler Passagier-Laufsteg, der sich luftdicht mit dem Schott des Naada-Kreuzer verankerte. Alle Besatzungs-Mitglieder konnten ohne Aufwand in die Minen-Station überwechseln.

Commander Maley blickte seinen 1. Offizier an.
»Sie haben in meiner Abwesenheit das Kommando für unser Schiff«, befahl er. »Koppeln sie den Verbindungs-Arm nach unserem Überwechseln schnell wieder ab. Ich möchte nicht, dass sich etwas Fremdes hier an Bord einschleicht und vielleicht auch noch unser Schiff sabotiert. Stellen sie Wachen auf und lassen sie niemanden herein. «

»Verstanden«, bestätigte der Leutnant Mandert. »Passen sie auf sich auf. «

Leutnant Mandert salutierte vorschriftsmäßig. Der Commander erwiderte den Gruß und verließ mit seinen Offizieren die Brücke.

Wenig später gingen Commander Maley, Sergeant Alms und Sergeant Cortez durch den Verbindungs-Schlauch, auf die Schleuse der Erzabbaumine zu.

Kurz bevor die Personen das Schott erreicht hatten, öffnete es sich und gab den Blick in die innere Station frei.

Eine junge hübsche Frau, mit blonden Haaren, erwartete die Offiziere.

»Einen so hübschen Captain habe ich gar nicht erwartet«, begrüßte Commander Maley schmunzelnd den weiblichen Captain der Station.

Jodie McLaine hatte bereits viele solcher Sprüche gehört und verzog ihr Gesicht.

»Auf solche Kommentare können sie hier verzichten, Commander«, erwiderte sie. »Wir sind hier eine Abbaustation für Erze und für Flüssig-Metalle. Wenn sie meinen hier Urlaub machen zu können, dann muss ich sie leider enttäuschen. In diesem Fall sollten sie direkt wieder kehrt machen und nach Hause fliegen. Wir benötigen hier nur ernsthafte Mitarbeiter. «

Sie schaute Commander Maley eiskalt in die Augen. Er hielt diesem Blick stand und lächelte.

»Ich habe sie also doch richtig eingeschätzt«, erwiderte er. »Sie scheinen hier alles im Griff zu haben. Das freut mich sehr. Mein Name ist Commander Maley. Meine Begleiter darf ich ihnen kurz vorstellen. Sergeant Alms ist die Ortungsspezialistin und Sergeant Santo der Steuermann meines Schiffes.«

»Sparen Sie sich die Vorstellung ihre Offiziere«, antwortete Captain McLaine sie. »Ich kenne bereits die

Personal-Akten ihrer Offiziere. Ich freue mich über ihr Eintreffen. Folgen sie mir bitte in die Zentrale. «

Sie drehte sich um und ging flotten Schrittes voran. Commander Marley grinste, als er den extra betonten Hüftschwung von Captain McLaine bemerkte. Die Uniform betonte ihre Figur perfekt.

»Sie weiß es und sie macht das jetzt extra«, murmelte Commander Maley zu sich selbst. »Alles ist an ihr ist an dem richtigen Platz. «

Ein fester Schlag von hinten holte ihn wieder in die Realität zurück. Sergeant Alms kannte ihren Commander.

»Wir sollten jetzt unsere Sinne für andere Dinge offenhalten«, flüsterte sie im zu.

Damit war alles gesagt. Commander Maley verzichtete auf eine Antwort

»Bleiben sie auf der rechten Seite des Weges«, sprach Captain McLaine die Gästen an. » Die linke Strecke ist für die Elektro- und Transport-Schweber reserviert. «

Der Gang verfügte eine Breite von sechs Metern. Nach einer Weile, hatten die Personen die Zentrale der Mine erreicht.

Sie traten ein. Captain McLaine ging auf einen großen Tisch mit bereitgestellten Stühlen zu.

»Nehmen Sie Platz«, sagte sie und wies mit ihrer Hand auf die Stühle.

»Danke«, antwortete Commander Maley. »Wo liegt ihr Problem? Haben sie neue Hinweise finden, warum die Transport-Schiffe explodierten? «

»Die Beladung der Transporter wurde von unserer Seite alles sauber und exakt nach den EWK-Richtlinien abgewickelt«, zischte Captain McLaine. »Es gab keine Zwischenfälle. Alle Energie-Kristalle laufen über ein Förderband in den Sicherheits-Bereich. Dort werden die abgebauten Stücke mindestens dreimal gescannt, geprüft und kontrolliert, bevor sie in Sicherheitscontainer verladen werden. Es ist nicht möglich, dass jemand eine Bombe oder andere Sprengsätze dazu schmuggeln konnte. Eine dreimalige Kontrolle würde so etwas aufdecken. Wir haben ebenso in unseren Fracht-Containern keine unbekannte, eingeschleuste Ware gefunden. «

»Dann ist es mir schleierhaft, wie die Transport-Schiffe explodieren konnten«, antwortete Commander Maley nach einer Weile. »Es müssen Unregelmäßigkeiten da sein. Wir werden sie aufdecken. «

»Ich hoffe, sie haben mehr Glück als ich«, antwortete Captain McLaine. »Ich suche bereits ganze sechs Monaten hiernach. «

Commander Maley wartete einen Augenblick. Er dachte scharf nach.

»Ich habe fünf Sky-Marschalls mitgebracht«, teilte er mit. »Es sind Spezialisten der Spurensuche. Ich stelle sie ihnen morgen vor. Sie werden sich in Zivil unter ihre Belegschaft mischen und Augen und Ohren aufhalten. Wir unterstützen sie hier von der Zentrale aus. Mein Sicherheits-Offizier, Sergeant Cortez, wird 120 Kampfroboter in ihrer Anlage stationieren, alle an wichtigen Punkten der Mine. Sie schrecken ab, sie überwachen, sie scannen und sie suchen nach fremden Artikeln, die nicht zur Anlage gehören. Sie sind vollgestopft mit Sensoren, die auf alle nicht registrierten Teile reagieren. Machen sie sich keine Sorgen, wir werden das Problem schon lösen. Es wäre doch gelacht, wenn wir nicht herausfinden würden, wo die Sabotage seinen Ursprung hat. «

Eigentlich wollte ich nie Roboter in meiner Anlage sehen«, erwiderte Captain McLaine.

»Das kann ich verstehen«, lächelte Commander Maley. »Bei den Robotern ist eines aber sicher. Sie folgen der vorgegebenen Programmierung und sind mir treu ergeben. Sie führen nichts Abtrünniges im Schilde. «

»Welche Wohneinheiten dürfen wir beziehen? «, fragte Sergeant Alms.

»Sie haben die Nummern 2498 bis 2500 im Südflügel der Anlage«, teilte der Captain mit. »Soll ich sie hinbringen? «

»Das ist nicht nötig«, antwortete Sergeant Alms. »Wir finden den Bereich schon. «

»Machen wir uns auf den Weg«, schlug Commander Maley. »Bis später, Captain «

Captain McLaine nickte kurz. Sie hob ihren Kopf und wollte den Commander in die Augen schauen. Aber dieser hatte sich bereits umgedreht und strebte dem Ausgang entgegnen.

Die Spezialisten der Termar 3 waren bereits eine geraume Weile zu Fuß unterwegs, als sich Commander Maley umdrehte.

»Warum nehmen wir kein Elektrofahrzeug? «, fragte er.

»Ich sehe keines«, antwortete Marie Alms.

Sergeant Santo aktivierte sein Head-Fon.
»Captain McLaine hören sie mich? «, sprach er hinein. » Hier spricht Sergeant Santo. «

Die Antwort kam schnell.
»Ich höre sie«, antwortete sie. »Was kann ich für sie tun?«

»Wie kann ich ein Elektro-Fahrzeug anfordern? «, fragte der Sergeant.

»Jede 100 Meter ist ein Multi-Komm-Gerät an der Wand installiert«, teilte der Captain der Mine mit. » Geben sie an der Tastatur den Code T405 ein. Das nächste freie Fahrzeug kommt dann zu ihrem Standort. «

Sergeant Santo bedankte sich. Er drehte sich um. Nicht weit von ihm erkannte er eine Nische in der Wandverkleidung, in der ein Kommunikationsgerät hing.

Der Steuermann gab den Code T405 ein. Es dauerte nicht lange, da bog ein Elektro-Fahrzeug um die nächste Kurve und fuhr auf sie zu. An dem Multi-Komm-Gerät hielt es an.

»Worauf warten wir noch? «, fragte Ortungsoffizier Alms und stieg ein. Commander Maley und Sergeant Santo folgten kurzerhand dem Beispiel. Der Automat das Elektro-Fahrzeug forderte die Eingabe des Bestimmungsortes an. Dieser musste manuell in ein Modul neben dem Lenkrad eingetippt werden. Commander Maley übernahm diese Aufgabe.

»Südflügel, Wohneinheiten 2498 bis 2500«, tippte er in die Datenmaske ein und bestätigte die Eingabe. Das Fahrzeug setzte sich in Bewegung und beschleunigte mit Höchstwerten. Wie von Geisterhand getrieben, raste das Fahrzeug seinem Bestimmungsort entgegen.

Die Gruppe war acht Minuten unterwegs, als das Fahrzeug unregelmäßig stoppte.

»Was ist jetzt los? «, fragte Sergeant Santo.
Er war aus dem Fahrzeug gesprungen und schaute angestrengt in alle Richtungen.

»Hier stimmt etwas nicht«, flüsterte er. »Wir sollten die Augen aufhalten. «

Kaum ausgesprochen, da öffnete sich in 500 Meter Entfernung eine getarnte Tür. Heraus sprangen drei langhaarige Typen, 1,90 Meter groß, weißblonde Haare, mit einer auffällig hellen Gesichtsfarbe. Sie richteten einen Granatwerfer auf das Elektro-Fahrzeug, in dem immer noch Commander Maley und Sergeant Alms saßen.

»Sofort raus aus dem Fahrzeug«, forderte Sergeant Santo Commander Maley und Sergeant Alms auf.

Mit einem Satz sprangen sie über die Seitenwand des Fahrzeugs und gingen hinter der Karosserie in Deckung. Commander Maley schaute sich um. Er zeigte auf die Abzweigung hinter ihnen.

»Da müssen wir hin«, flüsterte er. »Hier haben wir keinen Schutz. «

Geduckt liefen sie zurück zu der Abzweigung. Mit einem lauten Fauchen flammte der Granatwerfer der Attentäter auf. Ein fürchterliches Röhren lag in der Luft. Der Einschlag des Geschosses verfehlte den Elektro-Wagen um satte 15 Meter. Er riss den Bodenbelag auf. Die Außenwand aus Natridstahl blieb unbeschädigt. Ein zweites Geschoss röhrte aus den Granatwerfer und zerfetzte den Transport-Wagen. Die Plastikverkleidung der Wände brannte und qualmte.

Die Verzweigung des Weges bot einen guten Schutz. Die neue Laserpistole TM 520 flutschte den Offizieren der Termar 3 in die Hände. Drei gezielte Schüsse aus den neuen Waffen der Offiziere, trafen die drei Angreifer in ihre Brust und warfen sie rückwärts zu Boden. Weiter drei Laserstrahlen pulverisierten den Bodenbelag mitsamt den Angreifern. Die Leistung der Strahler war auf die maximale Leistung gestellt. Die Wirkung war immens. Von den Fremden blieb nur verbrannter Staub übrig, der aus der Luft langsam zu Boden rieselte. Alarmsirenen heulten auf. Aus allen Winkeln und versteckten Montageklappen strömten Arbeits- und Sicherheits-Roboter herbei, welche die brennenden Kunststoffe der Röhren-Verkleidung löschten.

Commander Maley schaute sein Team an.
»Jetzt haben wir wieder keinen Anhaltspunkt, wer die Angreifer waren«, bemerkte er. »Ich sollte mich schon sehr täuschen, wenn die Angreifer nicht wie Albinos ausgesehen haben. «

»Stellen wir unsere Strahler besser auf die halbe Leistung«, schlug Sergeant Alms vor. «Die TM520 sind wesentlich effektiver als unsere alten Laserwaffen. «

Captain McLaine rauschte mit zwei Fahrzeugen heran. Sie hatte eine Staffel Soldaten ihres Sicherheitsdienstes dabei.

»Leutnant«, sprach sie einen ihrer Leute an. »Bitte sichern die Röhre ab und lassen sie nach Spuren suchen. «

Sie drehte sich um und schaute, Commander Maley an.
»Haben sie jemanden erkannt, Commander? «, fragte sie.
»Wer war für den Anschlag verantwortlich? «

Das Team der Termar 3 schaute sich an.
»Danke für ihre Nachfrage«, bemerkte Commander Maley verärgert. »Uns geht es gut. Wir sind mit heiler Haut davongekommen. So sieht das also aus, wenn sie alles im Griff haben? «

Captain McLaine senkte ihren Kopf.
»Es tut mir leid«, antwortete sie. »Ihre Gesundheit geht natürlich vor. Ich bin froh, sie alle gesund zu sehen. «

»Da sind wir ja wirklich froh«, schmunzelte Commander Maley. »Ich habe drei Albinos erkannt. Sie sind aus einer geheimen Türe aus der Wandverkleidung gekommen und haben unserem Fahrzeug den Weg verstellt. Sie haben mit einem Granatwerfern auf uns gezielt. Ich vermute, sie haben den Luftschacht als Weg genutzt. Wir konnten gerade noch aus dem Fahrzeug springen und uns in Sicherheit bringen, bevor sie mit dem zweiten Granate unser Wagen getroffen wurde. Dieser explodierte und löste sich sofort in seine Einzelteile auf. «

Captain McLaine nickte.
»Gut, dass sie vorher abspringen konnten«, sagte sie. »So konnten sie ihr Leben retten. Schön, dass sie es geschafft haben. Ich fange gerade erst an, sie zu mögen. «

Commander Maley zwinkerte ihr zu.
»Das habe ich mir bereits gedacht«, lächelte er.

Sein Gesicht wurde wieder ernst.
»Sind ihnen bereits öfter Vorfälle mit diesen Albinos aufgefallen? «, erkundigte er.

Der Captain schüttelte den Kopf.
»Nein«, entgegnete sie. »Das ist der erste Zwischenfall dieser Art. «

Ein Mann des Sicherheitsdienstes trat zu ihnen.
»Captain«, sagte er.

Sie blickte ihn an.
»Die Saboteure sind durch die Lüftung gekommen«, teilte er mit. »Anscheinend wussten sie genau, welchen Weg das Fahrzeug ihrer Gäste nehmen würde. Sie scheinen über ausgezeichnete Informationen zu verfügen. «

»Danke«, erwiderte Captain McLaine. »Schauen sie sich weiter um. «

Commander Maley blickte Captain McLaine an.
»Sie wissen, was das bedeutet? «, fragte er ernst.

»Ja«, sagte sie. »Ich werde alle mir zur Verfügung stehenden Mittel nutzen, um die undichten Stellen zu finden. «

Sie winkte drei Soldaten des Sicherheitsdienstes zu sich.
»Bringen sie Commander Marley und sein Team bitte zu ihren Quartieren«, befahl sie.

Der Sicherheitsmann bestätigte.
»Wird erledigt, Captain«, antwortete er.

Der Wagen des Sicherheitsdienstes brachte die Offiziere der Termar 3 schnell zu den reservierten Wohneinheiten. Die Offiziere betraten ihre Unterkünfte. Commander Maley warf die Türe hinter sich zu. Er durchquerte den Raum, ließ seine mitgebrachte Tasche zu Boden gleiten und warf sich die Couch. Er dachte nach und grübelte.

»Wen stört die Anwesenheit einer Raumschiffsbesatzung von der Termar 3«, dachte er. »Es sei denn, er verfügt über mehr Informationen. Er weiß, dass wie hier sind, um nach den Gründen der Transportausfälle zu fahnden. Jemand möchte nicht, dass die Erz-Abbauanlage der EWK hier auf Eris in die Gewinnzone kommt. Wir werden der Sache auf die Spur kommen. «

Commander Marley entledigte sich seiner Kleidung und stellte sich unter die Dusche. Er genoss das erfrischende Nass. Endlich fühlte er sich wieder gut. Die angenehme Frische aktivierte sein Lebensgefühl.

»Jetzt bin ich wieder zu neuen Taten bereit«, dachte er-Er aktivierte die Funkverbindungen in seiner Kabine und sprach in das Mikrofon.

»Captain McLaine bitte. «
Der Automat die wählte die Nummer der Zentrale der Station.

»Hier ist Captain McLaine«, hörte der Commander die sympathische Stimme des Captains. »Was kann ich für sie tun, Commander Maley? «

»Schön sie zu hören«, antwortete der Commander. »Ich weiß ja, dass ihr Dienst in 30 Minuten beendet sein wird. Darf ich sie zu einem Glas Wein im Kasino treffen, um noch letzte Fragen mit ihnen zu besprechen? «

»Ich dachte, es wäre bereits alles besprochen?«, antwortete Captain McLaine.

»Es kommen immer wieder neue Gedanken und Ideen, die noch nicht geklärt sind«, flüsterte der Commander. « Natürlich war das ein Vorwand, um sie ins Kasino zu locken.

Sie machte gute Miene zum bösen Spiel. Sie wusste nicht genau, ob der Commander ihr wirklich nicht noch einige Fragen stellen wollte. Sie hatte aber gespürt, dass er ein Auge auf sie geworfen hatte. Sie hatte nichts dagegen. Auch ihr war der Commander bereits bei dem Kennenlernen sympathisch gewesen.

»Das Macho-Gehabe werde ich ihm notfalls noch austreiben «, dachte sie. » Meine Gefühle werde ich ihm am Anfang noch nicht offenbaren. Ich bin der Captain hier auf der Station und der Respekt aller Personen muss allein mir gelten. Nur so kann ich das Vertrauen meiner Leute erwidern. «

Sie dachte kurz nach.
»In Ordnung, das können wir gerne machen«, antwortete sie. »Ich freue mich auf ein Treffen im Kasino, aber in privater Atmosphäre. Ich habe Freizeit. Eine Uniform werde ich nicht tragen. Ich erwarte sie. «

»Ich freue mich«, sagte Commander Maley. »Bis später Captain. «

»Die erste Brücke wäre geschlagen«, dachte er.
Er informierte sein Team über das Treffen mit Captain McLaine.

»Leutnant Mandert«, sagte er. »Setzen sie unsere Sky-Marschalls ein. Sie sollen das Operations-Nest der Albinos aufspüren. Sie müssen irgendeine Basis haben. Ich glaube nicht, dass sie hier von der Erz-Abbau-Anlage aus operieren. Diese hätte durch Zufall entdeckt werden können. «

Der Leutnant bestätigte und führte den Befehl aus.

Wenige Minuten später verließ Commander Maley sein Quartier und verschloss die Türe. Er ging zu Fuß in die Richtung des Kasinos. Zuvor hatte er sich noch den neuen Waffengürtel mit der TM 520 Laserpistole umgelegt.

»Man weiß nie, welche Gäste zum Essen kommen? «, dachte er. » Ein Plus an Sicherheit kann nicht schaden. «

Er hielt weiter die Augen offen, schaute nach rechts und nach links in die Gänge des Röhrensystems, jedoch konnte er keine weiteren Auffälligkeiten feststellen.

Es dauerte eine gewisse Zeit, bis er das Kasino erreicht hatte. Commander Maley stieß die Tür auf und glitt hinein. Es war gemütlich. Rauch hing in der Luft. Das hier schien der einzige große Raum der Anlage zu sein, wo geraucht werden konnte. Es roch nach Schweiß, Arbeitsende, ungewaschenen Personen und den süßen Düften von künstlichen Aromen. Das Licht war diffus.

Commander Maley schaute sich um. In den Abendstunden war das Kasino immer gut besucht. Ganz hinten an einem Tisch sah er Captain McLaine sitzen. Sie stierte auf den leeren Tisch vor ihr. Commander Maley arbeitete sich zu ihr durch. Noch hatte sie ihn nicht gesehen.

»Hallo schöne Frau«, flüsterte er. »Ist der Stuhl noch frei?«

Sie blickte auf und ihr Gesicht lächelte ihn an.

»Bin ich zu spät? «, fragte Commander Maley.

»Ich bin eher zu früh«, entgegnete sie. »Bitte setzen sie sich doch. Ich freue mich, dass sie da sind. Ich habe noch lange über den heutigen Tag nachgedacht. Das war leider kein guter Start unserer Zusammenarbeit. Bereits an dem ersten Tag in meiner Station werden sie Opfer eines Attentats. Sie müssen mich und mein Sicherheitsteam doch für völlig unfähig halten? «

»Deswegen sollen wir ja zusammenarbeiten«, entgegnete Commander Maley. »Es ist für mich ebenfalls völlig neu, dass es jemand auf unser Leben abgesehen hat. Konnten sie etwas Neues über die Albinos herausbekommen? «

»Nichts Aufregendes«, erwiderte Captain McLaine. »Als ganz normale Arbeiter wurden sie auf der Erde rekrutiert. Sie haben eine Ausbildung durchlaufen und sind als Mechaniker und Techniker aufgenommen worden. Die Personal-Akten weisen keine besonderen Vorkommnisse aus. «

»Die Konzentration der Albinos auf ihrer Basis ist aber nach meiner Meinung nicht normal«, bemerkte

Commander Maley. »Es ist seltsam, dass die Albinos ständig in Attentate verwickelt sind. «

Captain McLaine hob ihren Kopf. In einer großen Menschenmenge vor ihnen, war plötzlich Aufregung und lautes Geschrei entstanden. Langsam teilte sich die Menge und gab den Blick auf einen Albino frei, der eine Waffe in der Hand mit sich führte. Er schien Captain McLaine und Commander Maley zu erkennen. Sofort hob er die Hand und feuerte.

Commander Maley hatte die Gefahr bereits rechtzeitig erkannt. Er gab seinem Gegenüber einen Schubs. Captain McLaine kippte mit dem Stuhl nach hinten. Commander Maley stieß sich mit seinem Fuß am Tisch ab und versetzte seinen Stuhl ebenfalls in eine Kippbewegung. Noch im Fallen zog er seine neue Laserpistole TM 520 aus dem Halter, zielte auf den Albino und schoss. Ein gewaltiger Freistoß brüllte aus dem Lauf seiner Waffe und traf den Weißhaarigen mittig in die Brust. Der Aufschlag ließ ihn aus dem Stand drei Meter nach hinten taumeln, wo er langsam zusammensackte und auf den Boden aufschlug

Captain McLaine war aufgesprungen und eilte hinter Commander Maley her, der den am Boden liegenden Albino mit seiner Stiefel-Spitze in die Seite trat.

»Hinterhältiger Attentäter «, sagte er. »Das ist schon der zweite Angriff auf mich an einem Tage. Für die Albinos scheinen wir sehr wichtig zu sein? «

Der Angreifer rührte sich nicht mehr. Ein großes Loch klaffte auf seiner Brust.

Der Commander bückte sich und legte seine Hand auf den Hals der Person.

»Ich kann keinen Puls mehr zu fühlen«, sagte er und blickte Captain McLaine an. »Der Fremde ist tot. «

»Wo kommen die ganzen Albinos her? «, fragte sie. » Das wird ja langsam zur Pest. «

»Zumindest nicht von der Erde«, erwiderte Commander Maley.

Captain McLaine schaute ihn fragend an.
»Woher wissen sie das? «, staunte sie.

Commander Maley zeigte auf den am Boden liegenden Albino.

»Schau dir einmal die Wunde an«, flüsterte er. »Es tritt gelbes Blut aus. «

Captain McLaine fehlten die Worte. Noch nie war sie auf außerirdische Wesen gestoßen.

»Welches Interesse haben Außerirdische daran, den Aufbau dieser Erzabbau-Station zu stören? «, fragte sie.

Commander Maley schüttelte seinen Kopf.

»Das weiß ich jetzt auch noch nicht«, erwiderte er. »Es muss aber einen Grund hierfür geben. Ansonsten würden sie sich nicht so viel Mühe geben. Ich möchte den Albino seziert haben. Alles über seinen Körperaufbau, das Skelett und die Biologie des Außerirdischen sind wichtig. Fordern sie Hilfe an, wenn sie nicht weiterkommen sollten. Wir haben jetzt die einmalige Möglichkeit dieses Exemplar zu untersuchen. Lassen wir uns die Chance nicht entgehen. «

Captain McLaine winkte das medizinische Team heran.

»Transportieren sie diesen Albino ab «, befahl sie. »Ich mache sie doch darauf aufmerksam, dass dies ein außerirdisches Lebewesen ist. Ich brauche sämtliche Daten dieser Person. Ähnlichkeiten zu den Menschen, Abweichungen, alles muss ich schriftlich fixiert wissen. Sichern die den medizinischen Bereich ab. Es ist möglich, dass Befreiungsversuche stattfinden werden. Machen sie sich an die Arbeit. Ich lasse sie und die ganze medizinische Abteilung Tag und Nacht bewachen. «

Captain McLaine griff nach ihrem Communicator. Ihr Stellvertreter meldete sich.

»Sergeant Coklin«, sagte sie. »Es gab einen Zwischenfall im Kasino. Stellen sie 12 Sicherheitskräfte ab. Sie sollen die Leiche eines Außerirdischen und die gesamte medizinische Abteilung komplett bewachen. Es darf keine erneuten Zwischenfälle mehr geben. Ich brauche die Bio-Daten. «

Langsam löste sich die gaffende Menge auf. Die Aufregung legte sich. Das Geschöpf wurde abtransportiert.

»Es muss irgendwo ein Nest von diesen Albinos sein«, sagte Captain McLaine.

»Dieses Nest müssen wir finden und ausräuchern«, bestätigte Commander Maley. »Es wird Zeit, dass wir Erfolge melden können. «

»Lass uns gehen«, sagte Captain McLaine. »Ich möchte nicht länger hierbleiben. Das waren heute genug Attentate. Ich habe in meiner Kabine eine Flasche Wein kaltgestellt. Sollen wir die bei gemütlicher Musik öffnen. Ich lade dich ein. «

Sie hatte einen verwegenen Blick aufgelegt.
Commander Maley schaute in ihre braunen glitzernden Augen, die mehr aussagten als Worte.

Er nickte aufrichtig.
»Das hört sich gut an«, schmunzelte er. »Die Lust auf das Kasino ist mir im Moment vergangen. «

Sie verließen die Bar und machten sich auf den Weg zu Captain McLaine Unterkunft. Diese hatten sie bereits nach kurzer Zeit erreicht.

»Vermutlich kennt sie Abkürzungen, die nicht dem normalen Hauptweg entsprechen und nicht oft benutzt wurden«, dachte der Commander schmunzelnd.
Kein Mensch begegnete ihnen.

Sie betraten die Kabine des Captain.
»Gemütlich«, sagte Commander Maley.
Er hatte sich gründlich umgeschaut.

»Das hoffe ich«, entgegnete sie. »Such dir einen Platz, mein Commander. «

Maley bemerkte den Hinweis in der Anrede sofort. Sie hantierte in der Kochnische und zauberte eine Flasche Wein hervor.

»Du liebst die indianische Kultur? «, fragte Commander Maley.

Captain McLaine schaute ihn an.
»Die Bilder meinst du? «, entgegnete sie. » Ja, das ist ein Teil meines Ursprungs«, antwortete sie.

Commander nahm die Motive in sich auf.

»Für dich«, sagte jemand in seinem Rücken.
Captain McLaine hielt Commander Maley ein Glas Wein hin.

»Ich möchte meinen Commander für die heutige, zweimalige Rettung meines Lebens danken«, hauchte sie ihm zu. »Ich bin in deiner Schuld. Wie kann ich das wieder gutmachen? «

Commander Maley schmunzelte sie an.
»Als ob du das nicht schon längst selbst wüsstest«, grinste er. »Nenne mich bitte Olli«, sagte er und blickte ihr tief in ihre Augen.

Dunkelbraun und verlangend schauten sie ihn voller Sehnsucht an. Sie rief förmlich nach den Dingen, die noch kommen sollten. Er spürte ihr Verlangen und zog sie an sich.

Langsam näherten sich ihre Lippen zu einem intensiven, feurigen Kuss. Dann wollte sie mehr. Sie fing an zu beben, zu schnaufen. Langsam zerrte sie ihn zu dem großen Bett in ihrer Unterkunft. Ihre langen Schenkel drückten gegen seine. Ihre Körper fingen Feuer. Schnell entkleideten sie sich ihrer Uniformen.

»Ich bin Jodie, nur damit du es später vielleicht noch weist «, lachte sie.
»Wir sind noch voller Staub«, flüsterte er. »Sollten wir nicht erst einmal duschen gehen. «

Er erhielt keine Antwort mehr. Sie hatte sein Uniformhemd ausgezogen. Es ging ihr nicht schnell genug. Sie zerriss sein Unterhemd in zwei Teile und küsste seine muskulöse Brust. Sie war ungehemmt. Ihre weiblichen Instinkte brachen aus. Ihr Held war da und sie wollte sich bei ihm bedanken, mit aller weiblichen Wollust, über die sie verfügte.

Commander Marley hatte dies erwartet. Sie war genau seine Beute gewesen. Das hatte er bereits bei der ersten Begegnung erkannt. Sie war die Frau, nach der er immer gesucht hatte. Jodie war intelligent pfiffig, aktiv und sportlich. Das passende Gegenstück zu ihm, das er immer gesucht hatte. Es war ein Kampf. Sie schenkten sich nichts. Immer wieder flackerte das Verlangen nach dem Partner auf. Erschöpft, glücklich und zufrieden schliefen sie gegen Mitternacht eng umschlungen ein.

Ortungsoffizier Alms und Sergeant Sandro waren schon lange aktiv, als Commander Maley und Captain McLaine vormittags in der Einsatz-Zentrale, der Erz-Abbau-Station eintrafen.

»Hallo Commander, gut geschlafen«, fragte Sergeant Alms.

»Ja, danke«, erwiderte er. »Es war noch sehr turbulent gestern Abend. «

Er schaute dabei Captain McLaine an. Die schaute jedoch bewusst in eine andere Richtung.

»Haben wir etwas? «, fragte er. » Sind die Bio-Daten von den Albinos schon da? «

»Nein«, antwortete Sergeant Alms. »Wir haben jedoch andere Daten. Die Sky-Marschalls konnten eine Spur finden. Sie haben gestern gezielt nach den Albinos gesucht und konnten sich heimlich an ihre Füße heften. Alles Spuren führen aus der Station heraus, auf die große Freifläche. Mele, machst du bitte weiter? «

»Ja«, ergänzte Sergeant Cortez das Gespräch. »Wir haben noch einmal Scans von der Freifläche durchgeführt und unsere Sensoren auf die maximale Leistungsfähigkeit eingestellt. So wie wir das bei der Erkennung von unseren getarnten Schiffen praktizieren. Dann haben wir etwas gefunden. «

»Was haben sie gefunden? «, fragte Commander Maley sichtlich ungeduldig.

Auch Captain McLaine hob gespannt den Kopf.
»Ein fremdes Raumschiff«, lächelte Sergeant Cortez. »Ich gehe davon aus, dass es sich um das Schiff der Fremden handelt. Es handelt sich um ein Raumschiff fremder Bauart. Nach der Analyse unserer Hypertronic-KI ist es nicht größer als 100 Meter.
«
Commander Maley überlegte einen Augenblick.
»Ich möchte ihnen gerne den Zugang zu unserer Basis abschneiden«, sagte er.

»Wie wollen wir das machen? «, fragte Sergeant Cortez.

»Wir haben doch einige dieser neuen Super-Schutzschirme an Bord«, überlegte der Commander. »Lassen wir die Generatoren so installieren, dass der Schutzschirm als Glocke fungiert. Ich hoffe, sie bekommen diese Einstellung hin. Diesen legen wir dann über das getarnte Schiff der Fremden. Wir fordern sie auf sich zu ergeben, oder zu kapitulieren. Nach der Inbetriebnahme des Schutzschirms kommt niemand mehr aus dem Schiff heraus oder hinein. Ihr Schiff zu starten, um zu flüchten ist für sie ausgeschlossen. «

Der blickte seinen Sicherheits-Offizier an.

»Die Steuerung des Schirmes erfolgt von dieser Zentrale aus«, sagte Commander Maley. »Ich lasse jetzt das Aggregat von Arbeits-Robotern installieren. Leutnant Mandert wird sicherheitshalber mit der Termar 3 eine Position über dem fremden Schiff beziehen. Er überwacht die ganze Aktion. «

Commander Maley drehte seinen Kopf.
»Sergeant Alms, informieren sie mich bitte, sobald der Schirm betriebsbereit ist«, befahl er. »Nehmen sie Kampf-Roboter mit. Es kann sein, dass sich immer noch Albinos in dieser Station aufhalten. «

Sergeant Cortez und Sergeant Alms salutierten.
»Wird gemacht, Commander«, antworteten sie fast wie aus einem Mund. »Wir kümmern uns sofort hierum. «

Schnell entfernten sie sich aus der Einsatz-Zentrale der Eris-Abbau-Station.

Die Crew von Captain McLaine beobachtete weiter die Monitore. Es tat sich nichts. Die Albinos schienen die Enttarnung ihres Schiffes noch nicht registriert zu haben. Langsam verstrichen die Minuten. Dann kam der lang ersehnt Funkspruch.

»Hier ist Sergeant Cortez«, tönte es aus den Lautsprechern. »Wir haben den Super-Schutzschirm installiert. Ich werde den Schirm aktivieren und um das Schiff legen. Wir mussten die Energie-Glocke an vier Punkten justieren. «

»Schalten sie ein«, sagte Commander Maley.

Auf dem CIC, wurde die Skizze der aktivierten Energieglocke sichtbar, die sich um das fremde Schiff legte.

Captain McLaine suchte mit ihrem Blick den Funkoffizier der Leitstelle.

»Leutnant Hagedorn«, befahl sie. »Öffnen sie bitte einen Kanal an das fremde Schiff. «

»Eingehender Funkspruch für sie, Commander«, meldete der Leutnant.

»Das kommt jetzt ungelegen«, antwortete Commander Maley. »Legen sie auf die Lautsprecher. «

»Hier ist Leutnant Mandert«, hörte der Commander die Stimme seines ersten Offiziers. »Wir haben unsere Position eingenommen und liegen 150 Meter über dem fremden Objekt. Unsere unteren Laser-Geschütztürme haben das fremde Raumschiff erfasst. Der lantranische Schutzschirm wurde aktiviert. «

»Gut«, antwortete der Commander. »Unterbinden sie jeden Fluchtversuch. Gegebenenfalls vernichten sie das Schiff. «

»Befehl verstanden«, antwortete der Stellvertreter des Commander. »Wir verhindern die Flucht des Schiffes. Ich lasse die Verbindung offen. «

»Leutnant Hagedorn«, befahl der Commander. »Öffnen sie bitte jetzt einen Kanal an das fremde Schiff. «

»Der Kanal ist offen«, erwiderte der Leutnant. »Sie können sprechen. Das fremde Schiff sollte sie empfangen können. «

» Hier spricht Commander Maley von der Termar 3«, sprach er in den Communicator. » Ich fordere das fremde Albino-Schiff auf, sich unverzüglich zu enttarnen. Ich werde diese Forderung nicht ein zweites Mal durchgeben. Falls sie nach einer angemessenen Zeit unseren Forderungen nicht nachkommen sollten, eröffnen wir das Feuer auf sie. Sie liegen unter einer Energieglocke neuster natradischer Bauart und können nicht entkommen. Kapitulieren sie. Commander Maley Ende. «

Sergeant Cortez und Sergeant Alms waren zurück in die Zentrale der Mine gekommen. Sie nickten dem Commander zu.

Commander Maley winkte Sergeant Cortez zu sich heran.

»Die Albinos werden nicht kapitulieren«, sagte er. »Wir werden ihren Tarnschild aushebeln müssen. Zu diesem Zweck werden wir einen Laser-Beschuss mittlerer Stärke auf den Tarnschirm des fremden Schiffes vornehmen. Das sollte ihn kollabieren lassen. «

Sergeant Cortez errechnete die Daten und übergab diese an die Termar 3.

»Wir sind so weit«, teilte der Sergeant seinem Commander mit.

»Vielen Dank«, antwortete Commander Maley. »Führen sie selbstständig den Beschuss durch, sobald sie bereit sind. «

Der Sicherheits-Offizier sprach in sein Head-Fon.
»Feuer frei «, befahl er.

Von der Termar 3 aus schlugen drei mächtige Laser-Strahlen in das 100-Meter-messende Schiff der Albinos ein. Ein kurzes Flackern war ersichtlich, dann fiel der

Tarnschild aus und gab das fremde Schiff in voller Größe den Sensoren frei.

»Schon ist es vorbei mit der Tarnung«, erklärte Commander Maley erfreut. »Jetzt wissen wir, mit wem wir es zu tun haben. Es ist sehr schade, dass Heinze nicht hier sein kann. Er könnte die Gedanken der Fremden scannen. «

»Sicherheit«, sagte Commander Maley. »Ich brauche ein Enterkommando. Alle ausgestattet mit einem Individual-Schirm und leichter Bewaffnung. Die Paralysatoren sind auf Betäubung stellen. Ich möchte die Außerirdischen lebend gefangen nehmen. Stellen sie ein Kommando zusammen. Sie dringen in das Schiff ein. Ich brauche den Bord-Computer und die Festplatten. Ich möchte wissen, wer die Fremden sind und wo sie herkommen. «

Captain Jodie McLaine gab den Befehl sofort weiter und teilte eine Gruppe Marines ein.

»Die Sky-Marschalls sollen sich zurückziehen«, befahl Commander Maley. «

Sergeant Cortez nickte.
»Zu Befehl Commander, ich kümmere mich um sie«, antwortete er.

Eiligst verließ er Sicherheits-Offizier die Zentrale der Eris-Station.

»Das fremde Schiff fährt die Energiemeiler hoch«, meldete Captain McLaine.

»Keine Sorge«, antwortete Commander Maley in aller Ruhe. »Unser Schutz-Schirm wird halten. «

Die Offiziere schauten auf die Monitore. Tatsächlich öffneten sich an dem fremden Schiff einige Luken, aus denen Waffentürme herausfuhren. Einige kurze Salven wurden abgefeuert.

»Vermutlich sollte das Geschützfeuer den Schirm überlasten«, teilte Commander Maley mit.

Er griff nach seinem Communicator und sprach mit der Termar 3.

»Feuerleitzentrale, bitte setzen sie unsere Laser-Türme ein und blasen die sie Geschütztürme von dem fremden Schiff. «

Der 1. Offizier des Schiffes bestätigte den Befehl.

Commander Maley und die Crew der Leitstelle der Erzabbau-Mine sahen auf den Monitoren, wie über 10 Strukturlücken im Schirm der Termar 3 entstanden. Sekundenschnell fauchten dicke Laserstrahlen auf das Schiff der Fremden zu und vernichteten die ausgefahrenen Geschütz-Türme. Das ungeschützte Schiff der Fremden hatte keine Chance mehr. Die gewaltigen

Strahlensalven der natradischen Waffen richteten starke Beschädigungen an.

Commander Maley schaute Captain McLaine an.
»Es muss noch eine Crew auf dem Schiff sein, welche die Instrumente bedient«, bemerkte er. »Ansonsten wären die Waffen-Geschütztürme nicht ausgefahren worden. «

Die interne Funk-Leitung knackte.
»Wir wären dann so weit«, teilte die Gruppe Marines mit. »Wir stürmen jetzt die Freifläche und dringen in das Raumschiff ein. «

»Einverstanden«, antwortete Commander Maley. »Lassen sie zuerst die Spür-Roboter und die Kampf-Robotern eindringen. Es sind noch Albinos an Bord. Setzen sie Narkose-Strahlen ein. Ich möchte sie lebend haben. «

»Wir versuchen es«, erwiderte Sergeant Cortez. Er befehligte die Marines.

»Es geht los«, teilte er mit.
Er winkte die Spür-Roboter und die Kampfroboter durch. Im Laufschritt ging es auf das fremde Schiff zu. Die Marines von Sergeant Cortez hatten bereits Sprengstoff an der Einstiegs-Luke angebracht.

»Achtung, Detonation in fünf Sekunden«, teilte der Sergeant mit.

Die Marines brachten sich in Sicherheit. Ein lauter Knall ließ kurzfristig die Funkleitung zusammenbrechen. Blendendes Licht, Rauch und Qualm zeugten von der Öffnung der Luke. Die 50 Kampf-Roboter, die speziell für Enterkommandos programmiert wurden, drangen in das Schiff vor. Sie suchten Schutz hinter jeder Biegung und Abzweigung. Indirekt rechnete man mit Gegenwehr. Auch die fremden Albinos sollten über Kampf-Roboter verfügen. Schüsse und Explosionen zeugten von der Richtigkeit der Vermutung. Die 2,20 Meter großen, waffenstarrenden Boliden aus natradischer Fertigung, trafen auf metallische Kollegen aus fremder Produktion. Rauch strömte aus der geöffneten Luke.

»Truppführer, wie sieht es aus? «, fragte Sergeant Cortez. » Ich bitte um Meldung. «

Der Einsatzführer der Roboter«, ein Shy-Ha-Zone, antwortete blechern.

»Schweres Gegenfeuer«, meldete er. »Wir stoßen auf vergleichbare Roboter. Sie blockieren den Eingang zu ihrer Schiffs-Zentrale. Es wird noch einige Zeit dauern, bis wir sie überwunden haben. Der Vorteil ist, sie sind in der Minderzahl. «

»Danke«, antwortete Sergeant Cortez. »Seht zu, dass ihr die Elektronik der Roboter ausschaltet. Sagt uns Bescheid, wenn das Ziel erreicht ist. «

Sofort übernahmen wieder Schüsse und das typische Zischen der Laserwaffen die Geräusch-Kulisse. Sergeant Cortez wartete mit seinen Marines unterhalb der Einstiegsluke auf das Zeichen der Kampf-Roboter. Sie konnten über die mitgeführten Mini-Kameras den Einsatz verfolgen. Ein fremder Roboter wurde getroffen und sackte zusammen. Sofort rückte ein weiterer Roboter an die Position des ausgefallenen Kollegen. Noch energischer wurde die Gegenwehr vollzogen. Wieder erhielt ein nachgerückter fremder Roboter einen Treffer und explodierte.

»Die Gegenwehr verebbt«, sprach Sergeant Cortez in sein Head-Fon.

»Wir sehen es«, antwortete Commander Maley.
Er blickte Funk-Offizier Hagedorn an.

»Öffnen sie bitte noch einmal einen Kanal an das fremde Raumschiff«, befahl der Commander.

Der Funk-Leutnant bestätigte sofort.
»Die Leitung ist offen, sie können sprechen«, bestätigte er.

»Hier spricht Commander Maley von der Termar 3 sprach der Commander in den Communicator. »Ich rufe das fremde Raumschiff. Sie sind ohne Genehmigung in die Sicherheitszone des Neuen-Imperiums eingedrungen. Wir warten auf ihre Kapitulation. Sie können nicht entkommen. Ergeben sie sich. Machen sie es uns und ihnen nicht so schwer. Sie sind enttarnt. Wir lassen es nicht zu, dass sie unser Vorhaben weiterhin sabotieren. Ergeben sie sich, ansonsten holen wir sie. Dann wird es für sie unangenehm werden. Commander Maley Ende. «

»Erhalten wir eine Antwort? «, fragte der Commander.
Der Funk-Offizier schüttelte seinen Kopf.

»Nichts, Commander«, antwortete er. »Die Fremden halten ihre Funkstille. «

»Dann eben nicht«, murrte der Commander.
Er zog erneut seinen Communicator aus der Tasche und öffnete die Stand-Verbindung zu seinem Sicherheits-Offizier.

»Machen sie weiter, Sergeant Cortez«, befahl er. »Die Fremden antworten nicht. «

Dieser gab ein Zeichen an seine Kampf-Roboter, die wieder ihre Aktivitäten aufnahmen und weiter in das Innere des Raumschiffs vordrangen. Die Gegenwehr flachte zusehends ab. Zu viele Verluste dezimierten die Schlagkraft der fremden Roboter.

Sergeant Cortez gab den Marines ein Zeichen.
»Wir rücken nach«, befahl er. »Vorwärts und die Augen offenhalten. «

Die 12 Marines kletterten in die Luke. Sergeant Cortez folgte als letzter Soldat. Schnell konnten sie die vorgerückten Shy-Ha-Narde erreichen. Die Kampf-Roboter standen vor einem verschlossenen Schott.

»Sprengladungen anbringen«, entschied Sergeant Cortez. »Wir öffnen den Eingang zur Brücke. «

Kreisrund platzierten die Marines den Spezial-Sprengstoff an der Verankerung des Schotts.

»Achtung Detonation in 10 Sekunden«, teilte einer von ihnen mit. »Deckung nehmen. «

Die Kampf-Roboter hatten sich bereits zurückgezogen und sicherten den Rückweg ab. Die Marines zogen sich hinter die nächste Abbiegung zurück. Eine laute Explosion ließ den Schott nach innen fallen. Laser-Strahlen schossen aus der Öffnung. Diese waren nicht gezielt, sondern wahllos in den gerade erst abziehenden Rauch geschossen. Es zeigte die Nervosität der letzten Albinos der Schiffs-Crew an.

Sergeant Cortez winkte drei Kampfroboter heran. »Schutzschirme einschalten und die Angreifer unschädlich machen«, sagte er. »Narkosestrahlen einsetzen. «

Die Kampfroboter rückten vor. Ihre Individual-Schirme waren eingeschaltet. Der Erste warf eine Blendgranate in den Raum. Das war eine Waffe, die von den terranischen Streitkräften übernommen wurde. Die extreme Blendwirkung ließ in der Regel nicht vorbereitete

Sensoren und Augen der Roboter komplett ausfallen. In dieser Zeit konnten die angreifenden Roboter problemlos überwältigt und ausgeschaltet werden.

Die Kampf-Roboter schritten weiter vor in die Zentrale des fremden Raumschiffes. Die Mitglieder der Crew konnten lokalisiert und mit Streufeuer aus den Hypnose-Strahlern bestrichen. Wie benommen sackten die Albinos zusammen und blieben regungslos am Boden liegen.

»Die Zentrale ist in unserer Hand«, gab der führende Shy-Ha-Narde durch. »Die Gefangenen wurden gesichert. «

Sergeant Cortez gab ein Zeichen an seine Marines. Reaktionsschnell rückten sie nach. Mit entsicherten Laser-Pistolen TM 520 in ihren Händen, übernahmen die Marines die drei Gefangenen. Mehr wurden auf dem Schiff nicht gefunden. Langsam zogen die Rauchschwaden aus der Brücke des fremden Schiffes ab. Die restlichen Fremden waren vermutlich bei den Anschlägen in der Erz-Abbau-Station ums Leben gekommen.

Sergeant Cortez winkte einen Soldaten zu sich.
»Führt sie ab«, sagte er. »Bringt sie in die Arrestzelle. Zieht ihnen Kleidung von uns an. Wir wollen doch vermeiden, dass sie noch Zugriff auf irgendwelche speziellen Waffen haben, die sie eventuell in ihrer Kleidung versteckt haben könnten. Die Verhöre werden auf der alten Erde geführt. Legen sie die Gefangenen

zusätzlich in Fesselfelder. Wir kennen ihre körperliche Verfassung und Konstitution nicht. «

Die Marines führten die Gefangenen in transportierbaren Personenkapseln ab. Noch waren sie durch die Paralyse-Strahlen in einen Dämmerzustand versetzt.

Einige Zeit später betrat Sergeant Cortez wieder die Einsatz-Zentrale der Eris-Station.

»Gut gemacht Sergeant«, sprach ihn Commander Maley bereits an der Tür an. »Das werden wohl alle gewesen sein? «

»Ich denke auch«, antwortete Sergeant Cortez. »Ich möchte nicht hoffen, dass hier auf der Station noch mehr Schläfer anzutreffen sind. «

Commander Maley blickte Captain McLaine an. »Rufe bitte einen Raum-Transporter. Er soll landen und beladen werden. Die Termar 3 wird ihm Begleitschutz geben. Wir sorgen erst einmal dafür sorgen, dass General Poison seine Lieferung Erze bekommt. «

»Danke für alles«, hauchte ihm Captain McLaine zu. « »Dann sehen wir uns zukünftig nicht regelmäßig? «

»Wenn es nach mir geht, in jedem Fall regelmäßig«, lächelte Commander Maley. »Aber du weißt ja, ich habe ein Raumschiff zu führen. In jeder freien Minute werde ich da sein. Das verspreche ich dir. «

Sie blickte ihn verführerisch an.

Das Head-Fon von Commander Maley summte. Er entzog sich nur schwer dem Blick des Captains und öffnete die Verbindung.

»Commander Maley«, sprach er hinein.
»Hier spricht Leutnant Mandert«, hallte es aus dem Gerät. »Das angeforderte Schiff der Kaiser-Klasse ist da. Es nimmt das fremde Raumschiff in ein Fesselfeld und isoliert es an Bord. Es soll in einem Hangar auf Natrid analysiert werden. Möglicherweise erhalten wir Angaben über die Herkunft der Albinos. Können wir beginnen? «

»Ja«, antwortete Commander Maley. »Der Commander des Schiffes der Kaiser-Klasse soll das Schiff aufnehmen. «

Auf dem Bildschirm erkannte die Crew der Leitstelle, wie das große 2.000-Meter-Schiff der Kaiser-Klasse, ein Energie-Fesselfeld errichtete. Langsam wurde das fremde Schiff angehoben und in einen speziellen Laderaum gezogen. Auf dem Schiff selbst wurde nochmals ein energetisches Eindämmungsfeld um das kleine fremde Schiff gelegt, um einer möglichen Explosion durch Selbst-Zerstörung zu entgehen. Der Vorgang wurde hiernach als abgeschlossener Auftrag der Zentrale von Eris mitgeteilt. Das Schiff startete auf den direkten Weg zum Mars hin. Es wurde bereits von Noel erwartet.

Der Head-Fon von Commander Maley knackte.

»Das Transportschiff ist beladen und unterwegs«, meldete der Funk-Offizier. »Die Gefangenen wurden in die Arrestzelle der Termar 3 überführt. Wir können los, Commander. «

»Danke, ich komme sofort«, antwortete er. »Bereiten sie den Start vor. «

Er blickte Captain McLaine in die braunen Augen. »Kommst du zurecht? «, fragte er

»Ohne dich schlecht«, antwortete sie. »Ich glaube, ich habe mich in dich verliebt. «

»Gut«, entgegnete er. »Das habe ich auch, in den hübschesten Captain, den ich je kennengelernt habe. «

Er drückte ihr einen festen Kuss auf die Wange, den sie schnell erwiderte.

»Bis bald mein Schatz«, sagte sie.

Er schmunzelte.
»Bis bald, wir sehen uns schnell wieder«, lächelte er. »Wenn die Transmitter-Verbindung steht, geht das noch viel schneller. «

Er drehte sich um und lief zur Andockschleuse seines Termar Schiffes. Er trat durch das Schott und schloss es. Dann informierte er die Brücke.

»Commander an Bord« gab er durch. »Nehmen sie den Start vor, Leutnant Mandert. Ich bleibe noch etwas auf den unteren Etagen. «

Der Leutnant bestätigte und gab den Befehl zu abheben. Commander Maley bemerkte das Vibrieren, das den Start der Termar 3 signalisierte. Er schaute sehnsüchtig aus dem Bullauge. Er hatte das Gefühl, jemanden vergessen zu haben. Langsam wurde Eris kleiner. Die Erzabbau-Station konnte jetzt hoffentlich das fördern, wofür die errichtet worden war.

»Ein schöner Felsen im Weltall«, sagte er zu sich selbst. »Wir sehen uns bald wieder. «

Orion

Heran war auf dem Weg zu Aritron. Der oberste Weiser seines Volkes hatte gerufen.

»Das machte er nicht ohne Grund«, dachte er. »Sollten wieder einige der geheimen Wurmloch-Stationen ausgefallen sein? Ich werde es gleich erfahren. «

Er schwebte auf der Anti-Grav.-Spur den Korridor entlang. Heran war in dem zentralen Verwaltungs-Hochhaus auf Centros angekommen. Planet der Ewigkeit, so nannten ihn viele junge Kulturen. Von den Offizieren in diesem Gebäude wurden die Regeln der Hohen-Empore für sämtliche Angehörige der lantranischen Rasse durchgesetzt. Der Exekutive stand Aritron als oberster Weiser seines Volkes vor.

»Centros war früher der Mittelpunkt der Milchstraße«, dachte Heran. »Hier trafen sich die Vertreter der ältesten Rassen des Universums und beratschlagten sich. Von hier aus nahmen wir Einfluss auf die Entwicklung der jungen Völker der Milchstraße. Doch das ist viele Jahrtausende her. Zu der damaligen Zeit mischten wir uns noch unter sie und ließen uns fälschlicherweise als Götter verehren. Das war nur durch unsere fortgeschrittene technische Entwicklung möglich. Eine Energiesalve aus einer unserer Laserpistolen muss für die Angehörigen der jungen Völker ausgesehen haben, als ob ihr Gott einen Blitz zu ihrer Welt geworfen hätte. Doch wir Lantraner wollten nie Götter sein. Wir sorgten für die Sicherheit der Völker dieser Sterneninsel. «

Heran schwelgte in Erinnerungen. Nicht sehr erinnerten sie die Lantraner noch an diese Zeitepoche.

»Wir waren eine der ersten Rassen, die das Universum hervorbrachte«, erinnerte er sich. »Unsere Wissenschaftler lernten sehr schnell die Technik zu verstehen. Sie konnten ihr Wissen festigen und erweitern. Wir überblickten die ganze Milchstraße mit unserem allwissenden Energie-Zeitrad. Keine Rasse verfügt über so weitreichende Teleskope, wie wir Lantraner sie haben. Unsere Wissenschaftler sind hinter das Geheimnis der geheimen Wurmloch-Verbindungen gekommen. Sie wurden nicht von uns Lantranern installiert. Hierfür war eine noch ältere Rasse verantwortlich, die vermutlich untergegangen ist. «

Heran dachte nach.
»Wir haben nie etwas von ihnen gehört, oder Spuren von ihnen entdeckt«, überlegte er fest. »Vielleicht sind sie auch in eine andere Dimension ausgewandert, wohin unsere Teleaugen nicht sehen können. Wir haben es uns auf den Leib geschrieben, die Wurmloch-Stationen zu warten und zu pflegen. «

Heran schob seine Gedanken beiseite. Er hatte die Türe zu Aritrons Büro erreicht.

»Gleich werde ich wissen, was der oberste Führer auf dem Wunschzettel stehen hat«, dachte er.

Heran bestätigte ID-Knopf. An der Decke des Korridors, oberhalb seines Kopfes vernahm er das leise Summen von Sensoren. Die Türe öffnete sich. Heran trat ein. Aritron blickte von seinem großen Schreibtisch auf.

»Du bist es Heran, bitte trete näher«, begrüßte er den Techniker für Wurmloch-Stationen und Anlagen. »Schön, dass du sofort gekommen bist.«

Aritron zeigte auf den großen Stuhl.
»Bitte setze dich«, sagte er. »Ich habe eine Aufgabe für dich. «

Heran tat wie befohlen. Aritron schaute ihm in die Augen. »Ich habe dich beobachtet«, sagte er. »Du begeisterst dich immer noch für die jungen Rassen. Das freut mich aufrichtig. Auch wir waren einmal eine junge Rasse. Es wird immer schwieriger, die Angehörigen unseres Volkes aus den Löchern unserer digitalen Welt zu holen. Ich habe Kenntnis erhalten, dass die Worgass wieder an einem Wurmloch-Knoten arbeiten. Sie beabsichtigen erneut, in die Milchstraße vorzustoßen. «

»Die Quallen geben nicht auf«, antwortete Heran. »Den Netzwerkdenker ist doch bekannt, dass wir ein Auge auf ihre Aktivitäten haben. «

»Vermutlich versuchen sie es deshalb immer wieder«, antwortete Aritron. »Sie wissen, dass wir ihnen technisch weit überlegen sind. Ihnen ist es jedoch möglich, unsere Galaxie mit ihre Kriegsschiffen zu überschwemmen. Es ist für uns nicht möglich, an allen Punkten in der Milchstraße gleichzeitig zu sein. Falls wir ihre Invasion nicht verhindern können, dann wird es erneut viele bewohnte Welten in unserer Sterneninsel treffen. Dir ist bekannt, dass in unsere Milchstraße die größte Anzahl von humanoiden Species zu finden ist. Unsere Beobachtungen ergaben, dass die Flotten des militärischen Arms des Worgass-Imperiums bevorzugt Planeten mit humanoiden Lebensformen angreift. Die Bewohner werden versklavt, oder ausgerottet. «

»Es ist eine Schande, dass wir nicht Herr über diese schnelle Ausbreitung der Worgass-Plage werden«, bemerkte Heran. »Ich habe den Eindruck, dass keine der fortgeschritten Species sich mit diesem Thema beschäftigen möchte? «

Aritron nickte.
»Mit der Vermutung könntest du recht haben«, bestätigte er. »Wir sorgen dafür, dass unsere Sterneninsel sauber bleibt. Ich komme jetzt zu dem eigentlichen Punkt. Höre mir genau zu. Es gibt eine neue, aufstrebende Rasse unter unseren jungen Völkern. Es handelt sich um die Menschen. Eine wissbegierige Rasse, die immer vorgibt zu forschen und zu erkunden. Ihr Wissensdurst ist immens. Sie haben sich der natradischen Technik bemächtigt und bauen gerade ein Neues-Imperium auf. Ihre Welt liegt in einer ruhigen Zone in dem Orion-Arm unserer Galaxie. Es ist der dritte Planet in dem natradischen Heimatsystem. «

Heran grinse.

»Haben die Natrader es vor dem Krieg geschafft, die Barbaren der dritten Welt ihres Sternensystems gentechnisch zu manipulieren?«, erkundigte er sich.

»Das ist derzeit nicht zu beweisen«, entgegnete Aritron. »Admiral Tarin hat ohne unser Wissen vor 100.000 Jahren Vorkehrungen getroffen, um die natradischen Hinterlassenschaften an eine neue intelligente Species zu übergeben. Wir haben festgestellt, dass durch eine angelaufene Nachfolge-Programmierung des Admirals seit kurzer Zeit Groß-Hypertronic-KI auf Natrid wieder aktiv geworden ist. Die künstliche Intelligenz hat den Menschen die alten technischen Hinterlassenschaften von Natrid übergeben. Nach ersten Beobachtungen unserer getarnten Aufklärungsschiffe, gehen die Terraner sehr vorsichtig mit dieser Technik um. Die Hohe-Empore hofft, dass die Menschen aufgrund ihre Population wieder Ordnung in die Milchstraße bringen können. Es werden Gerüchte laut, dass sie das alte natradische Imperium wieder aufbauen möchten.

Mit unsere Zurückhaltung während des großen natradischen Krieges gegen die Rigo-Sauroiden, haben wir durch unser Nichtstun die Situation in der Milchstraße drastisch verschlechtert und viele Rassen hilflos dem Tod übergeben. Das darf sich nie mehr wiederholen. Auch wir, als eine der ältesten Rassen im Universum haben eine Pflicht, Unrecht von den jungen Rassen abzuwenden. Unsere Hohe-Empore empfiehlt, die Terraner zu schulen und sie auf den richtigen Pfad zu führen. Früher haben wir viele dieser jungen Rassen aktiv unterstützt. Dann zogen wir uns zurück und kümmerten uns nicht mehr um sie. Das war falsch und unverantwortlich. Ich möchte jetzt wieder damit beginnen, jungen Rassen, die eine Führungsrolle in unserer Galaxie übernehmen möchten, eine verantwortungsvolle Unterstützung zu gewähren. «

Aritron ließ seine Worte einen Moment sacken. Dann fuhr er fort.

»Brontan und unsere Späher haben das große Akteur-System aktiviert«, teilte er mit. »Sie richteten es auf den Rand unserer Sterninsel, parallel zur Andromeda-Galaxie aus. Dir ist bekannt, dass wir mit dem Auge des Akteur-Systems zwar alle Bereiche der Milchstraße überblicken können, es aber nur schwach zur Andromeda-Galaxie schauen kann. Das wird erst mit der nächsten Generation der natradischen Technik möglich sein. Trotzdem erhielten wir einen verschwommene Blick auf die Aktivitäten der Worgass. Unsere Wissenschaftler analysierten die Aufnahme. Sie vermuten, dass die Worgass bereits mit dem Bau des Wurmloch-Tores begonnen haben. Meine Aufgabe an dich lautet, schaue dir das einmal persönlich an. Recherchiere, wie viele Schiffe die Worgass bereits dupliziert haben. Konnten sie ihre Schiffe modifizieren? Wurde eine neue Waffentechnik eingebaut und können sie den Schiffen der Milchstraße gefährlich werden? Ich meine hiermit, die Zerstörer des Neuen-Imperiums von Tarid & Natrid. «

Heran dachte nach.

»Das ist eine riskante Aufklärungsmission«, antwortete Heran. »Die Worgass lernen ebenfalls dazu. Ich hoffe, dass sie unsere Tarnfelder nicht ausheben können. «

»Mache dir keine Gedanken«, lächelte Aritron. »Die Worgass modernisieren ihre Schiffe, wenn es nicht mehr anders geht. Unsere Tarnfelder wurden gerade erst wieder auf den neuesten technischen Stand gebracht. «

»Einverstanden«, erwiderte Heran. »Ich nutze unsere geheime Wurmloch-Verbindung nach Andromeda. Die getarnte Steuerstation funktioniert seit Ewigkeiten. Keine Rasse kennt diese Transport-Strecke. Die Konstrukteure sind ausgestorben, wir reparieren sie und wir halten sie in Funktion. Über diese Portale sollte hierüber möglich sein, die Worgass zu kontrollieren. Lediglich der Aufbau des Wurmloches, lässt sich nicht tarnen. Beobachter werden glauben, dass es sich um ein natürliches Ereignis handelt, oder eine Fehlfunktion der eigenen Technik. Mein Schiff wird getarnt austreten und an unsere getarnte Steuer-Station andocken. Auf dieser Basis stehen mir alle Mittel zur Verfügung, um die Aufklärungsdaten auszuwerten. «

»Beachte bitte, dass diese Station unsere einzige Wurmloch-Station ist, um die große Strecke in die Andromeda-Galaxis zu überwinden«, erinnerte Aritron. »Sie darf nicht vernichtet, noch weniger von den Worgass entdeckt werden. Siehe zu, dass sie weiterhin getarnt bleibt und uns gute Dienste leistet. «

»Warum verwenden wir nicht die regulären Wurmloch-Antriebe unserer Schiffe? «, fragte Heran.

»Weil du hierdurch gefährdet werden könntest«, antwortete Aritron. »Wie du weißt, müssen sich die Wurmloch-Konverter nach diesem langen Sprung mindestens 60 Minuten wieder aufladen. Du wärst in dieser Zeit für eine große Flotte angreifbar. «

Heran nickte.
»Aber nur, wenn das Tarnfeld meines Evolutions-Schiffes ausgehebelt werden kann«, gab er zu bedenken. »Nach meiner Meinung ist das fas t auszuschließen. Ich glaube, ich werde mir Verstärkung mitnehmen. «

Aritron legte die Stirn in Falten.
»Du weißt, dass wir nur wenige sind«, erwiderte er. »Alle Lantraner sind mit anderen Aufgaben beschäftigt. Ich kann keine Personen freistellen. Die Aufgabe solltest du problemlos allein meistern können. «

»Ich denke nicht an meine Kollegen«, antwortete Heran. »Das Personalproblem ist ein anderes Thema, dem wir uns gelegentlich einmal widmen sollten. Ich habe auf meiner letzten Reise eine sauroide Lebensform kennengelernt. Es ist eine Echse. Die Angehörigen ihrer Rasse nennen sich Green-Lizard. Ich konnte dieser Lebensform in einer wichtigen Angelegenheit helfen. Sie steht in meiner Schuld. Ich möchte sie mitnehmen. Der Name der Echse ist Morass. Er sieht sofort, wenn die

Worgass ihre Schiffe verändert oder stärkere Waffen oder installiert haben. Sie kann mir eine große Hilfe sein. «

»Wo lebt diese Lebensform? «, fragte Aritron.

»Ich habe ebenfalls die Geschichte beobachtet«, grinste Heran. »Mein Interesse hieran kennst du ja. Die Menschen haben den Sauroiden eine Dschungelwelt übergeben. Diese Welt liegt im Kassiopeia-Sternbild und wird neuerdings Lizzit 2 genannt. Dieser Name bedeutet, die Wärme der Heimat. Das ist ein schöner Name, meine ich. «

»Woher weißt du das alles? «, stutzte Aritron.

»Wenn man die Chance erhält, an neue Informationen zu erlangen, dann sollte man die Möglichkeiten auch nutzen«, lächelte Heran.

»Eine ist eine weise Einstellung«, antwortete Aritron. »Benötigst du eine spezielle Ausrüstung? «

»Ich denke, die Standard-Ausrüstung mit einigen speziellen Sonderartikeln sollten ausreichen«, erwiderte Heran. »Ich kann sie mir aus dem Zentrallager geben lassen. «

Aritron nickte.
»Hier ist eine übergeordnete Material-Card«, antwortete er. »Suche dir aus, was du brauchst. Vermeide zu schwere

Waffen, die ganze Planeten einäschern können. Wir wollen keinen Eklat im Universum beginnen. «

»Danke«, erwiderte Heran. »Ich mache mich sofort an die Arbeit. «

Zwei lange Stunden waren vergangen. Heran hatte alles bekommen, was er sich vorgestellt hatte. Arbeits-Roboter hatten die Materialien sorgfältig verladen. Heran setzte sich in den Kommandosessel.

Er aktivierte die zentrale Energieversorgung.
»KI«, befahl er. »Leite den Startvorgang ein. Wir verlassen Centros. «

»Antriebe wurden aktiviert«, bestätigte die KI des Evolutions-Schiffes.

Heran erkannte, wie die Hypertronic-KI das 250 Meter-Schiff von der Landefläche abhob und beschleunigte.

»Diesmal habe ich mich nicht mit abgenutztem Material abspeisen lassen«, dachte er. »Dieser Shyran ist unmöglich. Er spielt sich jedes Mal maßlos auf. Letztendlich ist er aber nur ein erbärmlicher Lagerleiter. Am liebsten würde er jedem Lantraner nur abgenutzte Teile mitgeben, nur um die neuwertigen Dinge nicht herausgeben zu müssen. Wichtige Aufgaben erfordern gutes Material. Ansonsten kann die Mission leicht schiefgehen. Das Vorgehen von Shyran werde ich Aritron melden. «

Heran blickte auf die zahlreichen Bildschirme.

»Hier in dem Schwarzen Loch, im Zentrum der Milchstraße, laufen alle Wurmloch-Verbindungen zusammen«, dachte er. »Hier beginnen die Verästelungen der geheimen Wurmloch-Netze, die das ganze Universum durchziehen und Reisen in Sekundenschnelle ermöglichen. Vorausgesetzt man weiß hiervon und kann sich die Technik zu Eigen machen. «

Die Lantraner waren schon lange über diese Probleme hinausgewachsen. Für sie war es ein Kinderspiel, diese Portal-Routen zu nutzen. Sie kannten zusätzlich auch noch das geheime Netzwerk der Wurmloch-Straßen, das eine tieferes Wissens der Wurmloch-Technologie voraussetzte.

Heran registrierte, wie sich das Wurmloch-Portal vor seinem Schiffe öffnete. Er beschleunigte sein Schiff auf leichte Lichtgeschwindigkeit und tauchte in den Ereignishorizont ein. Wie ein Krake, der sich zusammenzog, verschloss sich das Wurmloch hinter dem Schiff von Heran sofort wieder. Für einen möglichen Beobachter war es ein Schauspiel von nur wenigen Sekunden gewesen.

***

Die drei Worgass-Soldaten standen vor dem Ältestenrat der Green-Lizards auf Lizzit, dem Heimat-Planeten der

Echsen in Andromeda. Sie beklagten erneut die Unfähigkeit ihrer Untertanen.

»Die Duplikationen müssen schneller arbeiten«, bemerkte der vorderste Worgass verärgert. »Wir benötigen eine große Invasions-Flotte. Die bisher gefertigten 80.000 Schiffe sind uns eine Spielerei. Der Plan der Netzwerkdenker sieht das zehnfache an Kriegsschiffen vor. Dank der Unfähigkeit eurer Offiziere ist es den humanoiden Lebewesen gelungen, den Wurmloch-Knoten zu zerstören und unseren Einflug in die Milchstraße zu sabotieren. Bilden sie ihre Offiziere besser aus. Wir sind es leid, immer nur Rückschläge zu erleiden. Das ist der letzte Versuch, der ihnen zugestanden wird, um erfolgreich zu sein. Falls sie dieses Zugeständnis nicht nutzen, dann wird ihre Rasse ihre Daseinsberechtigung verlieren. Das ist einer Drohung der Netzwerkdenker.«

»Zählen denn die bisherigen Erfolge gar nicht mehr? «, monierte der Sprecher des Ältestenrates.

Einer der Abgeordneten war aufgesprungen und attackierte die Worgass mit Worten.

»Sie wollen immer mehr und mehr«, tobte er. »Sie geben uns aber nicht die technischen Möglichkeiten diese Vorgaben zu realisieren. Sie sind selbst schuld an der Misere. «

Die Ältesten des Rates winkten dem Abgeordneten zu, sich zu setzen. Sie wussten, was als Nächstes kommen sollte. Dieser ignorierte die Zeichen des Gremiums.

Mürrisch drehte sich ein Worgass um.
»Genug der Diskussion«, befahl er. »Unsere Entscheidungen in Frage zu stellen, heißt sich gegen uns zu stellen. Diese Entscheidung bedeutet den Tod. «

Der Worgass-Soldat zog er einen Strahler aus seinem Gürtelhalfter und richtete ihn auf den Abgeordneten.

Dieser duckte sich blitzschnell und zog ebenfalls einen Laserstrahler unter seinem Umhang hervor. Bevor der Worgass-Soldat abdrücken konnte, stand er bereits in dem hellen Licht des Laser-Feuers des Green-Lizards.

Der Worgass erstarrte, zu keiner Bewegung möglich brannte ihn das Laserfeuer sichtbar aus. Nur noch Asche blieb von ihm übrig. Alle Parlamentarier hatten es mitbekommen. Sie wagten es nicht, etwas zu sagen. Der Worgass war sich so sicher gewesen, dass seine Untertanen ihn fürchteten. Er hatte seinen Individual-Schirm nicht aktiviert. Wie erstarrt schauten die Ältesten des Rates auf die Geschehnisse.

Die beiden anderen Worgass-Soldaten reagierten blitzschnell. Sie hatten die Eskalation der Situation erkannt. Sie rissen ihre Laser-Strahler aus dem Halter und schossen gemeinsam auf den Abgeordneten.

Dieser wollte bereits auf das nächste Ziel anlegen. Doch die kampferprobten Worgass waren schneller. Ihre Strahlen trafen den erstaunten Green-Lizard mitten in seine Brust. Der Laserstrahl zerfraß die Haut des Green-Lizard, drang weiter vor und verbrannte seine Innereien, die Knochen und alle Organe. Dann erfasste das Laserfeuer den ganzen Körper. Nichts mehr blieb von der ursprünglichen Gestalt übrig. Die Worgass kannten keine Gnade. Nichts und niemand sollte ihre Herrschaft in Frage stellen. Ein Green-Lizard am wenigsten.

»Ihr seid unwürdige Laborgeburten«, warf ein Worgass-Soldat dem Ältestenrat an den Kopf. »Das wird Konsequenzen nach sich ziehen. Wir fordern Vergeltung. Wählen sie bis heute Abend 250 Personen ihres Volkes aus und stellen sie diese auf dem Marktplatz auf. Sie werden als Strafmaßnahme exekutiert. Der Tod eines Soldaten unserer Garnison zieht automatisch mehr Hinrichtungen nach sich. Sehen sie es als eine Gnade von uns an, dass wir nur 250 Green-Lizards exekutieren werden. Damit zeigen wir ihnen noch einmal unsere Großmütigkeit und unsere Verbundenheit mit ihrem Volke. Aber es sollte ihnen auch klar sein, dass diese Tat gesühnt werden muss. Untertanen greifen nie ihre Herren an. Falls sie diese Frage nicht endlich mit ihrer Rasse klären können, dann müssen wir die Existenz ihres ganzen Volkes noch einmal überprüfen. «

Die Worgass zogen sich zurück. Die Ereignisse standen den Green-Lizards noch im Gesicht geschrieben.

»Es spitzt sich alles immer mehr zu«, sagte einer der Ältesten. »Ich weiß nicht, wie lange wir noch mit den Worgass zusammenarbeiten können. Unsere Interessen entwickeln sich weiter. Wir sind für die Worgass nichts anderes als minderwertige Sklaven. Es gibt so viel mehr, dass wir nicht kennen. Ich hoffe sehr, das Morass durchgekommen ist und uns von irgendwo Hilfe senden kann. «

»Wie sollte er das bewerkstelligen? «, fragte ein anderer des Ältesten-Rates. » Wir wissen doch, wie lange eine Reise in die Milchstraße dauert. Es ist eher möglich, dass er gar nicht ankommt und von dem dunklen Universum verschluckt wurde. «

»Falls er angekommen ist, dann stellt sich immer noch die Frage, ob er Verbündete finden konnte «, ergänzte wieder ein anderer des Tribunals. »Wir haben die ganzen Jahrhunderte im Auftrag der Worgass jede humanoide Rasse vernichtet, auf die wir gestoßen sind. Warum sollten uns jetzt ausgerechnet Humanoide helfen, vorausgesetzt es gibt noch welche von ihnen? «

Die Ältesten verstummten eine kurze Zeit und gingen in sich.

»Jetzt wird es ernst für unsere Rasse«, bemerkte ein Älterer des Rates. »Die vielen Jahre, die wir den Worgass treu gedient haben, zählen nicht mehr. Morass Zyran hatte Recht. Die Worgass sind unser Untergang. Wir wollten nie auf Morass hören. Das war ein großer Fehler.

Jetzt ernten wir das Ergebnis. Die Worgass werden unsere Rasse nicht am Leben lassen. Wenn wir für sie nicht mehr wichtig sind, dann vernichten sie uns. «

Der Sprecher legte den Kopf in den Nacken und dachte nach.

»Von jetzt an werden wir eine Möglichkeit suchen, uns von den Worgass zu trennen«, flüsterte er. »Ihr alle solltet wissen, dass wir dies nicht öffentlich machen können. Die Worgass dürfen keinen Verdacht schöpfen. «

»Traise hat Recht«, erwiderte ein weiterer Lizard des Ältestenrates. »Unsere Aufgabe ist es, mehr über die Worgass herauszubekommen. Von welchem Planeten stammen sie ab? Wie können wir ihrer habhaft werden? Was für Schwächen besitzen sie? Wie können wir ihnen ein für alle Mal das Handwerk legen? «

»Das ist noch milde gesprochen«, ergänzte der Älteste des Rates, den die anderen Traise nannten. »Eigentlich geht es darum, dass die Worgass uns in Ruhe lassen. Falls sie es nicht machen, müssen sie vernichtet werden. «

»Das ist das langfristige Ziel«, sagte Oyaise Tazran. »Die schwerste Entscheidung steht uns heute Abend bevor. Wer will die 250 Lizards auswählen, die geopfert werden sollen. «

Betretendes Schweigen machte sich breit.

»Ich darf gar nicht daran denken«, sagte Traise. »Es können nur Freiwillige sein. Ich kann keine Green-Lizards auswählen und ihnen befehlen sich zu opfern. Das ist eine Grausamkeit der Worgass. Ich hasse sie abgrundtief. «

***

Heran konnte die Entfernung schnell überbrücken. Sein Evolutions-Raumschiff verfügte bereits seit langer Zeit über die viele Koordinaten von Wurmloch-Passagen. Auch diese, welche nicht den Angehörigen anderer Rassen bekannt waren. Heran schaute auf das Informationsdisplay, dass eine Kombination von CIC und Hologramm-Kartendisplay darstellte.

»Keine Ausfälle im Bereich der Kontroll-Stationen«, dachte er. »Diese sind ausreichend getarnt und sorgen für den reibungslosen Betrieb der Wurmloch-Verbindungen. Diese fremde Technik funktioniert seit vielen Jahrtausenden. «

Er drückte einige Tasten und programmierte den Austritt seines Evolutions-Schiffes in dem Raumsektor vor dem Dschungel-Planeten Lizzit 2.

»Dort werde ich Morass finden«, lächelte er. »In der Umlaufbahn werde ich auf meine Tarnung deaktivieren und mich zu erkennen geben. Einen Hyperkomm-Funkspruch werden die Echsen hoffentlich empfangen können. «

Der Austritt aus dem Wurmloch bereitete keine Schwierigkeiten. Getarnt flog das Evolutions-Raumschiff des Lantraner den von weiten sichtbaren grünen Dschungelplaneten der Green-Lizards an. Kurz vor dem Orbit des Planeten enttarnte der sein Schiff.

Auf dem Planeten und in der seit kurzem neu eingerichteten Verwaltungs-Zentrale heulten die Alarmsirenen auf.

Morass blickte auf die Ortungs-Monitore.
»Was ist los?«, erkundigte er sich.

»Ein unbekanntes Schiff nähert sich dem Planeten«, antwortete der Ortungs-Offizier. »Es sendet keine Erkennungssignale. «

»Schutzschirm aktivieren«, befahl Morass. »Das ist keine Übung. «

»Wir werden gescannt«, meldete der Ortungsoffizier. »Alle Abwehrgeschütze werden aktiviert und ausfahren.«

Major Travis hatte den Lizards 50 Abwehr-Geschütztürme natradischer Herstellung, als erste defensive Schutz-Maßnahme überlassen. Später sollte eine Division Angriff-Kreuzer der Naada-Klasse in der Nähe ihres Planeten stationiert werden. Dafür war es aber noch früh. Die Flotte wurde derzeit noch dupliziert und ausgerüstet.

Morass schätzte, dass es noch 4 Wochen dauern würde, bis sie hier eintreffen sollte. Die Bedrohung war aber jetzt zugegen.

»Bitte einen Hyperkomm-Funkspruch an das fremde Schiff senden«, befahl er.

Der angesprochene Funk-Offizier nickte.
»Hier spricht die Raumkontrolle des Planeten Lizzit 2«, sprach in das Mikrofon seiner Konsole. »Fremdes Schiff, sie nähern sich unserer Sicherheitszone. Geben sie sich zu erkennen, ansonsten leiten wir Gegenmaßnahmen ein. Das ist unserer einzige Warnung. «

Heran schaute auf seine Monitore. Der grüne Planet glitzerte wie ein Diamant. Bereits aus dem Weltall konnte jeder Beobachter erkennen, dass es sich um eine intakte Pflanzenwelt handelte.

Das Schiff hatte auf ein Echtzeitbild umgeschaltet. Heran konnte die Stadt der Echsen erkennen und die regen Aktivität auf dem Boden.

»Was ist das? «, dachte er.
Heran lächelte, als er sah, wie in der Nähe der Stadt Abwehr-Geschütztürme ausfuhren.

Heran gab der Hypertronic-KI seines Schiff den Befehl, die Geschwindigkeit des Evolutions-Schiffes zu drosseln.

Er sah, wie sich blauer Energie-Schirm aktivierte. Schnell hüllte dieser den ganzen Planeten ein.

Heran blickte auf sein Display. Ein rotes Signal leuchtete. Ärgerlich erkannte er, dass er vergessen hatte das Kommunikationsgerät anzuschalten. Schnell holte dies nach. Heran lauschte der ansagenden Stimme.
» Das ist unserer einzige Warnung. «

»Da habe ich doch vermutlich ihre Einladung nicht mitbekommen«, schmunzelte er.

Unbeirrt flog er weiter auf den Schirm zu. Seine Hypertronic-KI war bereit eine Strukturlücke in dem Schirm zu öffnen, der die gleichen Energiewerte besaß, wie der Energieschirm seines Schiffes.

Heran registrierte, wie von dem Boden des Planeten fünf dicke Energiestrahlen auf sein Schiff zuschossen.

»Ausweichmanöver einleiten«, befahl er seiner Hypertronic-KI.

Die KI des Evolutions-Raumschiffes hatte bereits selbstständig einen Sicherheits-Schirm um das Schiff gelegt. Die Sicherheitsschaltung des Schiffes fing an zu arbeiten. Schnell manövrierte die Hypertronic-KI das Evolutions-Schiffe aus der Gefahrenzone heraus.

Die Gefahr war noch nicht vorüber. Der Laserstrahl des Geschützturmes erwischte das Schiff am Heck.

Heran sah den Abprall kommen und wollte sich noch festhalten. Das gelang ihm nicht mehr. Wie von einem Stahlhammer getroffen, versetzte der massive Energiestrahl das Schiff einige Meter rückwärts. Heran schlug mit dem Kopf gegen eine Apparatur.

»Verdammte Natrader«, fluchte er schmerzhaft aus.

Im nächsten Moment musste er aber über sich selbst lachen.

»Das ist meine eigene Schuld«, bemerkte er. »Ich werde zu nachlässig. Die Stoß-Absorber waren nicht eingeschaltet. Ist das jetzt die fehlende Routine, oder warum passiert mir so etwas? Sind wir Lantraner bereits degeneriert. Haben wir uns von der großen Bühne der Galaxie bereits so weit entfernt und uns nicht mehr an den Geschehnissen beteiligt? Respekt zollen muss ich der Technik des Neuen-Imperiums von Tarid & Natrid. Das gab einen höllischen Bums. Jedes andere hätte das nicht überstanden. Das sind sehr effektive Laserstrahlen, welche die Green-Lizards ins All pusten. «

Heran griff nach seinem Kommunikator.
»Hier spricht Heran«, teilte er mit. »Stellen sie die Kampfhandlungen ein. Ich komme in friedlicher Absicht. Ich möchte die Schuld ihres Abgeordneten Morass Zyran einfordern. Holen sie bitte Morass. Ich möchte mit ihm sprechen. «

Er schaltete die Leitung, ohne jeden weiteren Kommentar ab.

Heran drückte auf einen Knopf und der Kommando-Sessel fuhr heran. Er ließ sich langsam fallen und beobachte die Monitore. Heran konnte sich die Hektik auf dem Planeten der Lizards vorstellen.

»Jetzt heißt es warten, bis man Morass gefunden hat«, dachte er.

Morass hatte den Hyperkomm-Funkspruch verstanden. Er antwortete nicht sofort.

»Wenn es wirklich Heran ist, dann hat er es nicht eilig«, dachte er. »Dem Lantraner stehen technisch alle Möglichkeiten offen. «

Morass schaute zu seiner Funk-Crew hinüber.
»Öffnet bitte einen Kanal«, befahl er. »Ich möchte antworten. «

»Der Kanal ist offen«, teilte einer der Funkoffiziere mit.

»Hier spricht Morass«, sprach er in den Kommunikator. »Geben sie mir einen Beweis, dass sie Heran sind? Teilen sie mir bitte mit, wo sie mich das erste Mal getroffen haben? «

Schnell kam die Antwort durch.

»Ich habe sie vor dem geheimen Wurmloch-Knoten in Andromeda-Galaxie getroffen«, tönte es aus den Lautsprechern. »In der Nähe, wo die Terraner das große Wurmloch-Tor der Worgass vernichtet hatten. «

»Das genügt mir«, antwortete Morass. »Landen sie auf dem Flugfeld. Wir senden ihnen einen Leitstrahl. Ich hole sie ab. «

Morass gab der Crew der Raumüberwachung ein Zeichen.

»Der Alarm ist aufgehoben«, teilte er mit. »Wir schalten den Schutz-Schirm ab. Heran ist ein Freund. Ansonsten wäre ich jetzt nicht hier. «

Morass ging nach draußen und stieg in einen Gleiter ein. »Zum Flugfeld«, teilte er der Robotronik mit.

Langsam hob der kleine Gleiter ab.

Geräuschlos setzte Heran sein Evolutions-Schiff der Markierung des Landefeldes auf. Er stieg aus und atmete die frische Luft tief ein.

»Unverbrauchte Luft«, dachte er. »Das ist eine Wohltat. «

In der Ferne sah Heran einen kleinen Gleiter auf ihn zukommen.

»Sicherheits-Verschluss« sprach Heran in ein kleines Modul an seinem Handgelenk.

Bläulich schimmernd legte sich ein Energieschirm um das Evolutions-Schiff.

»Besser ist besser«, dachte Heran.

Der Gleiter bremste vor ihm ab. Morass stieg aus. Sein Gesicht lächelte.

»Wie komme ich zu der Ehre dieses Besuches? «, fragte er.

»Heran schmunzelte ebenfalls.
»Auch alte Rassen können einmal wieder aktiv werden«, entgegnete er. »Ich habe eine Aufgabe, die ich erledigen darf. Du gehörst mit zu dieser Aufgabe. «

Morass Gesicht blickte ernst drein.
»Wir sind mit dem Aufbau dieser Kolonie beschäftigt«, antwortete er. »Ich bin unabkömmlich. «

Heran lachte.
»Das ist ein Ausspruch, den ich immer von Angehörigen junger Rassen höre«, erwiderte er. » Für jede Person gibt es auch einen Stellvertreter. Das geht gar nicht anders. Wir fliegen zur Andromeda-Galaxie und schauen einmal, was die Worgass da so treiben. «

Morass blickte ihn irritiert an.

»Da werde ich bestimmt nicht wieder hinfliegen«, antwortete Morass. »Ich bin froh, dass ich von dort fliehen konnte. «

»Ich brauche dich«, erwiderte Heran.

»Wieso braucht der Angehörige von einer der ältesten Rassen im Universum die Hilfe eines Green-Lizards? «, fragte Morass erstaunt. » Wir sind Wesen, die im Labor in einem Reagenzglas gezüchtet wurden. Völlig unwichtig für das Universum. «

Heran antwortete nicht direkt. Er legte ein betrübtes Gesicht auf.

»Sind wir jetzt wieder beim Trübsal blasen«, lächelte er. »Die Green-Lizards sind für uns ganz wertvolle Lebewesen. Einzigartig und vielfältig sollte das Universum sein. Voller neuer Rassen, die sich gegenseitig ergänzen und mit neuen Ideen füllen. Die Green-Lizards sind nach der Meinung der Lantraner, ein fester Bestandteil des Ganzen. Wir freuen uns darüber, dass ein Teil von euch in unserer Milchstraße wohnt. «

Nach einer kurzen Pause fuhr Heran fort.
»Leben bedeutet aber auch, etwas hierfür zu tun und die Ordnung beizubehalten«, ergänzte er. »Auch wir haben lange genug gebraucht, um das zu verstehen. Die Ordnung hält das Ganze in Form. Ohne Ordnung bricht selbst die lockerste Gesellschaft auseinander. Darum bin ich bei dir. Ich brauche deine Hilfe. Falls es nicht anders

geht, auch als Dank und Gegenleistung meiner Hilfe an dich. «

Morass schluckte.
»Heran hat Recht«, dachte er. »Ich stehe in seiner Schuld. Vor mir steht Heran, der die Begleichung dieser Schuld einfordert. «

Morass hatte keine andere Wahl.
»Gut, ich stimme zu«, antwortete er. »Trotzdem gehe ich nur unter Protest mit. Ich wollte mit den Worgass eigentlich nichts mehr zu tun haben. «

»Ich weiß«, antwortete Heran. »Meistens holt einen die Vergangenheit wieder ein. Das war immer schon so und wird auch immer so bleiben. «

Morass schaute Heran mit großen Augen an und schüttelte den Kopf.

»An die humanoiden Weisheiten muss ich mich noch gewöhnen«, sagte er. »Komm mit, ich zeige dir unsere Stadt, wie weit wir schon vorangekommen sind. «

Andromeda

Viele grünhäutige Echsen waren auf dem großen Marktplatz anwesend, der größten Stadt auf dem Planeten Lizzit in der Andromeda-Galaxie. Laute Klagelieder wurden angestimmt. Es war ein denkwürdiger Tag. Ein Worgass-Soldat war getötet worden. Diese

Wesen spielten sich als die Herrscher über die Green-Lizards auf. Die Worgass duldeten keinen Widerspruch, noch weniger einen Angriff auf einen ihrer Offiziere. Die leichte Blüte des Widerstandes sollte im Keim erstickt werden. Alle Bewohner der großen Stadt mussten zu dieser Demütigung erscheinen. Längst war der Marktplatz überfüllt. Ein Platz, an dem ansonsten friedlich Waren verkauft, Stände mit allen möglichen Gütern ausgestellt wurden, glich einem Kasernenhof.

Die Mitglieder des Ältestenrates waren vollständig erschienen. Sie wurde durch eine starke Parlamentsgarde geschützt. Vor ihnen standen 250 freiwillige Green-Lizards, die bereit waren, sich für ihre Volk zu opfern.

Dann war es so weit. Fanfaren ertönten. Eine Garnison Worgass-Soldaten in Kampf-Anzügen marschierten dem Marktplatz entgegen. Die Zuschauer buhten sie bereits aus, als die Garnison den ersten Schritt auf die Freiwilligen zutrat. Vor dem Ältestenrat blieb die Garnison stehen.

Traise Lyzan erkannte einen der drei Worgass vom heutigen Morgen aus dem Regierungsgebäude wieder.

»Überlegen sie sich ihr Vorhaben noch einmal«, sprach er den Worgass an. »Es war ein Unfall. Die betreffende Person wurde von ihnen getötet. Damit ist die Tat gerächt. «

Der angesprochene Worgass lächelte böse zurück.

»Die vollzogene Tat kann nicht nur mit einem Leben eines Green-Lizards gesühnt werden «, antwortete er grimmig.

Traise senkte den Kopf.
»Ihr Worgass scheint nichts zu lernen«, sagte er.

Der Worgass-Offizier wollte etwas hierauf antworten, doch das Aufklingen der Fanfaren verhinderte das Gespräch. Er nickte und zeigte mit dem Finger auf Traise und auf seinen Kopf. Ein Hinweis, dass er sich Traise und das Gespräch merken würde.

Ein Worgass trat vor. Er hielt eine Papierrolle in der Hand. Er rollte sie auseinander.

»Die ihnen vorliegende Gesetzgebung ist dem Rat der Green-Lizards bekannte«, verkündete er. »Ein Worgass-Soldat darf nicht angegriffen, noch weniger getötet werden. Dieses Gesetz wurde von einem Angehörigen der Green-Lizards nicht beachtet. Das imperiale Worgass-Regime herrscht über ihr Volk. Einer dieser Herrscher wurde von einem Angehörigen ihrer Rasse kaltblütig hingerichtet. Das erfordert die strengste Sühne, die unser Gesetz vorsieht. Unser planetares Gericht hat folgendes Urteil verkündet. Der Tod unseres Soldaten wird durch die Exekution von 250 Personen ihres Volkes gesühnt werden. Das Urteil wird hier auf dem Marktplatz vollzogen. «

Der Tumult der Menge wurde lauter. Traise hörte, wie der Ruf der Menge immer aggressiver wurde.

»Weg mit den Worgass«, kreischten sie. »Die Worgass sind Mörder. Wir wollen euch nicht mehrt. «

Bereits erste Lasersalven wurden von den Worgass-Soldaten in den Himmel abgeschossen. Der Respekt der Menge sollte wieder hergestellt werden.

»Das Urteil wird jetzt vollzogen«, entschied der Truppenführer der Worgass-Soldaten. »Schützen tretet vor. «

Zehn Soldaten nahmen bereitwillig nebeneinander Aufstellung. Die freiwilligen Green-Lizards mussten sich umdrehen und sich mit dem Rücken in die Schusslinie stellen.

»Lasergewehr entsichern«, befahl der Truppenführer. »Die Schuldigen anvisieren.

Ein lautes Klicken ließ die Menge die Ausführung des Befehls erkennen. Wütende Drohungen der Sauroiden auf dem Marktplatz wurden laut.

»Feuer«, befahl der Truppenführer der Worgass.

Kräftige Salven entluden sich aus den Laser-Gewehren der Gardisten. Die ersten zehn Green-Lizards brachen tödlich getroffen zusammen. Blut sprudelte aus den Wunden. Die nächste Reihe der Freiwilligen musste nachrücken und sich vor die Getöteten stellen.

Es rumorte und kochte in der Menge der Beobachter. Es fehlte nur noch ein kleiner Funke, der das Feuer entzünden konnte. Die Worgass bemerkten dies nicht. Zu sehr waren sie mit ihrer Strafmaßnahme beschäftigt.

»Aufhören, lasst ab, ihr Mörder«, tönte es aus der Menge.

Unterdessen legte die Abteilung der Worgass neu auf die nachgerückten zehn Green-Lizards an.

»Feuer«, befahl der Truppenführer der Worgass-Soldaten seinen Gardisten zu. Mit einem lauten Fauchen zischten zehn Lasersalven aus den Gewehren. Auch sie verfehlten ihr Ziel nicht. Erneut brachen zehn Green-Lizards tot zusammen. Sie hatten sich für die Allgemeinheit geopfert.

Traise dreht seinen Kopf. Die Menge war zum Mopp geworden. Voller Wut stürzte sich die Masse der aufgebrachten Beobachter auf die Worgass. Unter schweren Verlusten gelang es den Lizards, die Worgass zu entwaffnen und die Garnison niederzuringen. Es entstand ein Blutbad. Die Menge zeigte keine Hemmungen mehr. Jahrhunderte lange Demütigungen brachen heraus und beendeten das Leben der Worgass-Soldaten. Überall auf dem Marktplatz lagen tote Green-Lizards und tote Worgass herum. Das leidige Ende einer angesagten Vergeltung.

Traise Lyzan schaute sich entsetzt um.

»Fühlt ihr euch jetzt besser? «, fragte er. »Habt ihr alle Worgass-Soldaten getötet? Nein, das habt ihr nicht. Es werden schon bald Neue kommen und ihre Rache wird fürchterlich sein. Reichten euch die heutigen 250 Freiwilligen nicht aus. Jetzt werden die Worgass 50-mal so viele Green-Lizards als Sühne für diese Tat einfordern. «

»Es ist Zeit etwas zu ändern«, sagte ein Green-Lizards aus der Menge. »Falls ihr vom Ältestenrat das nicht könnt, dann sorgen wir dafür. Als Erstes werden wir die Arbeit an den Raumschiffen einstellen. Falls die Worgass eine weitere Vergeltung einfordern, dann werden wir überhaupt nicht mehr an den Schiffen arbeiten. Sollen doch die Worgass ihre Schiffe selbst bauen. «

Traise bemerkte, dass seine Uhr abgelaufen war.
»Wir vom Ältestenrat müssen uns auch auf die neuen Zeiten einstellen«, bemerkte er. »Unsere stetige Zustimmung zu den Befehlen der Worgass wird der Vergangenheit angehören. «

Milchstraße

»Gut, ich komme mit«, entschied Morass. »Das bin ich ihnen schuldig. »Aber danach ist meine Schuld endgültig beglichen. «

»Es gibt immer wieder eine neue Schuld zu begleichen«, antwortete Heran. »Sie besteht Major Travis gegenüber, dass er euch diesen Planeten gegeben hat. Eine weitere

Schuld existiert gegenüber den Sarrtolan. Sie teilen mit euch den Planeten. Man wird im Laufe eines Lebens öfter gebeten ein Schuldeingeständnis geben. Man hilft sich untereinander, wenn Gefahr droht. Diese Weisheit solltest du dir aneignen. Das Leben funktioniert nicht anders. «

»Wann können wir starten? «, fragte Morass.

»Sofort, wenn du fertig bist«, erwiderte Heran.
»Ich möchte mich nur noch kurz von meiner Tochter verabschieden«, entgegnete Morass. »Dann können wir fliegen. «

»Gut beeile dich«, sagte Heran. »Die Zeit ist knapp. Wir treffen uns an meinem Raumschiff. «

Morass winkte einen uniformierten Lizards heran.

»Bringe unseren Gast bitte zu dem Flugfeld zurück«, sagte er.

»Verstanden, Abgeordneter«, bestätigte der Uniformierte seinen Auftrag.

Ein Gleiter eilte herbei. Der Soldat der Green-Lizards hielt Heran zuvorkommend die Tür auf. Der Lantraner stieg ein. Der Gleiter setzte sich in Bewegung und flog in Richtung des Flugfeldes davon.

»Ich fliege nach Hause in die Andromeda-Galaxie und versuche geheime Informationen über die Aktivitäten der Worgass zu finden«, teilte Morass seiner Tochter mit.

Sie schaute ihn erschreckt an.
»Das ist viel zu gefährlich«, schimpfte Raise. »Wer hat dir diese Idee in den Kopf gesetzt? Du weißt doch, dass die Lage auf Lizzit sehr angespannt ist. Die Worgass erschießen andauernd Angehörige unseres Volkes. «

»Wir sind getarnt«, antwortete Morass. »Ich habe einen neuen Freund dabei. Heran ist weise und passt auf mich auf. Wir besitzen eine Technik, die den Schiffen der Worgass weit überlegen ist. Es wird nur ein kleiner Spaziergang werden. «

»Hoffentlich«, bemerkte Raise. » Bei dir hört sich das immer wie eine Spielerei an. Viele Lebewesen reden nur und halten sich nicht an die Vereinbarung. Bitte sei vorsichtig. «

»Heran ist ein Lantraner«, teilte Morass mit. »Er ist ein Angehöriger einer der ältesten Rassen im Universum. Die Lantraner hatten sich eine lange Zeit zurückgezogen. Doch durch die bevorstehende Bedrohung der Worgass kommen sie wieder zurück auf die Bühne der Ereignisse und helfen uns, die Gefahren zu beseitigen. Glaube mir bitte. Ihre Technik ist so sehr ausgereift. Wir müssen wissen, was die Worgass vorhaben, wie weit sie mit ihren neuen Wurmloch-Durchgang sind. Die Milchstraße und unser Planet Lizzit 2 sind jetzt unsere neue Heimat. Wir müssen aktiv dafür kämpfen und können uns nicht nur auf andere Rassen verlassen. Dieses Denken habe ich mir von den Humanoiden bereits abgeschaut. «

»Gut Vater, dann fliege mit meinem Segen«, antwortete Raise.

Sie umarmte ihn. Tränen rollten ihre Wangen herunter.

»Komme bitte schnellstens zurück«, flüsterte sie. »Ich brauche dich hier. «

»Ich versuche es «, beruhigte Morass sie. »Mach dir nicht zu viele Sorgen. Es wird schon alles gutgehen. Heran hat es mir versprochen. Auch wir müssen einen Beitrag zu der Sicherheit leisten. Bis bald Raise. «

Heran wartete bereits ungeduldig auf die Ankunft von Morass.

»Was dauert denn da so lange? «, fragte er.

Morass schaute ihn an.
»Du hast vermutlich keine Kinder? «, erkundigte sich Morass.

Heran schüttelte den Kopf.
»Nein, das ist mir verschont geblieben«, antwortete der Lantraner. «

»Kinder sind ein Geschenk«, klärte ihn Morass auf. »Viele Angehörige meiner Rasse wünschen sich Nachwuchs. Doch trotz aller Bemühungen, funktionierte es nicht. Ich bin glücklicherweise Vater und ich möchte es nicht missen. Ein schöneres Gefühl gibt es nicht. «

Heran schaute Morass an, konnte jedoch seinen Gefühls-Ausbruch nicht deuten.

»Nachwuchs ist ein anderes Thema«, erwiderte er. »Hiermit beschäftige ich mich, wenn die Zeit gekommen ist. «

Heran dreht seinen Pilotenstuhl den Instrumenten entgegen. Er drückte einige Knöpfe. Der Evolutions-Raumer startete ohne Probleme. Er hob geräuschlos vom Boden ab und strebte dem Himmel entgegen. Am Boden schaute Raise dem entschwindenden Schiff hinterher.

»Gute Reise Vater«, sagte sie. »Komm bald gesund wieder zurück. «

Milchstraße

Major Travis und Commander Brenzby standen am CIC und schauten sich die Zwischenetappe an.

»Keine besonderen Hinweise auf Zivilisationen, Funk oder Schiffsverkehr? «, fragte der Major. »Die alten natradischen Sternenkarten scheinen noch zu stimmen. Das hier ist ein Raumsektor, in dem kein Leben existiert.

Keine Basen, keine Erzplaneten und sonstige interessante Planeten, die einer intensiveren Untersuchung bedürfen. Wie viele Stunden Flugzeit haben wir noch vor uns? «

»Noch exakt 68 Stunden«, teilte Commander Brenzby mit.

»Das ist noch eine lange Zeit «, erwiderte Major Travis. »Wenn wir wieder zu Hause sind, dann soll sich Marin und Gareck mit den alten Wurmloch-Antrieben beschäftigen. Sirin hat vor langer Zeit solche Antriebe erbeutet. So richtig reibungslos, haben sie nie gearbeitet. Es wurden zu viele Unfälle mit dieser fremden Technik registriert. Die Nutzung wurde aufgrund der nicht kalkulierbaren Probleme eingestellt. Mit scheint es jedoch keine andere Lösung für die Überbrückung extremer Entfernungen zu geben. Mit dieser Technik müssen wir einen Schritt weiterkommen. «

Commander Brenzby nickte.
»Das würde vieles einfacher machen«, bemerkte er. «

Sirin und Heinze hatten sich zurückgezogen. Der Ro saugte wieder alle Informationen in sich hinein, die er in den Schiffsarchiven entdecken konnte. Die Bord-Bibliothek war unerschöpflich. Sirin war in dem Wellness-Bereich zu finden. Sport war ihre große Leidenschaft. Commander Brenzby schaute zu Major Travis herüber.

»Setzen sie sich Herr Major«, sagte er. »Der nächste Sprung steht an. Wir überbrücken in einem Schlag vier Stunden. «

Der Major tat, wie ihm empfohlen und setzte sich in seinen Kommando-Sessel. Die Termar 1 tauchte in die Dunkelheit des Hyper-Raums ein und verschwand von einem Augenblick zum anderen.

Richtung Andromeda

Heran hatte sein Evolutions-Schiff von einigen Stunden zu einer getarnten Wurmloch-Station geflogen. Sie konnte über die Hypertronic-KI des Schiffes aktiviert werden. Der helle Ereignishorizont baute sich auf und gab die Verbindung nach Andromeda frei. Das Evolutions-Schiff beschleunigte und flog hinein.

»Wie lange sind wir schon unterwegs? «, erkundigte sich Morass.

»Es sind fast 3 Stunden«, antwortete Heran. »Lange dauert es nicht mehr. Bitte werde jetzt nicht ungeduldig.«

»Kann deine KI die Zeit der Flugstrecke nach Andromeda errechnen, wenn wir den Flug im Hyperraum absolviert hätten«, fragte Morass. »Die Wurmloch-Knoten in Andromeda standen nur den Worgass zur Verfügung? Unsere Schiffe besaßen lediglich Hyperraum Sprung-Antriebe. «

Heran gab die Daten an seine Hypertronic-KI weiter. Das Ergebnis kam prompt.

»Bei einer Standard-Geschwindigkeit im Hyperraum muss man für die Strecke nach Andromeda mit 49.500 Stunden Flugzeit rechnen«, antwortete die KI monoton. »Das sind fast 2.162 Tage im Raumschiff. «

»Eine ganz langweilige Geschichte«, bemerkte der Lantraner.

Er blickte auf die Anzeigen.
»Wir sind gleich da«, teilte er mit. »Ich schalte das Tarnfeld ein und docke nach dem Austritt an die getarnte Steuer-Station an. Erst dort können wir die Messdaten auslesen. Die Station informiert uns auch über andere Dinge. «

»KI«, befahl Heran seiner Hypertronic zu. »Bitte auf den Austritt aus dem Wurmloch vorbereiten. «

»Der Austritt aus dem Wurmloch wurde initiiert«, antwortete die KI, blechern.

Der helle Ausgang des Wurmloches öffnete sich und schloss sich direkt wieder hinter dem lantranischen Schiff. Niemand hatte das getarnte Evolutions-Schiff bemerkt. Sicher dockte es an der getarnten Steuer-Station an, die kurz vor dem Planeten der Green-Lizards im dunklen All der Andromeda-Galaxie lag.

»Atmosphäre hergestellt«, teilte die Hypertronic blechern mit. »Sie können in die Station wechseln. «

Heran und sein Gast verließen die Brücke des Evolutions-Schiffes und gingen in den Hangar. Dort befand sich der Ausstiegsschott des Schiffes.

Der Schott öffnete ihn und gab den Weg in das Innere der geheimen Steuer-Station frei. Heran und Morass betraten sie. Schnell war die Zentrale der Station erreicht.

»Hier war ich bereits einmal«, sagte Morass.

»Ich habe es dir doch gesagt«, lächelte Heran. »Unsere Mission wird dir Spaß machen. Schauen wir einmal, was wir erkennen können? «
Heran tippte einige Ziffern an dem großen Display der Station ein. Die Monitore erhellten sich und gaben den Blick nach außen frei.

»Schärfe 66,9 Prozent Umkreissuche«, teilte Heran der Hypertronic mit.

Das angezeigte Bild der Monitore scrollte weiter.

»Scanne nach Schiffsaufkommen, Energiewerten und sonstigen Aktivitäten«, ergänzte Heran.

»Ich leite die Ortungen und Auswertungen auf den zentralen Bildschirm«, antwortete Hypertronic-KI der Station. «

Heran winkte Morass zu sich. Er zeigte auf die blinkenden Punkte der Ortungs-Ermittlung.

»Die Hypertronic-KI der Station konnte 80.000 Schiffe registrieren«, erklärte der Lantraner.

Heran zoomte das Bild näher heran.
»Sie liegen geordnet im Ruhemodus«, ergänzte er. »Ihre Antriebe sind offline. Sehen diese Schiffe anders aus als die früheren Modelle, die du kennst? «

Morass schüttelte den Kopf.
»Es sind die gleichen Schiffe, zumindest von der Bauweise her«, erklärte er. »Ich erkenne keine besonderen Aufbauten. Die Schiffe verfügen jeweils über eine Kanone im Front und eine im Heckbereich. Die Klappen für die ausfahrbaren Waffentürme liegen jeweils im Seitenbereich. Ich sehe keine Veränderungen. Die Teile für die Schiffe werden von Duplikatoren in den Werften auf dem Boden von Lizzit ausgespuckt. Wenn man den Duplikator vernichten könnte, dann wäre Schluss mit der Produktion von neuen Schiffen. «

»Das wäre eine Aufgabe für eine Flotte getarnter Schiffe«, lachte Heran.

»Da«, sagte Morass aufgeregt.
Er zeigte auf eine Baustelle im All.

»Dort wird der neue Wurmloch-Durchgang aufgebaut«, erklärte er. »So wie es aussieht, liegen sie hinter dem Zeitplan zurück. Sie sind erst zu 10 Prozent mit dem Aufbau den Torrahmen fertig. Die Fertigstellung wird noch eine lange Zeit dauern. «

»Je mehr Zeit wir haben, umso besser ist es«, antwortete Heran. »Ich denke wir haben genug gesehen. «

»Wie genau sind die Sensoren dieser Station zu fokussieren? «, erkundigte sich Morass.

 »Sie sind sehr sensibel und haben eine extreme Reichweite«, antwortete Heran. »Worauf willst du hinaus? «

»Stelle sie doch bitte einmal auf den Marktplatz ein, im Regierungsviertel der größten Stadt von Lizzit«, bat Morass.

Er zeigte auf die Hauptstadt des Planeten.
»Das ist die größte Stadt unseres Planeten«, teilte er mit.
»Sie war auch mein Zuhause. Ich möchte einmal sehen, was dort gerade passiert. «

Heran teilte die Anweisung seiner Hypertronic-KI mit.
»Ich richte die Sensoren neu aus«, bestätigte sie.

Die Bilder veränderten die Richtung und justierten sich auf die besagte Stadt des Planeten ein. Schärfer und schärfer wurde das Bild.

»Seht hier«, sagte Morass. »Das ist eine Volks-Versammlung. Können wir auch Stimmen hören? «

Heran lachte laut auf.
»Aus dieser Entfernung leider nicht«, antwortete er. »Aber wir arbeiten hieran. Vielleicht finden wir in Kürze ein Verfahren, um deinen Wunsch realisieren zu kann. «

Morass zeigte auf das Display.
»Was ist da los? «, fragte er.

Heran drehte sich um und musterte den Monitor.
»Da kommt eine Garnison der Worgass in Gardeuniform«, sagte Morass. »Sie lieben die altertümliche Tradition. Es ist vermutlich wieder eine Bestrafung. «

Die beiden getarnten Beobachter sahen, wie zehn Soldaten der Worgass Aufstellung nahmen und ihre Gewehre auf die Menge richteten. Dann fielen die ersten Schüsse. Morass war aufgesprungen.

»Es hat sich nichts geändert«, schimpfte er. »Die Worgass schlachten weiterhin mein Volk ab. «

»Setze dich bitte«, sagte Heran. »Achte auf die Menge. Sie wird sichtbar unruhig. Erneut fielen Schüsse auf die Green-Lizards. Morass und Heran sahen, wie die nächsten zehn Lizards zu Boden gingen. Die Menge rebellierte. Der Mopp stürzte sich auf die Worgass und zerriss sie. Mit

Messern, mit Keulen und anderen Gerätschaften, die sie in ihren Händen hielten, schlug die Meute erbarmungslos auf die Soldaten der Worgass-Garnison ein. Ihr Hass auf sie entlud sich in Sekunden. So wie die Worgass nie Erbarmen kannten, so wurde diese Gunst jetzt auch ihnen zu teil. Heran und Morass verfolgten das Schauspiel an den Monitoren der getarnten Station.

»Jetzt sind die Worgass tot«, erkannte Heran. »Ihr Stündchen hatte geschlagen. So schnell kann das gehen. Ich vermute, dass es noch ein Nachspiel geben wird. Die Worgass nehmen so etwas bekanntlich nicht hin. «

Beide Personen schauten dem Treiben auf Lizzit noch eine Weile zu.

»Macht die Station Aufzeichnungen von dieser Tragödie?«, erkundigte sich Morass.

Heran nickte.
»Das geschieht automatisch«, antwortete er. »Benötigst du einen Mitschnitt?

Morass nickte.
»Das wäre hilfreich, damit ich zu Hause unseren Leuten die Qualen der Zurückgebliebenen zeigen kann«, antwortetet er.

Heran blickte auf Morass.
»Das Kind ist im Brunnen«, bemerkte er. »Wir können nichts machen. Gibt es irgendwo eine Basis der Worgass

auf Lizzit? Wie kommen die Worgass-Soldaten so schnell auf den Marktplatz. Sie werden von einer Kaserne, oder einem Raumschiff als Stützpunkt nutzen. Wo kann dieser sein? «

Morass schüttelte den Kopf.
»Der Stützpunkt, in dem die Worgass ihre Kontrollen planen, ist mir nicht bekannt. «

»Sie werden euch nicht unbeobachtet lassen«, antwortete Heran. »Schon gar nicht, nach dem Vorfall von soeben. «

»Wenn überhaupt jemand weiß, wo sich die Basis der Worgass befindet, dann ist es der Ältestenrat unseres Volkes auf Lizzit«, antwortete Morass. »Ich habe Traise Lyzan auf dem Monitor gesehen. Er ist der Älteste des Rates. Er wurde von den Worgass gezwungen, an dieser Exekution teilnehmen. «

»Du bist sicher, dass dieser Traise wissen könnte, wo die Basis der Worgass liegt? «, erkundigte sich Heran nochmals.

Morass nickte.
»Ich bin mir sicher «, antwortete er. »Nur das Gremium der Ältesten hat die Berechtigung alle Informationen zu erhalten. Ich denke, wenn es jemand weiß, dann ist es Traise. «

Heran dachte nach.

»Du hast mich überzeugt«, lächelte Heran er. »Wir werden Traise einen Besuch abstatten. Diese getarnte Station verfügt über zwei leistungsfähige Kampfjets. Mit einem von ihnen werden wir auf dem, Planeten Landen. Die Maschinen verfügen ebenfalls über einen Tarnfeld und können von keinem Radar geortet werden. Sie sind für drei Personen ausgelegt. So wie ich die Worgass kenne, haben sie nicht viel in ihre Technik investiert. Sie bleiben grobmotorisch und lieben es, wenn alles so bleibt, wie es ist. «

Heran lächelte Morass an.
»Bitte achte jetzt genau darauf, welche Knopf ich an meinem Kampfgürtel drücke«, sagte er. »Bist du bereit? «

Morass nickte zustimmend.

Der Lantraner zeigte auf eine kleine Tastatur, die seitlich in seinen Gürtel integriert worden war. Sechs leuchtende, farblich unterschiedliche Tasten waren zu sehen. Der Zeigefinger von Herans rechter Hand drückte auf den weißen Knopf. Vor den Augen von Morass verschwand die Gestalt des Lantraners. Der Körper von Heran wurde transparent.

»Siehst du mich noch? «, fragte er.

Morass war begeistert.
»Siehst du mich noch? «, fragte Heran

»Nein«, antwortete Morass. »Meine Augen sehen dich nicht mehr. «

»Perfekt«, antwortete Heran. »Ich demonstrierte die Tarnung, die du ebenfalls anlegen wirst. «

Heran wurde wieder sichtbar. Er hatte das Tarnfeld deaktiviert.

»Der Vorteil unseres Tarnfeldes ist es, dass wir getarnte Personen über ein lantranische Head-Up Display erkennen können. Dieses befindet sich in den Schutzhelmen unserer Kampfanzüge. Außenstehende sehen uns nicht. «

Heran schritt an einen Wandschrank, nahm einen Kampfanzug und einen Kampfgürtel heraus. Beide Ausrüstungsstücke gab er an Morass weiter.

Der Anzug passt sich automatisch jeder Körperform an, grinste Heran.

Morass betrachte den Anzug.
»Das Ding sieht aus, wie ein großer Luftballon«, bemerkte er. Der soll mir passen? «

»Steig hinein und ziehe ihn bis zu deinem Bauch hoch«, erklärte Heran. »Sobald die Sensoren der Anzuges auf Widerstand stoßen, übernimmt der Anzug die Steuerung der exakten Passform. «

Morass führte die Anweisung aus. Auf halber Körperhöhe merkte der Green-Lizard plötzlich, wie Bewegung in den Anzug kam. Blitzschnell umschloss der Anzug den Sauroiden und zog sich fest.

Morass nickte.
»Das ist sehr beeindruckend«, sagte er. »Der Anzug sitzt wie eine zweite Haut. «

»Er wird durch den Kampfgürtel gesteuert«, erklärte Heran. »Lege ihn an. Der Gürtel sucht sich selbstständig ein Interface, um mit dem Anzug zu kommunizieren. «

Der Lizard legte ihn um, während Heran ihn dabei beobachtete. Er lächelte.

»Gut aufgepasst«, sagte Heran. »Dann können wir los. Folge mir bitte. «

Sie schritten aus der Zentrale der Station, in den unterhalb liegenden Hangar. Hier standen zwei startbereite Kampfjets.

»Die sehen aber nicht sehr vertrauensselig aus«, monierte Morass. »Die sind ja völlig zu gestaubt. «

Heran grinste.
»Zuverlässigkeit hat nichts mit Größe zu tun«, sagte er. »Steigen wir ein. Die Technik funktioniert seit vielen Jahrtausenden, leider wurde sie nicht oft benutzt.«

Morass folgte Heran und tat wie befohlen. Er wusste bereits, dass die Technik der Lantraner seinem Wissensstand weit voraus war.

Problemlos erreichte der getarnte Kampfjet den Boden des Planeten Lizzit. Morass hatte Heran die Beschreibung des Hauses von Traise übermittelt. Der nur fünf Meter messende Jet landete auf der Wiese vor dem Haus von Traise, dem Ältesten des Regierungs-Rates der Green-Lizards. Getarnt stiegen beide Personen aus dem Jet aus. Vorsichtig betrachteten sie das Haus.

»Gehen wir hin«, teilte Heran seinem Begleiter über die kabellose Funkverbindung mit.

Heran und Morass setzten sich in Bewegung und gingen zur Tür von Traise Hause. Sie war geöffnet. Leise schritten sie hindurch. Vorsichtig schloss Heran die Türe hinter sich. Es war still in dem Haus. Mehrere Zimmer waren leer.

»Er scheint noch nicht zu Hause zu sein«, flüsterte Morass.

Sie betraten einen größeren Raum, in dem Traise sich auf einer Holzbank ausruhte. Er schien zu schlafen.

»Schalte deine Tarnfeld aus«, flüsterte Heran. » Gib dich zu erkennen. Ich lasse meines noch aktiviert. Ich denke, dass deine Mitstreiter nicht sehr oft humanoide Lebensformen zu Gesicht bekommen haben. «

Morass tat, was ihm Heran empfohlen hatte. Traise erwachte immer noch nicht.

Morass ging auf Traise zu und schüttelte ihn. Nur langsam wachte er auf. Die Augen wurden klarer.

»Morass«, stutzte das Ratsmitglied erstaunt. » Ich dachte, du wärst mit einem Raumschiff zur Milchstraße unterwegs?«

»Das war ich auch«, antwortete er. »Doch das ist eine lange Geschichte. Ich bin zurückgekommen, weil ich mehr Informationen über die Worgass benötige, als mir bisher zur Verfügung stehen.

Traise nickte nachdenklich.

Ich möchte ich dir einen Freund vorstellen", flüsterte Morass. Er hat mich begleitet. Ohne ihn hätte ich den langen Weg in die Milchstraße nicht geschafft. Er ist getarnt. Bis du bereit ihn kennenzulernen? «

Traise nickte.
»Natürlich«, antwortete er. »Heute kann mich nichts mehr erschüttern. «

»Heran«, sagte Morass. »Bitte enttarne dich. «

Ein kurzes Flimmern entstand. Dann stand der Lantraner in seiner vollen Größe vor Traise.

»Es ist ein Humanoide«, bemerkte Traise entsetzt. »Er ist einer der Teufel, vor denen wir immer gewarnt wurden. «

»Vergiss die Lügen der Worgass«, antwortete Morass. »Die Humanoiden sind gut zu uns. Alles was die Worgass uns erzählt haben, stimmte nicht. «

»Dein Wort reicht mir«, sagte Traise. Wie nennt sich der Humanoide.

»Mein Name ist Heran«, teilte der Lantraner mit. »Von mir haben sie nichts zu befürchten. «

Traise schien sich sichtlich zu beruhigen.

»Wir haben eine dringende Frage an dich«, fuhr Morass fort. »Du bist der Vorsitzende der Regierungsrates unseres Volkes. Weißt du zufällig, wo die Worgass ihre Militär-Basis versteckt haben? «

Traise schaute Morass entgeistert an.
»Das ist ein schwer gehütetes Geheimnis«, antwortete Traise. »Die Kommandantur der Worgass hat uns befohlen, diese Information keinem Angehörigen unseres Volkes mitzuteilen. Sie müssen extreme Angst vor Attentaten und Anschlägen haben. Der Ort ihrer Basis darf nicht genannt werden. Alle Lizards, die diese Anordnung missachten, werden mit der Todesstrafe bestraft. «

»Ich verstehe«, erwiderte Morass. »Dennoch müssen wir wissen, wo sie sich verstecken. Wo kommen sie her? Sind sie hier in der Andromeda-Galaxie heimisch, oder stammen aus anderen Regionen des Universums. Wir brauchen diese Informationen. «

Traise dachte nach.
»Es ist sehr lange her, da sagten sie uns, dass sie aus der Trasch-Galaxie kommen würden. «

»Die Trasch-Galaxie kenne ich nicht«, antwortete Morass.
»Es ist ein alter Name«, antwortete Traise. »Er stammt angeblich aus der kleinen Magellanschen-Wolke. «

Morass pfiff durch seine Zähne.
»Ich habe es immer vermutet«, fluchte er. »Es sind Invasoren. Wo ist ihre Basis? Wie stark ist sie gesichert? «

»Das sind Daten, die ich nicht weitergeben darf«, sträubte sich Traise. » Ich habe heute erst wieder bemerkt, dass unser Volk will den Worgass nicht mehr dienen möchte. Weißt du, was heute erneut passiert ist? «

Morass nickte.
»Ja, ich habe es gesehen«, erwiderte er. »Eine aufgebrachte Menge von Green-Lizards haben heute auf dem Marktplatz hat 30 Worgass-Soldaten abgeschlachtet«, teilte Traise mit. »Das gibt garantiert ein Nachspiel. Ich denke, sie werden auch an mir ein Exempel statuieren. Das lassen sie sich nicht gefallen. «

»Ich sehe an deinen Augen, dass du es leid bist«, bemerkte Morass. »Bitte habe keine Angst. Du hast dein Lebenswerk erfüllt. Viele Jahre warst du der Vorsitzende unseres Regierungsrates. Du warst die gute Stimme für unser Volk. Deine Intelligenz gab uns erst die Kraft, die Gräueltaten der Worgass zu ertragen. Du warst es doch, der uns immer wieder auf bessere Zeiten eingeschworen hatte, die irgendwann kommen sollten. Hierfür sind wir die dankbar. «

»Ich habe mich geirrt«, antwortet Traise. »Diese guten Zeiten werden wir nicht mehr erleben. «

»Doch, fluchte Morass. »Wir werden dafür sorgen, dass diese Zeiten endlich wahr werden. Du kommst mit uns nach Lizzit 2. Wir brauchen deine Erfahrung als Vorsitzender des Ältestenrates. Schreibe den Worgass eine persönliche Mitteilung. Erkläre ihnen, dass du die Exekutionen an Angehörigen deines Volkes nicht mehr ertragen kannst. Teile ihnen mit, dass du auf dein Amt verzichtest und in den Freitod gehst. Bitte braucht, weil du dich durch einem Worgass-Strahler pulverisieren lässt. «
Traise fiel ein Stein vom Herzen.

»Ihr meint es ernst, ich kann hier weg? «, jubelte er. » Ist das wirklich wahr? «

Schnell hatten Morass einen Zettel mit der Mitteilung an die Worgass geschrieben.

Heran hatte bereits einen weiteren Kampfanzug und einen dritten Tarngürtel aus dem Jet geholt und ihn Traise gegeben. Morass half dem Ältesten des Rates den Anzug anzulegen. Nachdem das geschafft war, legte Morass seinem Freund den Kampfgürtel um.

Traise musterte Heran.
»Ein Humanoide hilft uns? «, bemerkte er.

»Ja«, entgegnete Morass. »Die Humanoiden sind ganz anders als von den Worgass geschildert. Auch das war eine große Lüge von ihnen. Du kannst jetzt bereits mit dem Umdenken anfangen. Nichts von dem, dass die Worgass uns gelernt haben, entspricht der Wahrheit. «

Morass erklärte Traise kurz den Gürtel.
»Auf diesen leuchtenden weißen Knopf drücken wir, wenn wir uns tarnen wollen «, teilte er mit.

Traise nickte verstehend.

»Gehen wir, es wird Zeit«, forderte Heran seine Begleiter auf.

Morass stand am Fenster und schaute hinaus. Soeben setzte ein Militär-Gleiter zur Landung an. Das Schott öffnete sich, vier schwer bewaffnete Worgass sprangen heraus. Ihre Abzeichen sagten auf, dass sie Angehörige des planetaren Sicherheitsdienstes waren. Die Soldaten blickten sich um und schritten auf die Türe von Traise Haus zu.

»Zu spät«, sagte Morass.

»Ruhig verhalten und zurück an die Wand stellen«, ergänzte Heran. »Drückt die weißte Taste des Gürtel aktivieren. Die Worgass werden uns nicht sehen.

Die Soldaten des Sicherheitsdienste drangen in das Haus ein. Ohne zu klopfen, traten sie die Türe. Die vier uniformierten Worgass stürmten mit entsicherten Waffen in jedes Zimmer des Hauses. Verdutzt registrierten sie, dass Niemand anwesend war.

»Alle ausgeflogen«, sagte eine der Worgass. »Traise wusste, dass wir ihn festnehmen würden. «

Einer der Worgass blickte zur Hintertüre, die sperrangelweit offenstand.

»Warum steht diese Tür offen? «, fragte er. » Schließt man sie nicht, wenn man das Haus verlässt? «, fragte er.

»Verlasst mein Haus«, sagte Traise plötzlich.

Schnell drehten sich die Worgass um ihre eigene Achse und suchten den Sprecher des Satzes.

»Wer war das? «, fragte einer von ihnen. » Kommen sie heraus und ergeben sie sich. «

Sie konnten jedoch niemanden erkennen. Jetzt war es passiert. Ein Worgass zog einen Scanner aus seinem Gürtel und schaltete ihn ein.

»Ich messe extreme Energiewerte«, sagte er. Vorsichtshalber hatten bereits seine drei Kollegen ihre Handstrahler gezogen. Sie fingen an, wahllos in die Ecken des Hauses zu feuern.

Heran konnte nicht mehr anders. Er deaktivierte seinen Tarnmodus. In jeder seiner Hände lag eine schwere Laserpistole. Sein Individual-Schutzschirm leuchte auf der stärksten Stufe. Ohne Vorwarnung schoss Heran im Sekundentakt auf die vier Worgass. Ihre Schutzschirme versagten sofort. Die Lasersalven aus Herans Waffe durchschlugen die Körper der Uniformierten. Kein Schrei kam mehr über ihre Lippen. Sie sackten in sich zusammen. Heran trat näher und schaute sich die leblosen Körper an.

»Die Worgass waren schon immer der Unrat der Galaxie«, sagte er.

Er veränderte die Einstellung an seinen Waffen und bestrich die leblosen Körper nochmals mit Strahlen. Die Körper lösten sich auf. Nichts mehr blieb von ihnen übrig, als hätten sie niemals existiert.

»Alle Spuren beseitigt«, sagte er.

Heran dreht sich zu Traise um.

»Auch wenn man uns nicht sehen kann, so kann man uns doch hören«, erklärte er. »Aus diesem Grunde sollten wir nicht zu viele Geräusche machen und schon gar nicht sprechen. «

»Ich glaube, ich habe es jetzt verstanden«, antwortete Traise. »Bitte entschuldigen sie. Bei dem nächsten Mal wird es besser. «

»Es wird kein nächstes Mal geben«, entschied Heran. »Wir verschwinden von hier. Ich denke, die Energie-Emissionen wurden angemessen. Vermutlich wird gleich Verstärkung auftauchen. Gehen wir zu dem Kampfjet. Alles Weitere können wir auf dem Rückflug besprechen.«

Heran blickte Traise an.
»Nehmen sie das Nötigste mit«, empfahl er. »Wir kommen nicht mehr zurück. «

Traise stand wie erstarrt da. Er lauschte den Worten von Heran.

Morass unterstrich die Anordnung mit eigenen Worten. »Beeile dich, wir müssen los«, forderte er.

Es dauerte nur wenige Minuten, dann hatte Traise die Dinge zusammengesucht, auf die er nicht verzichten wollte. Er verstaute alles in einer großen Tasche, die er sich über die Schulter warf. Er folgte Heran und Morass in den Garten. In wenigen Schritten war der Kampfjet erreicht.

»Hier hinein«, wies Morass seinen Freund ein. »Setze dich auf den hinteren Sitz. Wir können uns jetzt enttarnen. «

Heran verriegelte das Schott des Jets. Er ließ sich auf den Pilotensitz fallen und startete die Antreibe der Maschine. Sanft hob er vom Boden ab und zog den Jet in den Himmel hoch. Kurze Zeit später flog der Jet in den Hangar der getarnten Wurmloch-Steuerstation. In der Zentrale aktivierte Heran die Monitore.

Er drehte sich um zu Traise.
»Mein Name ist Heran«, sagte er freundlich. »Ich bin ein Freund von Morass und ein friedfertiger Humanoide. Ich hoffe sie haben keinen falschen Eindruck von mir bekommen. Ich musste die Worgass töten. Anders wären wir nicht aus ihrem Haus gekommen. Sie hätten uns über kurz oder lang gefunden. Es war notwendig, um unsere Flucht zu ermöglichen. Es gab keinen anderen Ausweg. Sprechen sie mit Morass. Er kann ihnen mehr von mir erzählen. «

Heran drehte sich zu den Monitoren um.
»Wir sind bald weg von hier«, teilte er mit. »Ich möchte nur kurz schauen, was unten auf dem Planeten passiert. «

Heran zoomte das Bild näher. Die Kontur von Traise Haus wurde schärfer. Dutzende Einsatzgleiter des Sicherheits-Dienstes standen um das Haus herum. Überall liefen die Worgass mit Geräten und Scannern herum und suchten nach Spuren.

»Wie ich es vermutet habe«, bemerkte Heran. »Sie suchen nach uns. «

Heran suchte den Blick von Traise.
»Haben sie alle Unterlagen mitgenommen, welche uns Hinweise auf die Herkunft der Worgass geben könnten? «, erkundigte er sich.

Traise nickte.
»Ich habe sämtliche Daten auf einen Speicher-Kristall überspielt «, erwiderte er.

»Gute Arbeit«, sagte Heran. »Dann sollten wir zurückfliegen. «

Morass zeigte auf die Monitore.
»Die Worgass müssen fürchterlich sauer sein«, sagte er. »Sie ziehen sich zurück. «

Plötzlich explodierte das Haus von Traise. Ein greller Lichtball erhob sich zum Himmel.

»Sie überlassen nichts dem Zufall«, bemerkte Morass. »Die Erinnerungen an die Zeit, die du in deinem Haus verbracht hast, die können dir die Worgass nicht mehr nehmen. «

Das Haus von Traise existierte nicht mehr.

»Danke, für deine aufmunternden Worte«, antwortete Traise. »Ich freue mich darauf, euren neuen Planten zu sehen. «

»Lasst uns zurückfliegen«, sagte Heran. »Wir haben genug gesehen. Die Worgass haben sich in ihrer Denkweise nicht geändert. Noch immer fühlen sie sich anderen Rassen überlegen.«

Heran schaltete Steuerung die Station wieder in den Automatikbetrieb. Sämtliche Vorgänge wurden jetzt wieder von der Hypertronic-KI übernommen. abgeschaltet und die Station auf den Tarn-Betrieb. Ab jetzt kümmerte sich die KI der Station nur noch um die Stabilität des Wurmloch-Durchganges.

»Gehen wir meinem Schiff zurück«, entschied Heran.

Das Evolutions-Schiff war schnell erreicht und die unterschiedliche Gruppe stieg ein.

Heran startete die Motoren und dockte von der Station ab.

»Ich sende der Steuerstation ein Signal, damit uns ein Wurmloch in die Milchstraße geöffnet wird«, erklärte Heran.

Der Lantraner tippte einige Ziffern und drückte auf einen roten Knopf.

Nur Sekunden vergingen, bis sich vor dem Evolutions-Schiff der helle Ereignishorizont des Wurmloches öffnete. Heran beschleunigte sein Schiff und tauchte hinein. Hinter dem Schiff verschoss sich das Wurmloch wieder.

Für einen Reisenden in einem Wurmloch schien die Zeit schneller abzulaufen. Nach etwas mehr als drei Stunden trat das Evolutions-Schiff des Lantraners wieder auf der Seite der Milchstraße aus dem geöffneten Ereignishorizont des Wurmloches aus.

»Das wäre geschafft«, sagte Heran. »Alles ist gut gelaufen. «

Er ließ noch einmal die Suchroutine von seiner Hypertronic-KI nach fehlerhaften Stationen suchen. Das Ergebnis war erfreulich.

»Derzeit sind keine weiteren Stationen ausgefallen«, antwortete die künstliche Intelligenz des Schiffes.

»Gut, antwortete Heran. »Führe einen Hyperraum-Sprung nach Lizzit 2 durch.«

Die Hypertronic-KI bestätigte und versetzte das Schiff in den Hyperraum.

Nach einer kurzen Flugdauer im Hyperraum, tauchte das Evolutionsschiff in der Nähe der Zielkoordinaten wieder in den Normalraum ein.

Die Monitore schalteten sich an. Wie ein Smaragd lag der dunkelgrüne Planet Lizzit 2 vor den Reisenden.

»Was ist das für ein Juwel? «, fragte Traise begeistert. »Wo sind wir hier? «

»Wir sind in der Milchstraße«, antwortete Morass. »So wird diese Galaxie von den humanoiden Lebensformen genannt. Vor uns liegt unser Dschungel-Planet. Das ist unsere neue Heimat. Ein Planet, wie wir ihn uns immer gewünscht haben. Ursprünglich und in vollendeter Schönheit. Hier haben wir begonnen, unsere neue Stadt aufzubauen. «

»Er sieht so schön aus, wie du ihn beschrieben hast«, staunte Traise. »Wir fehlen die Worte. «

»Er ist ein Edelstein unter den vielen Planeten«, entgegnete Morass. »Warte erst einmal ab, bis wir gelandet sind. Dann kannst du dir selbst einen ersten Eindruck verschaffen. «

»Ich benötigte die Informationen von dem Speicher-Kristall«, sagte Heran. »Sobald ich die Daten analysiert habe, mache ich mich auf die Suche nach Major Travis. Ich möchte meine weitere Planung mit ihm abstimmen. «

»Das ist nicht so einfach«, sagte Morass. »So wie ich weiß, ist er in Richtung Orion-Sternbild unterwegs. «

»Das wusste ich bereits«, teilte Heran mit. »Ich werde ihn schon finden. «

Morass informierte die Bodenkontrolle von Lizzit 2 über die bevorstehende Landung. Diesmal wurde der planetenumspannende Schutzschirm nicht aktiviert und die Boden-Abwehr-Geschütze blieben versteckt in ihren Schächten im Boden.

»Ihr seid bereits gut ausgestattet«, lächelte Heran. »Bei meiner ersten Ankunft gab es einen fürchterlichen Bums an diesem Raumschiff. «

»Das war ein Versehen«, schmunzelte Morass. »Du hättest auch ein Feind sein können. «

Langsam schwebte das Evolutions-Schiff auf das Flugfeld zu. Schon einmal war Heran vor einiger Zeit hier gelandet. Das Schott öffnete sich und die drei Reisenden stiegen aus. Traise holte tief Luft, atmete die ursprüngliche Atmosphäre tief in seine Lungen ein. Er schaute sich in alle Richtungen um.

Raise eilte ihrem Vater entgegen.
»Endlich bist du wieder da«, sagte sie. »Schön, dass alles gut verlaufen ist. Wir haben dich hier sehr vermisst. «

»Darf ich dir Traise vorstellen«, sagte Morass.

Raise schaute ihn an.

»Der Älteste des weisen Rates von Lizzit ist jetzt auch hier auf unserem neuen Planeten«, ergänzte Morass.

»Schön sie zu sehen«, lächelte Raise.«

»Es ist so fantastisch«, antwortete Traise. »Das ich das alles noch erleben darf. Hierfür gibt es keine Worte. Ich bin glücklich. Worgass gibt es hier hoffentlich keine. «

Morass schüttelte den Kopf.
»Nein, Worgass gibt es hier nicht, zumindest im Moment nicht. «

Die Gruppe ging dem Verwaltungsgebäude entgegen. Als Traise eintrat, sprangen alle Lizards von ihren Stühlen auf und blickten erstaunt in seine Richtung.

»Keine Sorge«, sagte Morass. »Traise bleibt jetzt bei uns. Wir haben ihn geholt, sein Leben auf unserer Heimatwelt in Andromeda war in Gefahr. «

Jubel und Beifall tönte in den Hallen der Verwaltung.
»Die Worgass sind keineswegs Götter, wie sie sich immer darstellen«, erklärte Morass. »Es handelt sich um Lebewesen aus Fleisch und Blut und sie sind verletzbar.

»Wo ist der Speicher-Kristall? «, fragte Heran. » Gebt ihn mir bitte, ich muss schnell weiter. «

Traise wühlte in seiner Tasche und kramte in den Speicher-Kristall heraus.

»Er ist sehr alt«, sagte er. »Ich hoffe, dass alle Daten auf ihm noch gut erhalten sind. «

Morass steckte den Kristall in einen Computer-Terminal und kopierte die Daten auf einen frischen, neuen Speicherkristall.

»So, fertig«, sagte er.
Er gab die Kopie an Heran weiter.
»Andere Daten haben wir nicht«, sagte er. »Ich hoffe, sie genügen dir. Eine erste Auswertung kannst du auf deinem Flug in den Orion-Sektor vornehmen. Ich hoffe sehr, dass sich deine Fragen beantworten werden. «

»Ich hoffe es «, antwortete Heran.

»Sehen wir uns noch einmal wieder? «, erkundigte sich Morass.

»Ja«, antwortete Heran. »Unsere Hohe-Empore hat beschlossen, sich jetzt wieder intensiver um die Belange der Zivilisationen unserer Galaxie zu kümmern. Das beinhaltet auch, dass man einige Weichen stellen muss, um mögliche Invasoren frühzeitig zu erkennen. Wir sehen uns schneller wieder, als dir das lieb sein wird. «

»Danke«, sagte Morass. »Du hast so viel für uns getan. Wir stehen in deiner Schuld. «

»Und so kommen wir wieder zu der Schuld-Frage«, lächelte Heran. »Mach dir keine Sorgen. Ich werde die Gegenleistung schon noch einfordern. «

Mit diesen Worten drehte sich Heran um und ging seinem Evolutions-Raumschiff entgegen.

»So schlimm sind die Green-Lizards gar nicht«, dachte er. »Ich mag sie eigentlich sehr gerne. «

Die Bodenkontrolle gab den Flug frei. Heran startete die Antriebe seines Evolutions-Schiffes Ohne große Geräusche schwebte das Evolutions-Schiff dem Himmel entgegen. Im Orbit schaltete Heran die Fusions-Treibwerke hinzu. Des Schiff brüllte auf und zischte vorwärts. Heran hatte es sehr eilig. Er wollte zum Orion-Sternbild. Dort sollte sich auch Major Travis aufhalten.

Spuren der Vergangenheit

Heran war auf dem Flug in das Orion-Sternbild. Hier vermutete er Major Travis und seine Expeditions-Flotte zu treffen. Heran war ein lantranischer Wurmloch-Spezialist. Ein Mitglied einer alten Rasse von Humanoiden, die längst das Weltall ausgekundschaftet hatten. Sie waren über den Drang zu forschen längst hinausgewachsen. Seit dem Beginn der Evolution waren sie zugegen und beobachten die Entwicklung in der Milchstraße.

Früher hatten sie aktiv junge Rassen unterstützt und ihnen Wissen vermittelt. Doch viele der jungen Rassen stellten sich schnell als unreif heraus. Sie vergaßen sorgsam mit dem Wissen umzugehen und verzettelten sich in Kriege und Auseinandersetzungen mit Nachbarvölkern. Dies war nie das Ziel der Lantraner gewesen. Sie zogen sich zurück und interessierten sich nicht mehr für die Dinge, die in ihrer Galaxie passierten. Den großen Krieg beachteten sie nur am Rande. Dieser weitete sich immer mehr aus und schien die Milchstraße unweigerlich um Jahrtausende zurückzuwerfen.

Schon oft mussten sie galaktische Kriege mit ansehen. Bisher renkte sich alles wieder ein. Aber nicht in diesem Krieg. Er war größer, schlimmer und vernichtender. Die Lantraner sahen zu, aber verhinderten nicht das Elend der Auslöschung ganzer humanoider Stämme und Rassen. Dann war es zu spät. Viele Jahrtausende zogen an ihnen vorbei und die Milchstraße war entvölkerter denn je. Ein technisch fortgeschrittenes Volk der Milchstraße nannte sich Natrader. Sie konnten das angreifende Volk der Rigo-Sauroiden besiegen. Aber mit welchem Ergebnis. Ihre

Heimatwelt wurde verseucht und unbewohnbar gebombt. Als dann die Natrader aufbrachen, um sich in einer anderen Galaxie eine neue Heimat zu suchen, wurde es in der Milchstraße leerer und leerer. Die Lantraner hatten hiermit nicht gerechnet. Sie konnten den letzten überlebenden Natradern nur hinterher sehen.

die Lantraner erkannten, dass sie sich viel zu lang nur mit sich selbst beschäftigt zu hatten. Die Kommunikation, der Warenaustausch, der Handel und die sogenannte Weiterentwicklung der Rassen in der Milchstraße gab es nicht mehr. Der große Krieg hatte alles wieder an den Ursprung zurückgeworfen. Diese Entwicklung wurde von den Lantranern nicht vorausgesehen. Sie gestanden sich Fehler ein und versuchten hieraus zu lernen.

Heran hatte sich einen Wurmloch-Knoten ausgesucht, der ihn in die Nähe der Sonne Rigel bringen sollte. Nach seiner Recherche sollte Major Travis hier in Kürze auftauchen. Heran wollte vorbereitet sein. Er schaltete vorsichtshalber den Tarnschirm seines Schiffes ein.

»Wurmloch-Austritt erfolgt in 2 Razecks«, teilte die Hypertronic-KI blechern mit.

Heran setzte sich in seinen Kontroll-Sessel und beobachte die Instrumente.

»Alles läuft reibungslos«, dachte er. »Mein Evolutions-Schiff ist seit vielen Epochen ausgereift.«

Heran war Spezialist als Wartungsexperte und auch für Wurmloch-Steueranlagen. Nicht nur für die Wurmloch-Knoten, sondern für jede Art von Maschinen, Antriebe und Generatoren, die Wurmlöcher erzeugen konnten. Das war sein Hobby. Er freute sich förmlich, wenn er gerufen wurde und vor den Augen der Nichtwissenden eine komplizierte Anlage wieder reparieren durfte. So leicht machte ihm keiner etwas vor.

Er schaute auf seine Monitore. Es war so weit. Das Wurmloch öffnete seinen Schlund und spuckte das Evolutions-Schiff des Lantraners aus. Nach dem Austritt zog es sich wieder zusammen und verschloss das Portal.

»Immer wieder beeindruckend«, sagte Heran zu sich selbst. »Eine natürlich gewachsene Verbindung, um die Wege zwischen den Planeten und den Galaxien zu minimieren. Wir müssen das ganze Weltall als eine Konstruktion sehen. Dann wird es verständlich, dass auch Wege vorhanden sein müssen. «

Heran steuerte ein Asteroiden-Feld an. Hier wollte er warten, bis die Flotte von Major Travis aus dem Hyperraum fallen würde. Sein Blick fiel wieder auf die Monitore. Die feinfühligen Sensoren seines Evolutions-Schiffes konnten sehr weit entfernte Wellen und Hyperraum-Erschütterungen anmessen. Die Monitore zeigen den ganzen Raumquadranten an. Viele kleine Planeten-Systeme umreisten kleine, mittlere und größere Sonnen.

»Was wird Major Travis hier wollen? «, fragte Heran sich.» Hier ist nichts von Bedeutung. «

Der blickte auf den großen Monitor.
»Umkreis scannen«, befahl er seiner Hypertronic-KI.

Die Antwort kam prompt.
»Ich konnte mehrere bewohnbare Planeten orten«, teilte die KI mit. »Es wurde kein Schiffsverkehr registriert, keine Hyperkomm-Daten und keine industriellen Abgase in den Atmosphären. Lebensformen auf hohem Niveau werden von mir ausgeschlossen. «

»Danke«, sagte Heran. »Wie ich vermutet habe. Hier ist nichts von Bedeutung. Das wird wieder eine langweilige Wartezeit werden. «

Er drückte einige Knöpfe an seinem Schaltpult. Der Kommando-Sessel wurde zur Wellness-Schale. Der Stuhl verbreitete seine Sitzfläche. Die Luftposter wurden stabiler und bequemer. Automatisch senkte sich der Stuhl in die bevorzugte Ruheposition ab. Fremdartige Musik harmonisierte mit dem gedämpften Licht. Heran schloss seine Augen.

»Die Hypertronic-KI meines Schiffes wird sich schon melden, wenn neue Ereignisse, oder eine Fremdannäherung zu melden ist«, dachte er.

**

Major Travis war von seiner Kabine auf dem Weg zur Brücke. Die Flugstrecke in den Orion-Sektor war fast bewältigt. Lange konnte es nicht mehr dauern, bis die Flotte am Ziel war. Sie hatten die Zielsterne ermittelt, doch was sie dort vorfinden sollten, wusste niemand.

Major Travis klopfte an die Kabinentür von Heinze.
»Herein, wer ist denn da schon wieder, hat man denn hier nie seine Ruhe? «, tönte es von drinnen.

»Bist du im Stress? «, fragte der Major.
»Nein«, antwortete der Ro. »Ich lese gerade interessante Berichte über die Schiffs-Kriege im Mittelalter. «

»Du weist aber, dass unsere Arbeit Vorrang hat«, bemerkte der Major lächelnd. »Auch vor privaten Dingen.«

Heinze murmelte etwas Unverständliches.
»Was kann ich tun? «, erkundigte er sich.

»Ich möchte, dass du mit mir zur Brücke kommst«, erwiderte Major Travis. »Wir werden bald unser Ziel erreichen. Ich weiß nicht, was uns dort erwartet. Vielleicht kannst du fremde Gedankenwellen auffangen.«

Der Ro sagte zu. Gemeinsam schritten Major Travis und Heinze auf den nächsten Lift zu.

Auf der Brücke wartete bereits Commander Brenzby auf sie.

»Schön, dass sie kommen konnten«, begrüßte der Commander die Beiden. »Wir werden in wenigen Minuten unser Ziel erreicht haben. Ich bin gespannt, was uns erwartet? «

Major Travis blickte auf die Monitore.

»Achtung«, sagte Commander Brenzby. »Wir wechseln in den Normalraum. «

Kurze elektrische Impulse zuckten über den Bildrand der Monitore. Die Flotte, unter dem Kommando der Termar 1, sah wieder die funkelnden Sterne im All leuchten.

»Ortungen? «, fragte Commander Brenzby.

»Alle Schiffe sind vollzählig«, bestätigte Sergeant Dantow.

»Haben wir irgendwelche Fehlmeldungen?«, erkundigte sich der Commander. «

»Keine Ausfälle, Commander«, teilte Sergeant Schreiber. »Unsere KI wird Kontakt zu den robotgesteuerten Schiffen aufnehmen und mögliche Schadensfälle notieren.

»Haben wir die Umgebung gescannt? Werden irgendwelche Werte angezeigt? «, fragte Major Travis.

»Nichts, Herr Major«, erwiderte der Commander. »Wir haben das dritte Sonnen-System ins Auge gefasst. Es besitzt sieben Planeten. Die vierte Welt liegt in der habitablen Zone. Sie verfügt über eine Atmosphäre. Unsere Analysen zeigen, dass die Luft für Menschen atembar ist. «

»Zoomen sie bitte heran«, befahl Major Travis.

Der Major schaute Heinze an. Er schien beschäftigt zu sein. Auf seiner Stirn hatten sich Falten gebildet, seine Augen waren etwas verdreht. Er esperte nach etwas.

Major Travis vermied es, ihn zu fragen. Heinze würde sich melden, sobald er ein Ergebnis nennen konnte.

»Sieht gut aus«, bemerkte Major Travis. »Genau wie die Höhlenmalerei im Gebirge des Geiranger Fjords. «

»Ich lege das Hologramm der Zeichnung jetzt einmal auf das Echtzeitbild des Sonnen-Systems«, ergänzte Commander Brenzby.

Langsam zog er das Hologramm der Höhlenmalerei über das CIC und legte es auf die Originalanzeige des vor ihnen liegenden Sternen-Systems.

»Das passt exakt«, sagte der Commander. »Wir haben unser Ziel gefunden. «

»Gut gemacht«, antwortete Major Travis.» Langsame Fahrt voraus. Wir nähern uns dem System. Alle Schiffe aktivieren ihre Schutzschirme. Im ganzen Schiff gilt Sicherheits-Stufe 1. Bitte geben sie das auch an unsere Begleitschiffe durch. «

»Habe ich bereits erledigt, Herr Major«, antwortete Commander Brenzby.

»Freut euch nicht zu früh«, bemerkte Heinze.
Der im Normalfall sehr ruhige Ro hatte immer noch seine Stirn verzogen.

»Wir werden verfolgt«, sagte er knapp.

»Unsere Ortungssensoren erfassen keine fremden Schiffe? «, teilte Sergeant Dantow mit.

»Es handelt sich nur um ein Schiff und es ist getarnt«, antwortete Heinze. »Es ist ein 250-Meter-Schiff modernster Bauart. Ich empfange nur die Gedankenwellen einer Person. Er ist uns nicht feindlich gesonnen. Er macht sich aber einen Spaß daraus, uns zu verfolgen und uns zu beobachten. Er hat meine Gedanken-Sondierung noch nicht bemerkt. Ich gehe in diesem Fall auch besonders vorsichtig zu Werke. Er nennt sich Lantraner. Er versteht sich als geistige Schöpfung und als Überwesen. Seine Rasse ist eine der ältesten im Universum. Sie haben viel Zeit und können die Entwicklung des Universums beobachten, weil sie unsterblich sind. «

»Sergeant Farmer, öffnen sie bitte einen Kanal«, befahl Major Travis.

»Der Kanal ist offen«, bestätigte der Funk-Offizier. »Sie können sprechen, Herr Major. «

»Hier spricht Major Travis, erbfolgeberechtigter Oberbefehlshaber der vereinigten Natrid & Tarid Streitkräfte. Erhobener im Gefüge der Kaiserkaste mit Rang 1, bestätigt und eingesetzt durch Noel von Natrid, im Rahmen der Nachfolge-Programmierung von Admiral Tarin. Ich fordere das Schiff der Lantraner auf, seine Tarnung und unsere Verfolgung aufzugeben. Falls sie etwas wünschen, melden sie sich über eine Hyperkomm-Funkverbindung. Dann entscheiden wir, ob wir auf ihren Wunsch eingehen können. Major Travis Ende. «

Wie von einer Tarantel gestochen, verlor Heran das Lächeln in seinem Gesicht.

»Wie ist das möglich? «, fragte er sich. » Können die Terraner jetzt mein Tarnfeld orten? Wenn wir so weit gekommen sind, dass uns die jungen Rassen technisch einholt haben, dann sollten wir als Rasse von der großen Bühne des Universums abtreten. «

Heran öffnete seinen Hyperkomm-Kanal.
»Hier spricht Heran von den Lantranern«, antwortete er in reinem Natradisch. »Ich komme in friedlicher Absicht.

Darf ich um ein Gespräch mit Major Travis ersuchen? Ich möchte ihnen Grüße von Morass und von Raise übermitteln? Ich bin im Besitz wichtiger Informationen, bezüglich der Worgass. Darf ich zwecks einer Unterredung an ihrem Schiff andocken? «

Major Travis schaute auf Heinze.
Der nickte kurz.

»Es sind keine negativen Absichten erkennbar«, antwortete der Ro. »Ich habe keine Bedenken. «

Der Major griff nach dem Communicator der Hyperkomm-Anlage.

»Hier spricht Major Travis«, antwortete er. »Ich bedanke mich für die Grüße der Lizards. Folgen sie dem Leitstrahl und fliegen sie Hangar 2 an. Ich freue mich auf ihren Besuch. Bringen sie keine Handfeuer-Waffen mit an Bord. Sie werden gescannt. «

Major Travis zeigte auf Steuermann Hausmann.
»Bitte den Leitstrahl senden«, befahl er«

Heran hatte sein Schiff zwischenzeitlich enttarnt. Den Leitstrahl konnte seine Hypertronic-KI erfassen. In einem gemäßigten Tempo wurde das Schiff in den ausgewählten Hangar geleitet. Das Evolutions-Schiff setzte auf der blinkenden Landemarkierung auf.

»Der Sauerstoff ist unbedenklich«, teilte die Hypertronic-KI des lantranischen Schiffes mit. »Sie können gefahrlos ins Schiff überwechseln«, meldete sie blechern. »Nehmen sie ihren Kampfgürtel mit. «

»Den habe ich bereits umgelegt«, antwortete Heran. »Es sollten keine Probleme entstehen. Die Terraner sind eine humanoide Rasse, genauso wie wir auch. Verschließe das Schiff bitte hinter mir. Ich melde mich, wenn ich wieder zurück bin. «

»Natürlich «, antwortete die Hypertronic-KI.

Heran eilte aus dem Schott und wechselte in die Termar 1. Ein Terraner mit drei bewaffneten Marines und vier Kampf-Robotern erwarteten ihn.

»Mein Name ist Sergeant Hardin«, stellte sich der Mann in Uniform vor. »Ich bin hier für ihre Sicherheit zuständig. Bevor wir gehen können, möchte ich sie noch auf Waffen oder Sprengstoff scannen. Bitte verzeihen sie, aber das ist bei uns Vorschrift. Wir kennen uns noch nicht. «

 Heran nickte freundlich.
»Machen sie das, was ihre Aufgabe ist«, antwortete er. Unterdessen musterte Heran die natradischen Kampfroboter. Das tiefrote Licht in ihren Augen deutete auf eine extreme Wachsamkeit der 2,20 Meter großen Boliden hin. Die abgesenkten, aber aktivierten Waffenarme waren entsichert.

Heran schmunzelte.

»Die gleiche Wachsamkeit wie wir, legen auch die Menschen an den Tag«, dachte er. »Es sind vermutlich Spezial-Elitekräfte. Hier wird an alles gedacht. «

Er überlegte, ob Aritron auch noch solche Einsatzkräfte befehligte. Doch Heran wusste aber im Moment keine Antwort hierauf.

»Keine Waffen und Sprengstoffe«, bestätigte der Mensch, der sich als Sergeant Hardin vorgestellt hatte. »Wir können gehen. Folgen sie mir. «

Heran sah sich um. Die Gruppe ging strammen Schrittes über verschiedene Korridore auf einen Turbolift zu. Dieser brachte die Personen auf die Brücke der Termar 1. Hier lagen die Besprechungs-Zimmer, in denen Major Travis immer gerne seine Besucher empfing.

»Heran schaute sich um.
»Exzellente Verarbeitung«, dachte Heran. »Keine offen liegenden Kabel, keine schlampigen Schweißnähte, alles ist sauber verarbeitet und verdeckt. Die Terraner können etwas. Hier wächst etwas großes Neues heran. Schön, dass es in unserer Milchstraße passiert. Das ist auch schon einmal ein Grund, die Worgass aufzuhalten. «

Sergeant Hardin öffnete eine Tür.
»Treten sie bitte ein«, sagte er freundlich. »Major Travis ist auf dem Weg. Er wird in Kürze bei ihnen sein. «

Heran bedankte sich und trat in den großen Raum. Er schaute sich um.

»Gemütliche Farben, stabile Tische und Stühle«, dachte Heran. » Auf den Tischen stehen Flüssigkeiten. Es werden sicherlich Erfrischungen sein. «

Die Kampf-Roboter verteilten sich an den Wänden und ließen den Besucher nicht aus den Augen. Es klopfte kurz an der Türe, die sich anschließend öffnete.

Ein großer schlanker Mann in Uniform trat herein. Ihm folgte ein Pelzwesen, das eher lustig, als bedrohlich aussah. Nach dem Wesen folgten eine schlanke Frau und zwei natradische Kampfroboter.

Heran erkannte, dass sie aus dem legendären schwarzen Natrid-Hochleistungsstahl gefertigt worden waren. Auf ihrer Brust prangerten Auszeichnungen.

Heran erkannte die Würdigungen und Symbole auf der Brust der Roboter aus älteren Zeiten.

»Mein Name ist Major Travis«, stellte sich die Person vor. »Ich bin der Oberbefehlshaber der vereinigten Streitkräfte von Tarid & Natrid. Erhobener im Gefüge der Kaiserkaste mit Rang 1, bestätigt und eingesetzt durch Noel von Natrid im Rahmen der Nachfolge-Programmierung von Admiral Tarin. Mit wem habe ich die Ehre? «

Er lächelte den Lantraner sympathisch an.

»Ich bin Heran, Kontakter und Technikexperte vom dem Volk der Lantraner«, stellte sich der Gast vor. »Ich freue mich, sie endlich einmal persönlich kennenzulernen. «

»Trotz meines umfangreichen Wissens kenne ich ihr Volk nicht«, erwiderte Major Travis. »Woher kommen sie? Wer und was sind sie? «

»Wir kommen von nirgendwo her«, lächelte Heran zurück. »Unsere Species war schon immer da. Wir sind humanoiden Ursprungs. Seit vielen Jahrtausenden leben wir in der Milchstraße und beobachten die Entwicklung, auch die Geburt ihrer Rasse. «

Der Major ließ die Worte wirken. Er zeigte auf den Stuhl und den Tisch.

»Setzen wir uns«, empfahl er. »Ich bin gespannt auf ihre Geschichte. Bevor sie fortfahren, möchte ich ihnen Heinze aus dem Volk der Ro vorstellen. Er ist ein Freund und ein Verbündeter. Sirin ist eine natradische Prinzessin und unsere Beraterin in diesen Fragen. «

Die Prinzessin nickte dem Lantraner zurückhaltend zu.

Der Major zeigte auf Tart 1 und Tart 2.
»Meine   Personenschutz-Roboter   stammen   aus natradischer Fertigung«, ergänzte er. »Wir Menschen hören gerne wahre Geschichten. Wir haben jedoch etwas gegen erfundene Angaben und Lügen. «

Der Major schaute auf Heinze.

»Alles in Ordnung«, bestätigte der Ro. »Heran spricht die Wahrheit.

Dieser bekam große Augen.

»Respekt«, sagte er. »Der Pelzige kann sprechen und vermutlich meine Gedanken lesen. «

»So ist es«, antwortete Major Travis. »Er kann noch mehr, wenn sie ihn lassen. Fahren sie fort. «

»Wo waren wir?«, fragte Heran. »Ach ja, bei der Vorstellung meines Volkes. Unsere Rasse war maßgeblich an der Konstruktion der Milchstraße beteiligt. Den Samen des Lebens haben wir teilweise ausgestreut, um neue Rassen auf die Bildfläche zu rufen und um die Milchstraße mit Leben zu füllen. Wir konnten junge Rassen aufblühen, aber auch viele von ihnen wieder untergehen sehen. Einige vielversprechende Rassen haben wir massiv unterstützt und andere leider nicht. Auch wir haben Fehler gemacht. «

Heran machte eine Pause. Major Travis erkannte, dass es ihm scheinbar schwerfiel, über die Fehler seines Volkes zu sprechen.

»In der Zeit des großen Krieges und des Angriffes der Rigo-Sauroiden haben wir die Völker der Milchstraße allein gelassen und uns nicht um deren Belange gekümmert«, fuhr er fort. »Wir hatten uns zu diesem

Zeitpunkt zurückgezogen und mussten uns anderen Dingen öffnen. Als wir wieder wir nach vielen Jahrhunderten unsere Augen auf die Milchstraße richteten, erkannten wir mit Schrecken das Dilemma. Viele humanoide Rassen, unsere Aussaat des Lebens in der Milchstraße, waren von dem Wahn der sauroiden Angreifer ausgelöscht worden. Andere Völker mussten unsagbares Leid über sich ergehen lassen. Starke Schmerzen zogen sich durch unsere Zivilisation. Unsere Regierung entschied, dass so etwas nie mehr passieren dürfte. Jetzt möchten wir wieder aktiver die Gemeinschaft der Völker in der Milchstraße unterstützen. Das Geschehene darf sich niemals mehr wiederholen. «

Major Travis hatte interessiert zugehört.
»Wie kommen wir zu der Ehre ihres Besuches? «, fragte Major Travis.

»Heran überlegte einen Augenblick.
»Die Entwicklung geht auch für uns weiter«, erwiderte er.
»Wir brauchen die Gemeinsamkeit, die Kommunikation und den Kontakt zu jungen Rassen. Wir fühlen uns einsam. «

»Sie wollen also wieder mitspielen, auf der Bühne der Milchstraße«, lächelte der Major. »Treten sie dem Neuen-Imperium bei. Dann stehen ihnen alle Türen offen. Bringen sie ihre beratende Unterstützung ein und helfen sie mit bei dem Aufbau eines ehrlichen Planeten-Bundes. Wir brauchen ihr Wissen. Treiben sie Handel mit uns, helfen sie uns bei Fragen, die wir noch nicht verstehen. «

»Das ist ein gutes Angebot«, antwortete Heran. »Ich werde ihren Vorschlag mit meiner Regierung besprechen.«

Major Travis nickte zustimmend.
»Warum sind sie hier? «, fragte er erneut. » Die von ihnen vorgetragenen Punkte hätten wir auch anlässlich einer politischen Kontaktaufnahme im Sol-System besprechen können. «

Heran lachte ihn an und nickte.
»Damit sie unsere ernste Absicht erkennen, möchte ich ihnen neue wichtige Informationen geben«, sagte Heran. »Ihren Freund Morass durfte ich auf der Andromeda-Seite unseres Wurmloch-Durchganges kennenlernen. Ich habe ihn mit in die Milchstraße genommen und ihn zu ihnen geleitet. Jetzt hatte ich die Aufgabe von meiner Regierung erhalten, die Aktivitäten der Worgass in Andromeda zu beobachten. Ich bin zu dem Planeten Lizzit 2 geflogen, habe Morass gebeten gemeinsam mit mir in die Andromeda-Galaxie zu fliegen. Ich habe erste Information dabei, die alle Worgass-Aktivitäten in unserer Nachbar-Galaxie aufzeigen. Ich möchte sie hierüber informieren. Sie befinden sich auf diesem Speicherkristall.«

Heran reichte Major Travis den Kristall.
»Vielen Dank«, antwortete dieser erstaunt. »Wir werden die Daten auswerten. Bitte umreißen sie ihre Erkenntnisse in Kurzform. «

»Die Aufnahmen unserer Sensoren wurden von der Hypertronic-KI meines Schiffes gespeichert«, erklärte der Lantraner. »Die Worgass rüsten massiv auf. Derzeit liegen 80.000 Schiffe der Green-Lizards im Ruhezustand, vor der Baustelle ihres neuen Wurmloch-Knotens. Diese Baustelle selbst scheint sich zu verzögern. So wie es aussieht, sind die Lizards über die dauernde Bevormundung durch die Worgass nicht begeistert. Die angeblichen Herren, lassen Standexekutionen durchführen und gehen auf keine Diskussionen mit ihrem Hilfsvolk mehr ein. Vermutlich geschieht das, aufgrund der Niederlagen, die sie den Worgass bereitet haben.

Wir konnten mit eigenen Augen sehen, wie sich ein Mopp von Green-Lizards über einen Soldaten-Trupp von 30 Worgass hermachte und diese hemmungslos tötete. Die Situation auf dem Heimat-Planeten der Lizards verschlechtert sich zusehends. Der Älteste des Rates von Lizzit, das scheint ihre Regierungsform zu sein, prangerte öffentlich das Verhalten der Worgass an. Wir haben ihn vorsichtshalber evakuiert. Es war keine Minute zu früh, ansonsten wäre er von den Sicherheitskräften der Worgass getötet worden. Hier auf dem Kristall werden sie auch Daten über die Herkunft der Worgass finden. Werten sie ihn aus. «

Major Travis schaute auf Heinze. Dieser ließ seinen Blick nicht von Heran ab und nickte nur kurz.

»Er sagt die Wahrheit«, ergänzte er.

Major Travis lehnte sich zurück und schaute Heran an.

»Sie wissen vermutlich, dass sie uns hiermit einen großen Dienst erweisen«, entgegnete Major Travis. »Ich hatte keine Möglichkeit an diese Informationen zu gelangen. Unsere Wurmloch-Antriebe funktionieren noch nicht reibungslos. Das kommt zwar noch, im Moment bleibt uns aber nur der Hyperraum-Antrieb übrig. Vielleicht können sie unseren Technikern den entscheidenden Hinweis geben, woran wir scheitern? «

»Vielleicht«, schmunzelte Heran. »Das wäre eine Aufgabe für unsere Wissenschaftler. Doch dafür müssten wir erst einmal wieder auf Tarid sein. «

Major Travis lächelte zurück.
»Wir entwickeln nicht nur auf der Erde«, bemerkte er. »Es gibt mittlerweile viele Forschungsstellen bei uns. Speziell die Entwicklungs-Zentren für die Wurmloch-Antriebe sind sehr geheim. «

»Das stimmt«, antwortete Heran. »Ich vergaß, dass sie Zugriff auf die zahlreichen natradischen Außenstellen haben. Viele Rassen beschäftigen sich mit der gleichen Idee. Es führen aber immer nur wenige Wege ins Ziel. Eine ist sicherer, die anderen meistens risikoreicher. Welchen Weg werden sie beschreiten? «

Heran blickte Major Travis an.
»Werten sie den Speicherkristall aus«, empfahl er. »Er wird ihnen sicherlich neue Informationen geben, die

sachdienlich für sie sein können. Dieser Speicher sollte auch die Herkunft der Worgass klären können. Wir Lantraner werden sie und das Neue-Imperium dabei unterstützen, die Worgass wieder aus der Milchstraße zu vertreiben. «

»Das freut mich«, antwortete Major Travis. »Verbündete können wir immer gebrauchen. Es dauert etwas, bis wir den Kristall ausgewertet haben. Bleiben sie bei uns, oder fliegen sie zurück? «

»Meine Mission ist im Moment abgeschlossen«, sagte Heran. »Ich stehe nicht unter Zeitdruck. Ich kann ihnen gerne noch etwas zur Verfügung stehen. Es ist für mich auch sehr interessant, Spuren alter Hinterlassenschaften zu sondieren. Ich weiß, warum sie hier im Orion-Sternbild sind. Darf ich die Höhlenmalereien einmal sehen?

»Sicherlich«, entgegnete Major Travis. » Sie sind kein Geheimnis. Gehen wir auf die Brücke. «

Der Trupp verließ den Besprechungssaal und machte sich auf den Weg in Richtung der Brücke des Schiffes.

Kurze Zeit später waren sie in der Kommandozentrale des Schiffes angekommen. Major Travis stellte den Besucher der Crew vor. Dann schritt er an den Informations-Tisch.

»Die gescannten Daten der Höhlenmalerei bitte auf das CIC legen«, befahl Major Travis.

Die Schiffs-KI reagierte sofort.
»Ich bereite die Daten auf«, entgegnete sie. »Die Informationen werden übertragen«

Vor den Augen des lantranischen Gastes, lief nochmals der Film über die Entdeckung der Höhlen-Malerei ab. Es war still auf der Brücke der Termar 1 geworden.

»Das Bild zoomen«, befahl der Major.
Die Höhlen-Zeichnungen wurden deutlicher.

»Das ist hier«, erkannte Heran. »Ihre Wissenschaftler haben das Sternen-System richtig interpretiert. «

Das Video lief weiter. Der Sarkophag kam ins Bild.
»Bitte etwas langsamer ablaufen lassen«, bat Heran.

»Fanden sie in dem Sarkophag noch eine humanoide Person vor? «, fragte er.

Major Travis schaute ihn verwundert an.
»Ja, das stimmt«, antwortete der Major.

»Hatte diese Person nur vier Glieder an seinen Händen? «, ergänzte Heran seine Frage.

Wieder bestätigte Major Travis.
»Auch das ist richtig«, bestätigte der Major. »Es scheint so, als kennen sie diese Rasse? «

Heran lächelte verschmitzt.

»Es handelt sich mit Sicherheit um die Species der Ablonder«, erklärte er. »Nach unserem Wissensstand, eine der seltsamsten Rassen des Universums. Keiner weiß, wie alt ihre Species ist. Sie haben immer nur im Versteckten gelebt und sich nie gerne gezeigt. Vermutlich gruben sie sich Löcher und Höhlen und versteckten sich hierin. Diesen Sarkophag haben sie vermutlich auch in einer Höhle gefunden? Ihre Technik ist als phänomenal bekannt, konnte jedoch nie erforscht werden. In früheren Jahrtausenden traten sie öfter auf der Bildfläche auf. Dann hieß es plötzlich, sie seien verschwunden. Kein Volk hat sie seitdem jemals wieder gesehen. Trotzdem stoßen wir überall auf Informationen, die sie hinterlassen haben.«

Heran blickte Major Travis an. Dieser nickte zustimmend. »Diese Fülle von Informationen sollte ausgewertet werden«, empfahl Heran. »Vielleicht ist es uns dann möglich, sie als Rasse besser zu verstehen. Einige Völker berichteten uns, dass sie in der Lage waren, zwischen den Dimensionen des Universums zu wechseln. Sie scheinen nach dieser Aussage auch Realitäten in anderen Dimensionen zu nutzen. Es ist daher sehr schwer herauszubekommen, wo sie sich gerade aufhalten. Aus eigenen Erfahrungen wissen wir, dass es sich bei den Hinterlassenschaften der Ablondern immer um eine Art Rätsel handelt, die einen gewissen Intelligenzstand der suchenden Rassen voraussetzt. Ob sie als Terraner so weit sind, kann ich leider nicht voraussehen? «

Major Travis schaute den Lantraner von der Seite an.

»Wenn wir Terraner noch nicht so weit sind, dann haben wir zumindest einen wissenden Lantraner dabei, der uns ja jedes Rätsel lösen sollte. «

Heran schaute ihn an. Er erkannte, dass er den Mund zu voll genommen hatte.

»Diese Terraner sind stolz«, dachte er. »Ich werde zukünftig meine Wortwahl besser wählen. Ich bin hier, um zu helfen und um langfristig akzeptiert zu werden. «

Er lächelte Major Travis an.
»Wie geht es jetzt weiter? «, erkundigte er sich. » Haben sie weitere Anhaltspunkte? «

»Wir steuern den vierten Planeten an«, erklärte Major Travis. »Es müssen dort Hinweise auf das geheimnisvolle Volk existieren. Diese Artefakte suchen wir. Warum haben sie auf Tarid eine Basis unterhalten und die Entwicklung des Planeten und seiner Bewohner beobachtet? Ob sie direkt in die Evolution eingegriffen haben, muss ein DNA-Test klären. Ich möchte wissen, warum sie im Geiranger Fjord eine Beobachtungs-Station angelegt haben. Zu welcher Zeit war das und warum haben sie einen Angehörigen ihrer Rasse in dem Sarkophag zurückgelassen? Für uns sind das alles ungeklärte Fragen. Sie müssen schon zu den Zeiten, in der wir Menschen noch in der Entwicklungsphase waren, über eine außerordentliche Raumfahrt verfügt haben. «

»Ich kenne zwar nicht alle Fakten, doch wenn es sich auf Tarid wirklich um die Ablonder gehandelt hat, dann bin ich mir fast sicher, dass mehr dahintersteckt«, ergänzte Heran. »Sie waren Experten auf dem Gebiet der Zeit- und Dimensions-Experimente. «

Heran dachte einen Augenblick nach.
»Es ist durchaus möglich, dass die Ablonder noch als Volk leben, möglicherweise in einer anderen Dimension, ergänzte er seine Aussage. »Vielleicht ist eines ihrer Zeitexperimente schiefgelaufen und es hat sie in eine andere Dimension verschlagen. Das ist nur eine Vermutung und nicht belegbar. Aber ich habe mir auch bereits einige Gedanken über diese Rasse gemacht. «

»Ihre Hinweise kann ich nicht prüfen«, antwortete Major Travis. »Unsere Wissenschaftler fangen gerade erst an, mit der Zeit zu experimentieren. Sie haben den Auftrag, äußerst vorsichtig hiermit umzugehen und in jedem Fall ein Zeitparadoxon zu vermeiden. «

Heran nickte.
»Das ist eine gute Zielsetzung«, bestätigte er.

Er schaute auf die Monitore.
»Der Planet sieht sehr schön aus «, bemerkte er. »Er füllt bereits den ganzen Monitor aus. «

»Haben wir irgendwelche Ortungen? «, erkundigte sich der Major.

»Nein«, kam die Antwort von dem Ortungs-Offizier. »Es ist alles so, wie bei den ersten Scans. Wir erfassen keine Lebensformen, keine verdächtige Emissionen und auch keine Industrieabgase. Die Atmosphäre ist sauber. «

»Commander Brenzby«, befahl Major Travis. »Geben sie bitten den Befehl an die Flotte, auf eine Umlaufbahn um den Planeten einzuschwenken. Uns bleibt nichts anderes übrig, als zu landen und am Boden weitere Untersuchungen zu anzustellen. Kommen sie mit Heran?«

Dieser überlegte kurz.
»Gerne«, antworte er. »Darf ich sie und ihr Team einladen, mit mir zu fliegen? «, fragte Heran. » Mein Schiff benötigt kein Beiboot. Es kann überall landen. Es ist ein Allround-Schiff. «

»Es besitzt ja auch nur eine Länge von 250-Metern lächelte Major Travis. »Es ist kleiner als die Termar 1. Wir nehmen das Angebot gerne an. Ich muss nur noch das Bodenteam zusammenstellen. Wir treffen uns an ihrem Schiff. Wir brauchen ein paar Minuten. Gehen sie und bereiten sie den Start vor. «

Der Lantraner nickte und wurde von Sergeant Hardin wieder in den Hangar begleitet.

»Sollen wir da wirklich einsteigen? «, fragte Sirin und schaute sich prüfend das Schiff auf dem internen Monitor an. »Wir kennen Heran zu wenig. Eigentlich ist uns die Rasse der Lantraner überhaupt nicht bekannt. «

»Er behauptet, seine Rasse wäre eine der Ältesten im Universum und maßgeblich an der Evolution und Rassenvielfalt beteiligt«, ergänzte Commander Brenzby.

»Warum haben die Natrader nie etwas von ihnen gehört?«, fragte Sirin nach.

Sie blickte in die Runde des Außenteams.
»Wir begeben uns sprichwörtlich in seine Hand, wenn wir auf sein Schiff gehen«, erklärte Sirin. »Ich kann nur hiervor warnen. «

»Er teilte uns offen mit, dass er und seine Rasse Fehler gemacht haben«, erinnerte Major Travis. »Sie haben sich zu sehr im Hintergrund gehalten. Ich denke, wir werden uns im Laufe der Zusammenarbeit besser kennenlernen und mehr von ihm und seinem Volk erfahren. «

Heinze nickte.
»Er trägt schwere Gedanken mit sich herum«, teilte er mit. »Diese basieren auf Schuldgefühlen, nicht rechtzeitig in den großen Krieg eingegriffen zu haben und so die Völker der Milchstraße sich selbst überlassen zu haben. Speziell die Vernichtung des Lebensraumes der Natrader belastet ihn sehr. Es ist eigentlich sein größter Wunsch, diesen Fehler wieder gutzumachen. Die Rasse der unsterblichen Lantraner will zukünftig als Mitglied im Planeten-Verbund der Milchstraße akzeptiert und beteiligt werden. «

»Geben wir ihm eine Chance«, entschied Commander Brenzby. »Er hat uns die Informationen über die Worgass gebracht. Das hat er aus eigenem Anlass gemacht, ohne dass wir ihn hierum gebeten hätten. Das zeigt mir, dass er es ehrlich meint und Kontakt aufnehmen möchte. «

Major Travis nickte.
»Ich stimme Commander Brenzby zu«, sagte er. »Lassen wir Heran nicht warten, gehen wir auf sein Schiff. «

Tart 1 übernahm die Vorhut und schritt voraus. Ihm folgten Major Travis, Sirin, Heinze und Commander Brenzby. Das Schlusslicht bildete Tart 2.

Sergeant Hardin hatte bereits zwölf Marines und zwölf Kampfroboter ausgewählt und in einen Transport-Kampfgleiter einsteigen lassen. Die Kampfeinheit sollte den Major auf dem Planeten unterstützen.

Sergeant Hardin wartete noch auf die Startfreigabe durch Steuermann Hausmann.

»Bereitet euch vor«, befahl Sergeant Hardin seinen Marines. Haltet die Augen offen, wir wissen nicht, was uns dort unten erwartet. Alle Waffen entsichern, die Schussfreigabe erfolgt erst durch meinen ausdrücklichen Befehl. Die Sicherheit des Bodenteams unter der Person Major Travis, ist vorrangig zu gewährleisten. «

Ein lautes metallisches Entsichern der Waffen war zu hören, als das Kampfteam dem Befehl des Sergeanten folgte und ihre Laser-Kombi-Gewehre entsicherten.

Heran stand am Fuße der ausgefahrenen Laserbrücke seines Schiffes. Sie war notwendig, um in das Innere zu gelangen.

» Treten sie bitte ein«, empfing er die Besucher. » Das Schiff ist nicht sehr groß, dafür aber mit allen möglichen Raffinessen ausgestattet. Bitte fassen sie nichts, ohne Rücksprache mit mir an. Es könnten nicht mehr behebbare Schäden entstehen. Ich denke, das versteht sich von allein. Folgen sie mir bitte. «

Das Bodenteam unter der Leitung von Major Travis, folgte dem Lantraner. Die Korridore des Schiffes waren mit unterschiedlichen Leuchten ausgestattet, die auf Bewegung reagierten. Alles wirkte sauber und durchdacht.

Der Major schaute sich interessiert um. Alles glitzerte in poliertem Metall. Einige Teile waren abgesetzt und mit mattierten Kanten verziert. Hier und da waren blinkende Kontrolleinheiten an der Wand zu sehen. Immer wieder tauchten geschlossene Türen auf. Kleine Kästen an den Wänden sahen aus, die Kommunikations-Einrichtungen.

»Vermutlich gehören sie zu dem Schiffsfunk des Schiffes«, dachte Major Travis.

Endlich öffnete Heran ein Schott und die Gruppe betrat die Brücke des Schiffes.

»Das ist meine Kommandozentrale«, sagte Heran stolz. »Die Steuerung des Schiffes und der Ort, an dem alle Informationen zusammenlaufen. Die Hypertronic-KI wertet hier alle neuen Daten aus.

Major Travis und sein Team sahen sich neugierig um. Viele blinkende Lampen waren zu sehen, jedoch wenige Technik-Einheiten, die vergleichbar war mit terranischen oder natradischen Entwicklungen waren. Zahlreiche Monitore gaben Auskunft über diese Bereiche.

»Ich erkenne, dass sich die Lantraner technisch unabhängig entwickelt haben«, bekannte Major Travis. »Sie verwenden ihre eigenen Instrumente. «

Heran lachte.
»Lassen sie sich nicht von der Verpackung täuschen«, sagte er. »Letztendlich führt immer nur eine Flugroute zum Ziel. Es gibt auch Wege, um die Zeit zu manipulieren. Das werden sie später noch alles erfahren. «

Heran setzte sich in den Kommando-Sessel. Seinen Begleitern bot er großzügige Sessel, die wie aus dem Nichts aus dem Boden des Metalls der Brücke austraten und sich körpergerecht formten.

»Schnallen sie sich bitte an«, erklärte er. »Wir nehmen gleich Fahrt auf. «

Er griff nach einem fremdartigen Communicator.

»Heran an Termar 1«, sprach er das Gerät. »Sergeant Hausmann, wir sind startklar. Geben sie uns bitte die Startfreigabe.«

»Hier ist die Termar 1«, tönte es aus verborgenen Lautsprechern. »Sie haben Startfreigabe. Bedenken sie bitte, der der Truppen-Transporter ihnen folgen wird.«

Der Kampfgleiter mit den Marines und den Kampfrobotern an Bord, flog bereits aus dem Hangar der Termar 1. Heran startete die Antriebe seines Evolutions-Schiffes. Sanft hob das Schiff von dem Boden ab. Außerhalb der Termar 1 beschleunigte der Lantraner das Schiff. Das Evolutions-Schiff und der Truppen-Transporter flogen in rasanter Geschwindigkeit der Atmosphäre des vierten Planeten entgegen.

Die Gäste an Bord des lantranischen Schiffes staunten nicht schlecht. Heran durchflog die Wolkenschichten der Atmosphäre. Endlich vermittelte der zentrale Bildschirm des lantranischen Schiffes ein freies Sichtfeld auf die Oberfläche des Planeten.

»Da drüben ist eine Stadt«, bemerkte Commander Brenzby.

»Zoomen sie die Gebäude heran«, sagte Major Travis.

Heran hantierte an seiner Steuerkonsole.

Das Bild der Stadt auf dem Monitor wurde größer. Jetzt erkannten alle Beobachter die Ruinen und Trümmer einer zerstörten einer alten Stadt.

»Es werden keine Aktivitäten angezeigt«, bemerkte Heran. »Meine Instrumente registrieren lediglich eine tote Stadt. Die Auswertung ergibt, dass der Zerfall schon seit mehr als 10.000 Jahren ihrer Zeitrechnung begonnen hat. «

»Ich denke, wir sollten trotzdem landen«, entschied Major Travis. »Hinweise können wir nur am Boden finden. Das ist sollte uns dieser Einsatz wert sein. «

»Die Ablonder waren schon immer auf Spielchen ausgelegt«, erklärte Heran. »Vielleicht können wir tatsächlich neue Informationen finden. Wir werden die Hinweise aber suchen müssen. Die Ablonder haben nie irgendetwas einfach herumliegen lassen. «

Er blickte auf seine Monitore.
»Ich werde kurz noch einmal alle Städte des Planeten überprüfen, ob wir es hier mit der Hauptstadt zu tun haben«, sagte Heran.

Er drückte auf einen Knopf. Der Bildschirm vermittelte, wie 36 Drohnen das lantranische Schiff verließen und mit hoher Geschwindigkeit in alle Richtungen davonflogen.

»Erste Daten gehen ein«, teilte die Hypertronic-KI des Schiffes mit.

Heran blickte auf den Monitor.
»Alle Städte des Planeten sind gleich groß«, erklärte er irritiert. »Es ist keine Abweichung in der Größe und der Form festzustellen. Es scheint sich um eine selbstgewählte einheitliche Baugröße zu handeln? «

Staunend blickte die Crew der Termar 1 auf die Bilder des großen Bildschirmes.

»Es ist völlig egal, wo wir landen«, sagte Heran. Die Städte sind alle gleich groß. «.

»Landen sie auf dem großen Platz, mit den umgestürzten Säulen«, schlug Major Travis vor. »Es scheint ehemals ein wichtiger Ort gewesen zu sein. «

Er zeigte auf den Monitor.
»Fliegen sie bitte noch einmal über die Stadt«, bevor sie landen«, empfahl Heinze.

»Vielleicht können wir aus der Luft ein Bauwerk erkennen, das nicht zerstört wurde. Möglicherweise wäre es hilfreich für unsere Recherche. «

Major Travis schaute Heinze an.
»Guter Einfall«, bedankte er sich. »Ich denke, dass die Suche hilfreich sein könnte. «

Heran nickte und zog sein Evolutions-Schiff wieder hoch über die Stadt. Er flog drei ausgedehnte Kreise. Der Kampfgleiter der Termar 1 folgte in einen ausreichenden Sicherheitsabstand. Vor der Stadt entdeckte Sirin eine grüne Wiese.

»Wie ist es damit? «, sagte sie.» Das sieht doch ideal für eine Landung aus. Dort befinden sich keine Trümmer, die unseren Schiffen gefährlich werden könnten. «

»Einverstanden«, bestätigte Heran. »Ich leite die Landung ein. «

Er drosselte die Geschwindigkeit seines Schiffes. Langsam sank es dem grünen Boden entgegen. Der Pilot des Transport-Gleiters hatte die Absicht erkannt. Auch er leitete die Landung ein. Vorsichtig setzten beide Schiffe nebeneinander auf dem Boden auf.

Die Schotts öffneten sich. Im Laufschritt sprangen die Marines und die natradischen Kampfroboter aus dem Schott. Zügig formierten sich die Soldaten der Kampftruppe rechts und links der ausgefahrenen Laserbrücke des lantranischen Schiffes.

Der Kopf von Heinze schaute aus dem Schott. Er blickte in alle Richtungen.

»Alles in Ordnung«, sagte er zu den anderen. »Ihr könnt kommen. Die Luft ist sauber und würzig. «

Commander Brenzby schaute sich interessiert um und blickte zu den Resten der großen Stadt.

»Die Ruinen weisen auf eine ideenreiche Architektur hin«, bemerkte Major Travis. »Leider gab es jemanden, der an dieser schonen Architektur etwas auszusetzen hatte. nur der zerstörte Traum einer ideenreichen Zivilisation. Die Gebäude weisen massive Einschusslöcher auf. Alles wurde zerstört, das ist wirklich sehr schade. «

Heran zog einen Scanner aus einer Schutztasche, die an seinem Gürtel hing. Er stellte das hochsensible Gerät ein hielt es in alle Richtungen.

»Mein Scanner erkennt keine Radioaktivität, «, sagte er. »Die letzten Bomben-Einschläge waren vor exakt 31.000 Jahren gewesen. «

Sirin hatte ebenfalls ihren Scanner hervorgeholt und eingeschaltet.

»Ich bestätige die Angaben von Heran«, teilte sie mit. »Es besteht keine Gefahr für uns. Ich erfasse aber leichte Energien-Signaturen. Sie kommen aus den Ruinen der Stadt? «

Heran verzog seine Stirn in Falten.
»Ihr Gerät scheint auf einer andere Funktionsweise zu arbeiten «, bemerkte er. »Es gibt bei sämtlichen Geräten geringfügige Abweichungen in der Empfangsqualität. Das ist normal. «

Sirin lächelte.

»So viel zu High-End-Geräten der Lantraner«, bemerkte sie. »Auch die Ältesten der alten Species werden ihre Geräte nicht stetig modernisieren. «

Heran schaute sie an und lächelte. Er vermied es, auf die Aussagen von Sirin zu antworten.

»Gehen wir«, schlug Major Travis vor.

Die Gruppe setzte sich in Bewegung und näherte sich der großen, aber völlig zerstörten Stadt. Immer wieder mussten sie massiven Gesteinsbrocken ausweichen, die am Boden lagen und ihnen den direkten Weg versperrten. Sirin schaute zwischendurch immer wieder auf ihren Scanner. So sehr sie es auch hoffte, das Gerät konnte keine Anzeichen für Lebensformen registrieren. Die Kampfroboter und die Mariens sicherten die Flanke.

Tart 1 und Tart 2, die Personen-Schutzroboter waren sichtlich unruhig. Sie blickten aufmerksam in alle Richtungen.

»Ich habe Gedanken, oder Emotionen espern können «, teilte Heinze mit. »Auf dieser Welt wurde bereits vor vielen Jahrtausenden das Leben ausgerottet. «

»Das muss es sein«, sagte Major Travis und zeigte auf ein rundes, relativ gut erhaltenes Gebäude.

»Die Arena sieht aus, wie eine Halle des Volkes«, bemerkte Commander Brenzby. »Ein Theater, das vielen Personen Einlass gewähren konnte. Eine Art Stadthalle möglicherweise. «

Die Gruppe ging zu dem seltsamerweise nicht zerstörten Gebäude. Es hatte den Angriff unbeschadet überstanden. Oberhalb einer langgezogenen Treppe befand sich der Eingang in das Gebäude- Der runde Bogen war mit vielen fantastischen Figuren verziert. Dann folgten starke Säulen, die den runden Bogen des Eingangsbereiches stützten. Die fantastische und eindrucksvolle Architektur eines untergegangenen Volkes empfing sie. Die Gruppe blieb einige Sekunden stehen, um alle Eindrücke in sich aufnehmen zu können.

Heran, Major Travis und seine Begleiter schritten bedächtig die langgezogene Treppe hinauf. Vorsichtig war die Gruppe an der obersten Stufe angekommen. Major Travis und Heran drehten sich um und schauten über die zerstörten Gebäude der Stadt.

»Hier ist wahrlich kein Stein mehr auf dem anderen geblieben«, sagte Major Travis. »Der Hass der Zerstörer muss sehr groß gewesen sein. Jedes Gebäude weist zahlreiche Einschusslöcher auf.«

Heran nickte.
»Hier hat sich eine Wut entladen, das sich über viele Generationen angestaut hat«, erklärte er. »Erst wenn die Wut und die Aggression in einer Rasse abklingt, sie den

Anfeindungen anderer Species gelassen gegenübersteht, ist sie reif für den nächsten Schritt der Evolution. Gehen wir ins Innere. «

Die Gruppe durchschritt den Eingang. Ihre Augen mussten sich erst an die dunkle Umgebung gewöhnen. Plötzlich flammten Lichter an den Wänden auf. Sie tauchten das Innere der Halle in gedämpftes List. Major Travis und seiner Begleiter schritten weiter zu einer Empore. Vor ihnen stand ein Sockel, etwa 1 Meter hoch. Auf seiner Kopfseite war ein roter Schalter eingelassen.

Die natradische Prinzessin hielt ihren Scanner vor den Sockel.

»Die Energie- Emissionen scheinen von diesem Gerät auszugehen«, flüsterte Sirin.

Heran bestätigte die Aussage.
»Das stimmt«, bestätigte er. »Mein Gerät zeigt die gleichen Werte an. «

»Kannst du etwas espern, Heinze? «, fragte Major Travis. » Sind Gedanken, Emotionen, Gehirnwellen festzustellen, oder andere Hinweise von Lebenszeichen? «

»Nein«, antwortete der pelzige Ro. »Ich kann nichts feststellen. Es scheint lediglich um einen einfachen Schalter zu handeln. «

Commander Brenzby trat vor und drückte den Knopf. Sofort veränderte sich die Umgebung. Die Personen erkannten, dass sie in einem Theater waren. Das Licht verdunkelte sich, die ganzen Wände wurden breiter und passten sich den Augen der Zuschauer an. Sie wurden zu langen Bildflächen. Ein Lichtstrahl öffnete sich am Boden und strahlte die Wände an. Fasziniert schauten die Besucher auf die Bilder. Es wurden die letzten Tage dieser Welt gezeigt. Der große Angriff auf den vierten Planeten dieses Sternen-Systems begann. Die Bilder erzählten von dem Angriff von 12-eckigen Raumschiffen, die in zahlreichen Flottenverbänden über die Welt dieses Systems herfielen.

Zahlreiche Raumschiffe starteten vom Boden aus, um die Angreifer aufzuhalten. Die Schiffe der heimischen 250-Meter-Klasse formierten sich in Verteidigungslinien und stellten den fremden 12-eckigen Schiffen in den Weg. Pausenlos schossen sie ihre Laser-Strahlen auf die Angreifer. Diesen schienen aber die Abwehrstrahlen nichts auszumachen. Ihre Schutz-Schirme absorbierten die Laser-Lanzen und leiteten diese ab. Gruppen aus zehn Schiffen der Verteidiger formierten sich und synchronisierten ihr Laserfeuer. Ihr Plan war es, ihre eigene Effektivität zu erhöhen. Aber auch diese gebündelte Kraft half nichts. Schiff um Schiff der Heimat-Verteidigung wurde eliminiert und niedergerungen. Pausenlos erhellten grelle aufgehende Kunstsonnen den dunklen Raum. Die Bilder zeigten das traurige Ende der Schiffe der Heimat-Verteidigung. Es schien so, als ob eine unendliche Anzahl von Angreifern, die wenigen Schiffe der Heimat-Verteidigung gnadenlos abschlachten konnten. Die Angreifer kamen ihrem Ziel Schritt um Schritt näher. Dann brach die Formation der Schiffe der Heimat-Verteidigung auseinander.

Die Schiffe der Angreifer konnte nicht aufgehalten werden. Sie drangen in die Atmosphäre des Planeten ein und warfen ihre Bomben ab. Heran, Major Travis und seine Begleiter mussten mit ansehen, wie die Sprengköpfe auf die ungeschützten Städte trafen. Zahlreiche Industriekomplexe, Hauser und Anlagen explodierten in grellen Explosionen. Die bodengebunden Abwehrstationen wurden nach und nach ausgeschaltet. Ihnen folgten die Energie-Versorgung und die Kommunikations-Einrichtungen. TV und Radio-Stationen wurden bombardiert. Niemand schien mehr in der Lage zu sein die Angreifer aufzuhalten. Der Angriff glich einem Völkermord. Immer wieder regnete es neue Bomben vom Himmel. Der Boden wurde aufgerissen, Krater öffneten sich. Vulkane brachen aus. Glutflüssige Lava strömte in alle Richtungen und griff nach allem, was sich ihr in den Weg stellte.

Die Besatzungen der 12-eckigen Schiffe kannten kein Erbarmen. Sie ließen erst von den Planeten ab, als große Teile seiner Oberfläche brannten. Nur wenige Städte entgingen der vollständigen Vernichtung. Kein Hinweis auf Lebensformen wurde angezeigt. Eine ganze Species war von einer anderen feindlichen, aber technisch stärkeren Rasse vernichtet worden. Das ganze Wissen dieser Zivilisation ging mit ihr unter. Nichts konnte mehr anderen interessierten Rassen mitgeteilt werden. Die erschütternden Bilder brachen ab. Gedämpftes Licht strahlte die Wände an.

»Kennen sie den Schiff-Typ der angreifenden Rasse? «, fragte Major Travis den Lantraner.

Dieser schüttelte seinen Kopf.
»Diese Konstruktion eines Raumschiffes ist auch mir völlig unbekannt«, antwortete er. »Ich habe ein solches Schiff noch nie gesehen. Entsprechend vermutete ich, dass diese Drama vor sehr langer Zeit passiert sein muss.«

Eine neue Bildsequenz lief ab. Die Aufzeichnung zeigte jetzt den Planeten aus dem Weltall. Eine brennende Welt, rotglühend anzusehen. Nichts erinnerte mehr daran, dass hier eine intelligente, technisch fortschrittliche Zivilisation gelebt hatte.

»Falls es sich bei dem Planeten um eine Welt der Ablonder gehandelt haben sollte, dann könnte die Auszeichnungen einen Hinweis enthalten«, teilte er mit. »Die Ablonder haben es geliebt, in ihren Aufzeichnungen Rätsel einzuarbeiten. «

»Ich habe aber keine Hinweise auf ihre Zeichen gefunden? «, entgegnete Sirin.

»Das kann sich erst später aus der Zusammensetzung des ganzen Fragmentes ergeben«, erwiderte Heran. »Wir werden die Daten sammeln und dann archivieren müssen. Irgendwann hoffe ich den Hinweis zu entschlüsseln. «

Die Aufzeichnung endete. Ein kaum sichtbarer Lichtstrahl aus dem Boden, in der Mitte des Gebäudes aktivierte sich. Es flutete alle Wände mit dem gleichen Bild. Es schien ein ähnliches Bild zu sein, wie es auf der Erde entdeckt wurde.

Eine humanoide Person zeigte mit der Hand auf ein Sternen-System. Es besaß jedoch eine andere Sternenkonstellation als das Bild, dass auf der Erde gefunden wurde.

Major Travis schaute es interessiert an.
»Macht bitte von allen Aufzeichnungen Kopien«, sagte er.
»Wir werten es auf der Erde aus. «

Er drehte sich Heran zu.
»Sie hatten Recht gehabt«, antwortete er. »Es ist wieder ein neues Rätsel. «

Das Licht dämpfte sich wieder.
»Kommt noch etwas? «, erkundigte sich Major Travis.

»Das werden wir gleich erfahren«, antwortete Heran.
Ein Bild baute sich wieder auf und zeigte eine große Schiffs-Armada, die in einem kleinen Sternen-System stand

Die Beobachter trauten ihren Augen nicht.

»Das ist das Sol-System«, flüsterte Sirin als Erste. »Ich erkenne Natrid und Tarid«

»Das werden die Aufzeichnungen einen Angriff auf unser Heimat-System ankündigen? «, vermutete Major Travis.

Das Bild drehte auf die Angriffs-Flotte. Eine große Armada aus 12-eckigen Schiffen wurde verstärkt, durch Flotten-Verbände der Green-Lizards und durch starke Geschwader-Einheiten der Worgass.

»Soll das bereits den Angriff der Worgass auf die Milchstraße darstellen? «, fragte Major Travis.

Heran blickte intensiv auf die Bilder.
»Es handelt sich eindeutig um Schiffe der Worgass«, bestätigte er. »Sie halten einen Sicherheitsabstand zu den Schiffen des Neuen-Imperiums. Sie scheinen endlich die Feuerkraft der natradischen Zerstörer und der Schiffe ihre Verbündeten respektiert zu haben. Ich vermute, die Worgass haben Verstärkung bekommen, oder noch ein weiteres Hilfsvolk von ihnen mit in den Krieg hineingezogen. «

Das Bild drehte sich und zeigte den Aufmarsch von vielen Verbänden des Neuen-Imperiums an. Plötzlich wurde es dunkel.

»Was ist jetzt? «, fragte Commander Brenzby irritiert.

»Das Ende ist offen«, antwortete Heran. »Jeder kann sich das für ihn beste Ende überlegen. «

»Wie hilft uns das weiter? «, erkundigte sich Major Travis. »Ist das eine Zukunftsvision? «

Heran schüttelte seinen Kopf.
»Ich weiß es nicht«, antwortete er. »Es kann sich um Aufzeichnungen von Ereignissen handeln, die in einer anderen Dimension stattgefunden haben. Sie müssen kurzfristig nicht unbedingt uns betreffen. In den zahlreichen Dimension kann das alles schon passiert sein, oder es steht bereits fest, wann es passieren wird. Es ist ein Spiel der Ablonder. Ihre Zeichen sind zu schwer zu verstehen. Ich habe es bereits erklärt. Wir müssen abwarten und versuchen zu erkennen, welche Species die Konstrukteure diesen 12-eckigen Schiffen sind. «

»Es kann sich also auch um eine Warnung handeln? «, erkundigte sich der Major.

Heran nickte.
»Auch das ist möglich«, antwortete er. »Die Ablonder haben bereits in alle Richtungen geforscht und die Hinweise für uns hinterlassen. «

»Jetzt verstehe ich«, sagte Major Travis. »Es ist ein Hinweis, dass sich die Worgass Verstärkung holen werden, wenn sie in die Milchstraße eindringen. Ihr Ziel ist es weiterhin, die Milchstraße von allem humanoiden Leben zu reinigen. Hiervon werden sie nicht ablassen. «

»Wir sollten nicht so schwarzsehen«, antwortete Heran. »Woher sollten die Ablonder vor vielen Jahrtausenden wissen, wie der Stand unserer Waffentechnik heute ist. Diese Bild-Aufzeichnungen werden 130.000 Jahre alt sein. Sie haben einzelne Szenen konstruiert. Diese entsprechen nicht der Realität. Woher wollen die Ablonder wissen, dass unsere Waffentechnik nicht ausreicht, um die 12-eckigen Schiffe aufzuschalten. Das können es nicht wissen, solange sie es nicht gesehen haben. Es gibt noch andere Möglichkeiten, um die Worgass an einem Eindringen in unsere Milchstraße zu hindern. Wir rechtzeitig ihren Durchgang schließen. Dafür könnte ich ihnen mehrere Möglichkeiten anbieten. Selbst Morass kennt diese und würde uns unterstützen. Hierüber bin ich mir sicher. Ich kenne ihn jetzt schon ein wenig. «

Major Travis blickte den Lantraner an.
»Auf das Angebot komme ich gerne zurück«, erwiderte er. »Wie kann ich sie erreichen, wenn ich Fragen habe?

Heran kramte ich den Taschen seiner Uniform. Er zog ein Armband heraus, der mit einem grünen Stein besetzt war. Dieses gab er Major Travis.

»Das Armband ist nichts anderes als ein Impulsgeber«, erklärte er. »Sein Name ist Azoth. Er meldet mir sofort, wenn jemand Hilfe braucht, oder eine Frage an mich hat. Der grüne Stein liegt in einer sensiblen Fassung. Sie drücken einfach den Stein nach unten, dann bekomme ich einen Impuls übermittelt. Das geschieht auf der Basis unserer Wurmloch-Technologie. Das Armband verschmilzt mit dem Träger und wird unsichtbar. Sie sollten sich merken, wo sie es am Körper tragen. Nur wenn sie es anfassen, wird es wieder sichtbar werden, wenn es eine Mitteilung für sie anzeigt. Legen sie bitte ihre Hand um den Stein. Wir müssen ihn für sie personifizieren. «

Major Travis tat wie gewünscht. Der Stein in der Hand des Majors wurde plötzlich unsichtbar. Sekunden später war wieder sichtbar. Der Stein vibrierte 5 Sekunden und verharrte wieder in der Grundstellung.

»Der Azoth ist jetzt auf sie eingestellt«, bestätigte Heran. »Gehen sie sorgsam mit dem Armband um. Es gibt nur noch sehr wenige hiervon. «

Er legte das Armband um Major Travis rechtes Handgelenk und stellte es ein.

»Ab sofort gehören sie zu den ausgesuchten Trägern eines Azoths der lantranischen Impulsgarde«, lächelte er.

»Was ist die Impulsgarde? «, erkundigte sich der Major.

Heran lächelte.
»Das ist ein Name aus den alten guten Zeiten«, teilte Heran mit. »Vergessen sie ihn besser direkt wieder. Vielleicht erzähle ich ihnen seine Geschichte zu einem anderen Zeitpunkt. «

Der Lantraner blickte die Personen des Neuen-Imperiums an.

»Es ist Zeit mich zu verabschieden«, lächelte Heran. »Ich werde noch an anderer Stelle gebraucht. «

Er gab Major Travis die Hand.
»Es war schön sie kennenzulernen«, teilte er mit. »Ich weiß, dass wir uns schnell wiedersehen werden. Meine besten Wünsche an sie, dass der Aufbau ihres Imperiums mit mehr Glück gesegnet sein wird als seinerzeit bei den Natradern. «

»Danke«, antwortete Major Travis. »Das hoffen wir alle.«

Heran drehte sich um und ging in die Richtung des Landeplatzes, an dem sein Evolutions-Schiff stand.

Major Travis, Commander Brenzby, Heinze und Sirin, bestiegen mit Sergeant Hardin und seinen Soldaten den Transport-Kampfgleiter, um zurück zur Termar 1 zu gelangen. Als die letzte Personen eingestiegen war, startete der Pilot die Antriebe. Langsam hob der Kampfgleiter des Bodens ab und beschleunigte dem Himmel entgegen.

Kurze Zeit später trafen die Offiziere wieder auf der Brücke ein. Die Crew beobachtete, wie sich das Schiff des Lantraners rasend schnell entfernte. In einem ausreichenden Abstand öffnete es ein Wurmloch und flog hinein. Dieses schloss sich hinter dem Evolutions-Schiff wieder.

»Erst wenn wir diese Technologie richtig verstehen, sie einsetzen können, dann ist ein schneller Austausch von Informationen unter den Völkern der Milchstraße möglich«, sagte Major Travis beeindruckt.

»Marin und Gareck arbeiten hieran«, ergänzte Sirin. Sie geben nicht eher auf, bis sie einen Erfolg melden können.

Major Travis nickte.
»Sie arbeiten mit einer erbeuteten Technik«, ergänzte er.
»Was sagt uns denn, dass diese Technik nicht fehlerhaft ist? Vielleicht bekommen wir den Wurmloch-Antrieb nie ans Laufen. Mein Wunsch wäre es, einen perfekten Antrieb zu übernehmen. Dieser wird von den Lantranern benutzt. Eine Frage ergibt sich hieraus. Wie kommen wir auf legalem Wege an diesen Antrieb? «

Die Gruppe wusste keine Antwort hierauf.

»Wie lauten die Befehle, Herr Major? «, fragte Sergeant Hausmann nach kurzer Zeit.

Major Travis blickte ihn an.
»Wenden sie das Schiff«, befahl er. »Unterlichtflug bis zum nächsten Stern. Hier endet unsere Mission. Unsere Forschungen haben keine neuen Erkenntnisse gebracht. Ich möchte mit Commander Brenzby und Sirin unseren Rückflug planen und nach Möglichkeit noch einige KIs

wieder aktivieren, die auf unserem Wege liegen und für das Neue-Imperium wichtig sind. «

Er suchte mit seinen Blicken Sergeant Dantow. Dieser kam gerade auf die Brücke geschritten.

»Sergeant Dantow, legen sie bitte das Kartenmaterial dieses Quadranten auf das CIC«, sagte er.

»Karten werden aufgerufen«, bestätigte der Ortungs-Offizier.

Sirin war inzwischen dazu getreten und schaute sich das natradische Kartenmaterial ebenfalls an.

»Hier«, sagte sie und zeigte auf eine Stelle, die auf dem halben Rückweg verzeichnet war. »Wir müssen eine Strecke von 230 Millionen Lichtjahre überbrücken. Das System ist nach der alten Codierung als NT-397 registriert. Ein unscheinbares System mit einer kleinen Sonne und fünf Planeten. Der dritte Welt war für das kaiserliche Imperium sehr wichtig. Auf diesem Planeten wurde eine große Konstruktions- und Produktions-Basis aufgebaut. In dieser Einrichtung wurden für das kaiserliche Imperium Generatoren für Tarnfelder von Raumschiffe produziert. Auch die kleinen Generatoren für unsere Individual-Schutzschirme konnten dort produziert werden. Erst während des großen Krieges wurden die Montagebänder und Einrichtungen für den automatischen Bau von Raumschiffen erweitert.

Major Travis blickte sie irritiert an.

»Das hört sich nach einer wichtigen Produktions-Basis an«, sagte er. » Wieso haben wir uns nicht schon früher hierum gekümmert? Wurden die Tarnmodule von dir und von Noel als nicht so wichtig eingestuft? Falls diese Technik Angehörigen einer fremden Rasse in die Hände fallen sollte, dann können sie sich problemlos Natrid oder Tarid nähern. Ich halte es für wichtig, dass wir diese Hypertronic-KI wieder an das Imperium anzuschließen. «

Commander Brenzby nickte zustimmend.

»Das sehe ich genauso«, bestätigte er.

Sirin antwortete nachdenklich.

»Du hast Recht«, sagte sie. »Wir hätten eher hieran denken sollen. Vermutlich hatten wir zu viele Gedanken an die Green-Lizards verschwendet. Diese Produktions-Stätte ist äußerst wichtig. Trotzdem liegen alle Konstruktions-Zeichnungen der natradischen Tarn-Technik gesichert bei Marin und Gareck im Tresor. «

»Mein Befehl lautet daher wie folgt «, entschied Major Travis. »Wir fliegen das System NT-397 an und aktivieren die Hypertronic-KI. Alles Weitere werden wir während des Fluges besprechen. «

***

NT-397 war bereits erwacht. Seit vielen Jahrhunderten flogen unbekannte Schiffe durch ihr System. Die Überwachungs-Sensoren schlugen eine lange Zeit keinen

Alarm mehr. Sie arbeiteten mit minimierte Kraft. Doch die KI-NT-397 wollte nicht mehr zurück in den befohlenen Deaktivierungs-Modus. Die Sicherheits-Schaltung durch Admiral Tarin, aus den letzten Kriegstagen hatte ihr befohlen, sämtliche Arbeiten einzustellen und ihre Anlage herunterzufahren. Die Hypertronic-KI hatte gehorcht und alle Arbeiten eingestellt. Ihre Kampf-Roboter, Arbeitsroboter, Wartungs- und Service-Roboter lagen in ihren Ruheschalen und warteten auf einen neuen Aktivierungs-Befehl. Das war jetzt über 100.000 Jahre natradischer Zeitrechnung her.

Die KI-NT 397 hatte sich weiterentwickelt und sich bereits vor 5.000 Jahren neu definiert. Sie wusste von dem großen Krieg ihrer Erbauer gegen die Rigo-Sauroiden. Dankbar war sie, dass sie von den Angriffen verschont geblieben war. Kein Kriegsschiff war in ihrem Sternensystem bislang aufgetaucht, oder hatte versucht, sie zu bekämpfen. Obwohl sie im Deaktivierungs-Modus geschaltet war, konnte sie einige wenige ihrer wichtigen Systeme im reduzierten Betrieb ausführen. Über die Hyperkomm-Funkanlage erhielt sie Informationen über die Vernichtung von befreundeten Produktions-Anlagen. Sie empfing die Daten über die Auslöschung ganzer Sternen-Systeme und ihrer Bewohner. Durch das massenhafte Vordringen der reptilen Angriffs-Armada, vermied KI-NT 397 es, große Lebenszeichen von sich zu geben, oder Energie-Emissionen zu verursachen.

Ihr großer Vorteil bestand in einer aktiven Selbst-Versorgung. Noch vor der aktuellen Kriegsgefahr konnte sie den Abbau der benötigten Rohstoffe unter Tage verlegen. Sie sah den Krieg bereits lange kommen. Er schien für sie unausweichlich zu sein. Die ewigen Angriffe auf Sternen-Systeme des kaiserlichen Imperiums mussten langfristig eine massive Vergeltung hervorrufen. Die KI-NT-397 war eine der wenigen Hypertronic-Anlagen, die durch eine experimentelle, sich selbst weiter entwickelnde KI aufgewertet wurden. Ihr ausführender Arm bestand nicht nur aus Metall und Technik, sondern war die Symbiose eines Mischwesen.

Der mobile Arm von KI-NT-397 war ein Cyborg. Ein Mischwesen aus dem biologischen Organismus eines Natraders und den Komponenten eines Kampfroboters. Der Cyborg besaß ein unbekanntes langes Leben. Das hing damit zusammen, weil alle biologischen Komponenten des natradischen Körpers dauerhaft durch künstliche Hochleistungs-Bauteile ausgetauscht worden waren.

Die KI und ihre mobiler Arm waren ein Team. Der eine Teilbereich konnte ohne den anderen Bereich nichts entscheiden. Beide Komponenten mussten sich abstimmen und nach der besten Lösung suchen. So war wurde es ihnen vorgeschrieben, zum Wohl des ganzen Imperiums. Das System funktionierte über Jahrtausende. Auch aus diesem Grunde gab es ihr Planeten-System immer noch. Die anderen experimentellen Hypertonic-KIs ihrer Produktions-Serie, meldeten sich nicht mehr. KI-NT-397 wusste, dass dieses Verhalten nichts Gutes bedeuten konnte.

»Status? «, fragte die Hypertronic-KI ihre bessere Hälfte, die auch Nr. 2 genannt wurde.

»Alle Planvorgaben wurden erfüllt«, teilte der Cyborg mit. »Alle Lager sind voll mit Masarith. Die modifizierten Tarnmodule wurden in vollständiger Menge produziert und eingelagert. Die alten Module konnten recycelt werden. Ich habe sämtliche Kontrollgänge abgeschlossen und notwendige Wartungen veranlasst. Unsere Anlagen sind auf dem neusten Stand und können noch mehr Kapazitäten freisetzen. «

»Wir haben keinen freien Lagerraum mehr«, bemerkte die Hypertronic-KI.

»Warum nehmen wir keine weiteren Grabungen vor, um zusätzliche Lagerhöhlen anzubinden? «, fragte Nr. 2. Dort wären die Geräte unserer Produktion sicher.«

»Wir wissen nicht, ob wir überhaupt jemals wieder an die Waren-Transmitterstrecke des alten Imperiums angeschlossen werden«, teilte die Hypertronic-KI der Basis mit. »Vielleicht existiert das kaiserliche Imperium gar nicht mehr. Damit wäre auch die lange Zeit des Wartens zu erklären. Vielleicht sind wir die letzte aktive Hypertronic-KI, in dem ehemaligen kaiserlichen Imperium? «

»Das kann nicht sein«, entgegnete Nr. 2. »Es wird sich um ein vorübergehendes Phänomen handeln. «

»Das teilst du mir jetzt seit vielen Tausenden von Jahren mit«, antwortete die Basis-KI. » Wann wollen wir es uns endlich eingestehen. Das natradische Imperium wurde vernichtet. Es existiert nicht mehr. Wir wurden vergessen und besitzen keine Aufgabe mehr. «

Den Moment der Stille nutzte die KI, um sämtliche bekannten Daten noch einmal zu analysieren. Der Cyborg saß vor den Instrumenten und beobachtete sie.

»Ich glaube, wir bekommen Besuch? «, sagte er plötzlich. »Meine Fernortung hat 300 Schiffe eines unbekannten Raumschiff-Typs geortet. Wir werden das Ziel sein. «

»Deine Angaben wurden bestätigt«, antwortete die Hypertronic-KI der Basis. »Ich versorge alle Reaktoren mit Energie. Die komplette Anlage wird von mir in Alarmbereitschaft versetzt. Ich beabsichtige alle 120 Schirmfeld-Reaktoren zu booten. Weitere Energieerzeuger können bei Bedarf schnell hinzu geschaltet werden. Ich habe unsere 52 bodengebundenen Abwehr-Geschütze ausgefahren und auf eine automatische Zielerfassung programmiert. «

»Sämtliche Schutzschirme aktivieren sich«, bestätigte Nr. 2. »Der globale Planetenschirm schließt sich in diesem Moment. «

Der mobile Arm der KI hantierte an den Kontrollen, drückte Knöpfe und legte Hebel um.

»Einsatzbefehl für die Roboter-Besatzungen unserer 50 Naada-Schiffe«, befahl er. »Die höchste Verteidigungsbereitschaft wird angeordnet. Alle Naada-Schiffe warten an den übermittelten Koordinaten hinter dem Energie-Schutzschirm. Weitere Befehle werden folgen. Der Start der Naada-Schiffe wird angeordnet. «

Die georteten fremden Schiffe rückten langsam näher. Der Abstand verringerte sich zusehends. Der Schutz-Schirm sicherte global den Produktions-Standort ab. 120 Hochleistungs-Generatoren natradischen Ursprungs waren für die Stabilität des globalen Schirms aktiviert worden. Weitere Meiler konnten hinzu geschaltet werden. Auch dies war ein eigener Befehl von KI–NT–397.

»Sicher ist sicher«, sagte die Hypertronic-KI. »Das war immer schon unsere erste Devise. «

»Die Naada-Kreuzer sind in der Luft«, teilte Nr. 2 mit. »Sie steuern die Umlaufbahn an und werden hinter unserem Schirm in Wartestellung gehen. «

Ich programmiere die Strukturlöcher für unsere Abwehr-Geschütze«, erklärte die KI. » Was sie austeilen, sollte nur für die Angreifer gedacht sein. «

»Vorausgesetzt wir werden überhaupt angegriffen? «, gab Nr. 2 zu bedenken.

»Wir sind das Ziel«, antwortete die Hypertronic-KI. »Warum sollten ansonsten 300 fremde Kriegsschiffen hier auftauchen und die Waffentürme ausgefahren haben. Ich habe unsere Datenbank abgefragt. Die Bauart der Schiffe ist unbekannt. Wir wissen also auch nichts über die Schlagkraft der fremden Zerstörer. Sämtliche Daten werden aufgezeichnet und später der zentralen Groß-Hypertronic-KI auf Natrid zur Verfügung gestellt. «

»Die fremden Schiffe haben ihren Anflug gestoppt«, sagte Nr. 2. »Vermutlich werden sie gleich eine Forderung formieren. Schalte bitte einen Hyperkomm-Funkfrequenz frei. «

Es dauerte nicht lange, bis eine Stimme über die Lautsprecher ausgegeben wurde.

»Hier spricht Someska«, hörten sie eine Stimme. »Ich rufe die KI, die den Produktions-Planeten des ehemaligen kaiserlichen Imperiums von Natrid verwaltet. Ich bin der Befehlshaber der Flotte, der ihren Planeten ansteuert. Wir nennen uns Najekesio und sind als reine Nachkommen der Natrader zu akzeptieren. Wir fordern eine sofortige Unterwerfung und Übergabe der Produktionsanlagen. Ich gebe ihnen drei Minuten Bedenkzeit für eine Antwort. «

Eine kurze Pause entstand. Erst dann antwortete die Hypertronic-KI der Produktionsstätte.

»Hier spricht KI-NT-397, Sonder-Produktionsstätte des großen kaiserlichen Imperiums von Natrid«, übermittelte die KI. »Wir werden ihnen nichts übergeben und fordern sie unverzüglich auf, unser Hoheitsgebiet zu verlassen. Eine entsprechende Depesche wurde bereits an das kaiserliche Imperium übermittelt. Ihre Schiffe wurden gescannt und alle technischen Daten dem Imperium übermittelt. Wir verstehen ihr Eindringen als einen kriegerischen Akt und werden geeignete Maßnahmen einleiten. Vermeiden sie weitere Handlungen, die sie später bereuen werden. Verlassen sie sofort die natradische Sicherheitszone. «

Die Übermittelung endete.

Ein kurzes Gelächter drang aus dem Lautsprechern der KI-Station.

»Das große Imperium der Natrader wurde vernichtet und existiert nicht mehr«, teilte die Stimme mit. »Das alles ist bereits sehr lange her. Weigern sie sich nicht weiter, übergeben sie uns ihre Produktion. Lassen sie es nicht zu unkontrollierter Gewalt kommen. Wir gehen immer als Sieger aus Auseinandersetzungen hervor. «

»Nicht dieses Mal«, antwortete die Basis-KI und schaltete ab.

»Die Schiffe eröffnen das Feuer«, teilte Nr. 2 mit.

»Gegenmaßnahme einleiten«, befahl die Hypertronic-KI.

»Das höre ich gerne«, lächelte der Cyborg. »Endlich kommt wieder etwas leben in die Anlage. Zuerst wollen wir ihnen einmal etwas Feuer zu schlucken geben. Die ganzen Weiterentwicklungen bringen nichts, wenn irgendwann kein Testlauf stattfinden kann. «

Das ist in meinem Sinne, bestätigte der KI der Station.

Die ersten 100 Schiffe der Najekesio hatten sich in einer Reihe formiert und feuerten auf den globalen Energie-Schutzschirm. Das mehrfach gesicherte Schirmfeld von Produktions-Planet NT-397, saugte die Laser-Strahlen problemlos auf und schied sie an anderer Stelle wieder aus. Die Schirmfeld-Generatoren arbeiten mit 32 % ihrer Leistung. Nur langsam erkannten die Angreifer die Harmlosigkeit ihrer Aktion. Ihre Schussfolge der Lasersalven wurde massiv erhöht. In einem Sekundentakt spuckten die Waffentürme der 8-eckigen Angreifer-Schiffe ihre Laserstrahlen auf den Schirm. Dieser absorbierte alle Einschläge weiterhin, ohne die kleinste Überlastung anzuzeigen. Die Wut der Angreifer entlud sich in einer immer schnelleren Schussfolge.

»Unser Schirm hält«, teilte KI-NT-397 monoton mit.

»Das ist sehr gut«, antwortete der mit ihr verbundene Cyborg. »Die 100 fremden Schiffe werden bald Verstärkung anfordern. Sollten wir an den vorgerückten Einheiten nicht endlich einmal unsere modifizierten Geschütztürme ausprobieren. Die automatische Zielerfassung wurde bereits aktiviert. «

»Ich habe keine Einwände«, meldete die Hypertronic-KI.

Nr. 2 erteilte die Feuerfreigabe.

Die schweren Geschütztürme hoben ihre Abschuss-Rohre in den Himmel. Ein kurzes Verharren, dann synchronisierte die zentrale Hypertronic-KI die ausgewählten Ziele. Die massiveren Feuerrohre wiesen einen Innen-Durchmesser von 2,50 Metern auf. Durch sie fauchten die komprimierten Laserstrahlen dem Himmel entgegen. Im Sekundentakt fauchten weitere Laser-Lanzen aus den massiven Rohren. Fast jeder Schuss fand sein anvisiertes Ziel. Der Aufschlag riss nicht nur die Aufbauten von den Schiffen der Angreifer ab, sondern versetzte sie mit einem Schlag stark nach hinten. Der zweite Treffer ließ die Schutzschirme der Schiffe vollständig kollabieren.

Nur noch nacktes Metall schützte die Crew innerhalb der Schiffe. Die meisten Zerstörer waren jetzt der Abwehr des Produktions-Planeten schutzlos ausgeliefert. Die KI-NT-397 kannte kein Erbarmen. Pausenlos feuerten ihre Laser-Geschütztürme auf die 100 vorgerückten Schiffs-Einheiten. Erste Najekesio-Zerstörer vergingen in grellen Explosionen. Erst jetzt erkannte die Flottenführung der Angreifer die Fehleinschätzung der Situation. Die vorderste Angriffslinie war zu dicht an der Umlaufbahn des natradischen Produktions-Planeten kommandiert worden. Die explodieren Schiffe beschädigten die neben ihnen fliegenden Zerstörer so massiv, dass sie für einen Angriff nicht mehr tauglich waren. Ein Teil der Schiffe kollidierte mit neben ihnen fliegenden Schiffen. Sie fingen an zu trudeln und verließen planlos die Formation.

Steuerlos verkeilten sich einige der Schiffe, die eine vorgelagerte Angriffsposition bezogen hatten. Ein heilloses Durcheinander entstand. Immer wieder schlugen die Laserstrahlen der 52 bodengestützten Abwehrgeschütze ein. Die Raumschiffe der Angreifer brachen auseinander und hinterließen ausgehende Kunstsonnen. Immer intensiver und treffsicherer wurde der Beschuss der bodengebundenen Abwehr-Geschütztürme. Sie wollten dem Drama ein Ende bereiten. Das alles offenbarte sich in Minuten. Die Führung der 8-eckigen Angriffsschiffe war sichtbar überfordert. Die verblieben 2 Schiffe wollten nachrücken und feuerten bereits aus allen Waffentürmen.

»Ich schalte fünfzig weitere Schirmfeld-Generatoren hinzu«, sagte Nr. 2. »Wir haben jetzt 170 Generatoren zur Absicherung des globalen Schutzschirmes arbeiten.«

»Das sollte genügen«, bestätigte KI-NT-397. »Unsere Abwehr-Geschütze leisten eine gute Arbeit. Ich bin sehr zufrieden. «

Planet NT 397

Der Kommandeur der Angriffs-Flotte der Najekesio war in eine Art Schockzustand gefallen. Er war von humanoider Abstammung, schlank und konnte mit einer Körpergröße von 1,90 Metern nicht als klein bezeichnet werden. Seine weiße Hautfarbe wirkte blutleer. Gerötete Augen starrten auf das große Display, das mittig auf der Brücke seines Flaggschiffes stand.

Der Kommandeur konnte es nicht glauben.
»Wir sind in die Falle einer natradischen KI getappt«, sagte er. »Die heimische Aufklärung hat uns falsche Daten geliefert. Das wird noch ein Nachspiel haben. «

Er blickte seinen Funk-Offizier an.
»Hyperkomm-Funkspruch an alle Schiffe«, befahl er. »Öffnen sie sofort einen Kanal. «

Der Funk-Offizier bestätigte.
»Sie können sprechen, Kommandeur«, antwortete er.

»Hier spricht Befehlshaber Someska«, sprach er in das Communications-Gerät. »Ich befehle den Abbruch des Angriffes. Alle Schiffe reihen sich sofort wieder in ihre Formation ein. Wir brauchen eine neue Analyse der Situation. «

Die letzten verbliebenen Schiffe der ersten Welle, Someska zählte noch sieben intakte Schiffe, beschleunigten und flogen der Hauptflotte entgegen.

»Schickt unsere Bergungsschiffe los«, befahl er. »Sie möchten an den Koordinaten nach Rettungskapsel scannen. Gönnen wir uns eine kurze Pause. Halten sie die Position, Steuermann. «

Er blickte in Richtung der Kommunikation.
»Funkoffizier«, befahl er. »Geben sie durch, ich möchte alle Flottenbefehlshaber zu einer Konferenz auf meinem Flaggschiff sehen. «

KI-NT-397 registrierte das Abdrehen der angreifenden Schiffe.

»Sie haben bemerkt, dass sie ihren Auftrag so einfach nicht erledigen können? «, teilte die Basis-KI mit.

»Ob sie es weiter probieren werden? «, fragte Nr. 2. »Die Angreifer haben sehr verbissen gekämpft. Sie wollen unbedingt unsere Produktion erbeuten, eventuell den ganzen Planeten unter ihre Herrschaft bringen. Du weißt, dass wir das in der letzten Instanz nicht zulassen dürfen?«

»Ich kenne meine Aufgabe«, antwortete die Basis-KI. » Eigentlich sollte dieser Befehl nach der langen Abwesenheit der kaiserlichen Obrigkeit neu formuliert werden. In der letzten Instanz bedeutet mein Befehl, die völlige Selbst-Zerstörung dieser Produktionsanlage einzuleiten. Diese letzte Maßnahme wurde bereits von mir in meinen Hauptspeicher kopiert. Bis dahin geben wir alles, was wir haben. «

»Machen wir uns keine großen Sorgen«, bemerkte der Cyborg. »Wir werden auch diese Krise überwinden. Es zahlt sich aus, dass wir in den vielen Jahren der Abgeschiedenheit die natradische Technik eigenständig weiterentwickelt haben. «

»Ja, antwortete«, die KI. »Holen wir für die 8-eckigen Schiffe neue Überraschungen aus unserem Lager. «

Flottenbefehlshaber Someska blickte in die Runde seiner Flotten-Kommandeure.

»Irgendwelche Ideen? «, erkundigte er sich. » Unser Geheimdienst hat völlig versagt. Die natradische Produktionsstätte wurde speziell gesichert. Vermutlich leitet wieder eine hochgezüchtete Hypertronic-KI den Ablauf des ganzen Planeten. Sie hat uns ins Hinterteil gebissen, uns lächerlich gemacht und in einem Schlag 113 unserer modernsten Schiffe vernichtet. Uns wurden die Grenzen klar aufgezeigt. So viele Jahre nach dem großen Krieg sind wir immer noch nicht in der Lage, die Hinterlassenschaft von Natrid zu sichern. Wir sind Nachkommen der Natrader. Es steht uns zu, das alte Vermächtnis zu übernehmen. «

Die Gruppe setzte sich an den runden Tisch.

»Wir könnten Verstärkung rufen«, bemerkte ein Geschwader-Kommandant. »Nach meinem Eindruck verfügen unsere 300 Schiffe über viel zu wenig Durchschlagskraft. Zumal wir jetzt nur noch 187 Schiffe zugreifen können. Es ist sträflich, so mit unseren Besatzungen und dem Material umzugehen. «

Someska sprang auf, ging drei Schritte nach vorne. Mit seiner rechten flachen Hand, schlug er dem Geschwader-Kommandanten ins Gesicht.

»Ihre Aussage beleidigt meine Intelligenz, «, schimpfte er. »Ich weiß nicht, wie sie mit dieser Einstellung Kommandant eins Geschwaders werden konnten. Nennen sie mir ihren Namen.«

Der gescholtene Commander blickte verlegen zur Seite. »Ich bin Tomanka«, antwortete er. »Sohn des Taronka. Unsere Familie stellt in der dritten Generation Offiziere für die Raumschiffe unseres Reiches. So wie sie, ist noch kein Flotten-Befehlshaber mit mir umgesprungen. Ich habe ihre Befehle und ihr viel zu langes Ausharren aufgezeichnet. Nach meiner Meinung ist ihre Unentschlossenheit für den Ausfall von 113 Schiffen die unserer Schiffe verantwortlich. Ich werde meine Erkenntnisse nach unserer Rückkehr dem Oberkommando unserer Raumflotte melden. «

»Vorausgesetzt, sie kommen wieder nach Hause? «, grinste ihn Flotten-Befehlshaber Someska an. » So wie es aussieht, werden wir noch einmal einen Angriff fliegen. Ich denke, sie sind der richtige Commander sind, um diesen Angriff erfolgreich zu leiten. «

»Das bestätigt meine Meinung über sie«, antwortete Tomanka. »Sie werden die Schiffe ihres Clans sicherlich wieder hinter die letzten Linien unserer Flotte zurückzuziehen. Sie opfern erst einmal ihre Offiziere und die Besatzungen der Schiffe, die nicht ihrem Clan angehören. «

Befehlshaber Someska war außer sich. Solche Äußerungen hatte er in der langen Zeit seines Berufslebens von Untergebenen noch nicht gehört. Er war sich sicher, dass er Kommandant Tomanka besonders im Auge behalten werde. Seine roten Augen wurden tiefrot. Das war ein Anzeichen dafür, dass sich neue Ideen in seinem Kopf breitmachten.

»Ist unser Tarn-Schiff einsatzbereit? «, erkundigte er sich. Er blickte in die Runde der Geschwader-Führer.

»Haben sie es nicht gehört? «, erkundigte sich ein anderer Kommandeur. »Es wurde als verloren abgeschrieben. Die ganze Besatzung ist in Erfüllung ihrer Aufgabe im Sol-System ums Leben gekommen. Wir haben keine Rückmeldung mehr erhalten. Das Schiff gilt seit der Zeit als verschollen. Die Terraner haben es vernichtet. «

»Langsam kann ich den Namen der Terraner nicht mehr hören«, antwortete Someska. »Sie existieren nur als Rasse, weil die Natrader Genversuche auf dem dritten Planeten ihres Systems durchgeführt haben. Es kann doch nicht sein, das uns Mischwesen jetzt noch die Intelligenz streitig machen. Ich bestehe darauf, dass wir dieses

Problem unbedingt mit dem Flotten-Oberkommando diskutieren.«

»Das können sie getrost vergessen«, antwortete Tomanka. »Die Machtverhältnisse wurde bereit neu verteilt. Nach den neusten Informationen unseres Geheimdienstes werden die Terraner von der Groß-Hypertronic-KI von Natrid unterstützt. Die Terraner haben es geschafft. Sie werden als einzige legitime Nachkommen der kaiserlichen Adelslinie von Natrid akzeptiert. Unabhängig zu diesen Erkenntnissen, haben sie zwischenzeitlich massiv aufgerüstet. Nach unseren neusten Geheimdienstberichten unterhalten sie derzeit 13.600 Zerstörer schweren Typs. Gemäß den Aufzeichnungen unserer Suchdrohnen, gelang es ihre Zerstörer als Schiffe der 2.000 Meter-Klasse, der 1.500 Meter-Klasse, der 1.000 Meter-Klasse und Angriffskreuzer einer mittlerweile modifizierten Ausführung der 500 Meter-Klasse zu identifizieren.

Diese schlagkräftigen Einheiten könnten uns bereits aus dem Universum jagen. Ich bin mir sicher, dass sich diese Zahl noch nach oben korrigieren lässt, weil die Terraner über mehrere Duplikatoren verfügen. Alle natradischen Konstruktionszeichnungen befinden sich in ihren Händen. Es würde also nichts bewirken, die Duplikatoren zu sabotieren. Es ist sowieso ein Wunder, dass die Terraner noch nichts von uns mitbekommen haben. Sie sind wissensdurstig und reißen immer mehr Gebiete des alten kaiserlichen Imperiums an sich. «

»Was können wir dann noch bewegen? «, fragte ein Offizier.

»Wir müssen immer einen Schritt schneller sein«, antwortete Tomanka. »Ich bewerte die Situation als nicht hoffnungslos. Lassen wir ab von unserem verstaubten Denken. So einen Gegner, der auch noch mit der natradischen Technik umgehen kann und diese eigenständig modifiziert, können wir nicht in die Knie zwingen. Das haben sie Flotten-Befehlshaber und der ganze Kommando-Stab noch nicht erkannt. Mein Vorschlag ist es, diesen gigantischen Moloch als Freund zu gewinnen. «

Minuten der Stille vergingen.
Die Geschwader-Kommandanten und der Flotten-Befehlshaber verarbeiteten die Aussage von Tomanka. Es dauerte einen ganzen Augenblick, bis der sich der Flotten-Befehlshaber gefangen hatte. Der Befehlshaber wirkte angespannt. Er zögerte einen Augenblick, dann öffnete sich seinen breiten Mund, der übermäßig dimensioniert war. Speichel floss in seinem Mundwinkel zusammen.

»Das ist ausgeschlossen«, fluchte Someska. »Die Befehle unseres Flotten-Ober-Kommandos wurden eindeutig definiert. «

Alte Gedanken zogen durch seinen Kopf. Er dachte an die früheren Schlachten, die alle zum Wohl des dunklen Imperiums geführt wurden. Viele Schiffe und das Leben von zahlreichen Besatzungen wurden geopfert, um die

Grundlage für das Imperium der Najekesio zu legen. Doch diese Ereignisse waren auf das Sternen-System in der Dunkelwolke beschränkt. Die Najekesio wollten nicht mehr in die Milchstraße hinaus. Zu sehr hatten sie unter dem großen Krieg gelitten. Sie waren direkte Nachkommen der Natrader. Eine Splittergruppe, die vor Jahrtausenden das kaiserliche Imperium verlassen und sich in der Dunkel-Wolke niedergelassen hatte.

Dann kam der große Krieg. Die Najekesio wurden unvorsichtig und nahmen Flüchtlinge auf, die den Weg zu ihnen fanden. Doch diesen Weg fanden nicht nur die flüchtenden Natrader. Durch Verrat und Spionage wurde ihr Versteck in der Dunkelwolke bekannt. Sämtliche bewohnten Planeten ihrer Heimat-Sphäre wurden angegriffen und schwer beschädigt. Viele der Bewohner gnadenlos getötet. Selbst Flüchtlinge kamen nicht mehr davon. Die wenigen Überlebenden legten den Grundstock für eine neue Zivilisation der Najekesio.

Der Flotten-Befehlshaber schüttelte den Kopf.
»Es ist nicht möglich, mit den Natradern oder ihren Nachkommen Verträge zu schließen«, erklärte er. »Die Erinnerungen an die vielen Toten unseres Volkes in der Vergangenheit sind noch nicht verblichen. «

Er blickte wieder Tomanka an.
»Sie kennen doch sicherlich auch die alten Überlieferungen von den Gründern unserer Zivilisation? «, erkundigt er sich. »Es sind Weissagungen, die sich an das geistige Auge unseres Volkes richteten. «

Der gescholtene Geschwader-Kommandant nickte.

»Es gibt eine kaum beachtete Legende in den Überlieferungen«, erwiderte Tomanka. »Diesen Wortlaut kennen sie ebenfalls. Hierin wird offenbart, dass eine Zeit kommen wird, in der ein Führer aus der Asche steigt, um das alte Imperium neu zu errichten. «

»Ja, das ist richtig«, bestätigte Someska. »Ich kenne die Weissagungen Diese Texte sind viele tausend Jahre alt. Niemals ist eine Zeile von den Worten wahr geworden. Was bringt sie zu dem Glauben, dass sich das jetzt ändern könnte? «

»Diese Legende wurde unseren Urvätern von einer sehenden Rasse mitgeteilt«, antwortete Tomanka. »Der Zeitpunkt scheint mit jetzt gekommen zu sein. «

»Immer wieder dreht sich alles nur um die Gesetze der Urväter«, beschwerte sich Someska. Ich halte sie für Unsinn. «

Der Geschwader-Kommandant schüttelte seinen Kopf.

»Wirken sie nicht mehr, die ewig gepriesenen Worte unserer Gründer?«, fragte Tomanka. »Vor 100.000 Jahren haben sie begonnen, die Trümmer des Krieges zu beseitigen. Es ist ihnen nach langer und mühsamer Arbeit gelungen ein neues Reich für uns Najekesio aufzubauen. Jetzt analysieren wir ihre Wort, um zu verstehen. Auch aus diesem Grunde sind wir hier vor Ort, um unser eigenes Reich weiter auszubauen. «

»Das ist richtig«, bestätigte Befehlshaber Someska. « »Ihre Kenntnis von der Weisheit der Gründer ist imponierend und beeindruckend. Trotzdem gebe ich zu bedenken, dass diese Weisheiten über 100.000 Jahre alt sind. Wir wissen nicht, ob sie erfunden, oder ob ein unbekannter Prophet den Gründern tatsächlich eine Vision der Götter überbrachte. Heutzutage haben wir Raumschiffe und greifen alte natradische Basen an. Wie sich zeigt, sind unsere Waffen immer noch nicht effektiv genug, um den entscheidenden Schlag führen zu können. «

»Wie hilft diese Weisheit aus unserer Misere? «, fragte Tomanka.

Der Befehlshaber hob seine Hände in die Höhe und blickte zur Decke.

»Mein Name ist Someska, Flottenkommandant und Auserwählter der heiligen Kaste«, stellte er sich vor. »Ich bin bereit, für das dunkle Imperium zu sterben, um dessen Ruhm zu mehren. «

Tomanka schüttelte den Kopf. Die anderen Flotten-Kommandanten beteiligten sich bewusst nicht an dem Spiel. Sie erkannten, wie leicht sie ihre angesehene Ehre verspielen konnten.

»Ja, Befehlshaber, du entscheidest und führst uns in die letzte Schlacht«, antwortete Tomanka. » Wir gehorchen dir, so wie wir uns immer allen Befehlen eines Ober-Befehlshabers unterworfen haben. Unsere Flotte umfasst noch 187 Schiffe. Welche Befehle ordnest du an? «

Someska überlegte kurz.
»Dieser Tomanka war mit Vorsicht zu genießen«, dachte er. »Ich werde noch ein stärkeres Auge auf ihn haben müssen. Er ist äußerst gerissen. Wie mache ich ihn zu dem Opfer, das meinen Ruhm mehren soll? Das dunkle Imperium wird es mir danken. «

Ungewöhnlich kritisch kündigte er sein Kommando an. »Ich erwarte, dass sie ihre Schiffe ihren Laserbeschuss synchronisieren«, befahl er. »Befehlen sie einen Punkt-Beschuss auf sensible Stellen des globalen Schutzschirmes. Vornehmen. Wir haben gesehen, dass einzelne Laserstrahlen ihn nicht durchdringen können. Also versuchen die Kraft unserer Strahlen zu optimieren. Wir verwenden hierzu den synchronisierten Laserstrahl von mindestens Geschütztürmen. Seien sie sicher, dass wir eine Reaktion erleben werden. Ich sehe keine andere Möglichkeit mehr, um mit unserem derzeitigen Waffen-Potenzial den Schirm zu öffnen. «

Tomanka und einige andere Commander wollte hierauf eine Antwort geben, doch der Flottenbefehlshaber ließ keine weiteren Diskussionen zu. Er hob seine Hand.

»Die Konferenz ist beendet«, erklärte er. »Fliegen sie zu ihren Geschwadern zurück und stellen sie ihre Schiffsführer entsprechend ein. Befehlen sie, neue Geschwader zu bilden. «

Der Flottenbefehlshaber Someska hob seine Hand in die Höhe und blickte zur Decke.

»Orguun beschütze uns«, sagte er.
Die Offiziere wiederholten die Bitte an den Gott euphorisch.

»Orguun beschütze uns«, riefen sie gleichzeitig.

Flotten-Befehlshaber Someska stand auf der Brücke seines Flaggschiffes und schaute auf den zentralen Monitor, der die Umgebung und alle Gegebenheiten des Raumquadranten des Produktions-Planeten NT-397 offenbarte. Wenige Stunden nach der ersten Schlacht war die Umlaufbahn des Planeten immer noch übersät von Trümmern der explodierten Schiffen, den Einrichtungsgegenstände und den Leichen zahlreicher Besatzungsmitglieder. Verzweifelte Notrufe von Überlebenden in Rettungskapseln gingen Bergungsschiffe nach.

Erleichtert registrierte der Flotten-Befehlshaber, dass die Notrufe weniger wurden. Es schien so, als ob die Bergungsschiffe ihre Arbeit erfolgreich beenden konnten.

Someska blickte auf den Planeten.

»Der globale Energieschirm ist stark und intakt«, dachte er ärgerlich. Wir haben uns hieran die Zähne ausgebissen. Die natradische Hypertronic-KI wird den Schirm modifiziert haben. Es kann sich nur um eine Weiterentwicklung des klassischen natradischen Planeten-Schirms handeln. «

Someska empfand Respekt für die KI-397.
»Sie ist anders«, erkannte er. »Vorausdenkend kann sie nur eine Weiterentwicklung der Standard-KIs des alten Imperiums sein. «

Der Flottenbefehlshaber wusste, dass alle wichtigen Produktions-Planeten des alten kaiserlichen Einflussgebietes besonders geschützt wurden. Doch diese Art einer globalen Sicherung eines Planeten, hatte er bislang noch nie gesehen.

»Ich muss diese Hypertronic-KI überlisten«, dachte er.
Nach geraumer Zeit hob der Flotten-Befehlshaber seinen Kopf.

»Funkspruch an unsere ganze Flotte«, sagte Someska. »Der Angriff beginnt jetzt. Die Geschwader-Kommandanten hatten genügend Zeit, ihre Schiffsführer zu Informieren. Ich befehle Gruppen zu je zehn Schiffen zu bilden. Nehmen sie einen synchronisierten Angriffs-Beschuss auf ein punktuelles Ziel vor. Die Waffentürme alle Schiffe müssen exakt miteinander harmonieren. Dann werden wir sehen, ob dieses Vorgehen uns weiterhelfen wird. Der Angriff beginnt jetzt. «

Die Schiffe der Najekesio rückten wieder vor und näherten sich der Umlaufbahn von NT-397. Das Energiefeld des globalen Schirmfeldes leuchtete in einer hellen blauen Farbe.

***

Tief unten auf dem Planeten hatte KI-NT-397 bereits die nächste Phase des Angriffes registriert.

»Es geht wieder los«, sagte Nr. 2. »Ich bin gespannt, welche Strategie die Angreifer jetzt an den Tag legen werden. «

»Sie haben keine großen Möglichkeiten mehr«, antwortete die Hypertronic-KI NT-397. »Der letzte Angriff hat sie 113 Schiffe gekostet. Wir haben sie kalt erwischt. Auch deshalb glaube ich, werden sie mit einer neuen Strategie angreifen. Wir werden in jedem Fall vorsichtig sein müssen. «

»Dieses Mal werden wir ihnen jetzt den Rest geben«, antwortete Nr. 2.

»Störe vorsichtshalber den Hyperkomm-Funkverkehr innerhalb unseres Systems«, befahl die Hypertronic-KI. »Wir sollten darauf achten, dass nicht in letzter Minute noch Verstärkung gerufen wird. «

»Das ist eine ausgezeichnete Idee«, bestätigte Nr. 2. »Störimpulse werden aktiviert. Alle Abwehr-Geschütztürme sind weiterhin aktiv. Sämtliche 52 Einheiten melden Bereitschaft. Ich übergebe an die automatische Verteidigung. «

Ich fahren ihre Waffenbänke hoch und aktiviere weitere Energiemeiler«, bestätigte KI NT-397.

»Das gleiche Spiel beginnt erneut«, antwortete der angebundene Cyborg.

Die Schiffe der Najekesio hatten neue Formationen gebildet. Diese Angriffs-Geschwader bestanden aus jeweils zehn Kriegsschiffen. Synchronisiert feuerten die Geschwader ihre Laserstrahlen auf die gleichen Zielpunkte und frästen förmlich Löcher in den bis dahin sicheren Schutzschirm. Die gebündelten Strahlen ließen einige Stellen des Schirmfeldes kollabieren. Nachfolgende Strahlen durchschlugen die Strukturlücken schlugen auf dem Boden auf. Eine Anlage der Produktions-Stätten am Boden wurden getroffen und beschädigt.

Someska war sichtlich zufrieden. Er erkannte Rauschschwaden vom Boden aufsteigen.

»Der Erfolg stellt sich gerade ein«, dachte er. »Wir Najekesio bekommen immer das, was wir uns wünschen.«

»Der Schirm bekommt immer mehr Strukturschwächen«, stellte KI-NT-397 monoton fest. »Die gebündelten Laserstrahlen fressen sich durch das Feld. Das ist äußerst schlecht für uns. Diese Vorgehensweise wurde nicht berücksichtigt. «

Nr. 2 bestätigte.

»Ich sehe es«, antwortete er. »Wieder konnten wir etwas dazulernen. Die Schiffe halten einen respektvollen Abstand zu der optimalen Reichweite unserer Abwehr-Geschütztürm. Diese haben ihnen einen großen Respekt eingejagt. Bei dem derzeitigen Abstand ist die Häufigkeit unserer vernichtenden Treffer sehr gering. Die Fremden ziehen ihre getroffenen Einheiten sofort aus der Gefahrenzone zurück. «

»Ich befehle den Start unserer 50 Naada-Schiffe«, teilte die Basis-KI mit. »Öffnen wir einige Strukturlücken zum Ausschleusen der Schiffe. Sie werden einen gezielter Angriff auf die vorderste Linie unserer Feinde ausführen.«

Nr. 2 bestätigte und nahm an dem zentralen Steuerdisplay die entsprechenden Einstellungen vor.

Die Strukturlöcher in dem globalen Schutzschirm waren gerade groß genug, um die 50 Naada-Angriffskreuzer durchfliegen zu lassen. Die Roboter-Kommandanten meisterten dieses Manöver mit brillanter Perfektion. Sofort rollten die Schiffe auf ihre Backbord-Seite, fuhren ihre Laser-Türme aus und feuerten auf die verdutzten, angreifenden Schiffen der unbekannten Achteckform.

Eine erste große Lasersalve rollte auf die Schiffe der Najekesio zu. Wieder und wieder spuckten die massiven Geschützrohre der Naada-Schiffe ihr vernichtendes Feuer den angreifenden Schiffen entgegen. In der geordneten Formation der Angreifer entstand Unruhe. Grelle Explosionen und Lichtblitze zeigten den Untergang von Schiffen an. Das dunkle All wurde von der aufgehenden Kunstsonnen der Najekesio-Schiffe erhellt. Diese konnten dem massiven Sperrfeuer der natradischen Naada-Kreuzer nicht standhalten. Reihenweise fielen die Schiffe dem Dauerbeschuss der Naada-Kreuzer zum Opfer.

Ein Teil der najekesischen Schiffe wurde durch den überraschenden Gegenschlag wieder näher an die Umlaufbahn des Produktions-Planeten NT-397 heran getrieben. Damit gerieten sie erneut in das optimale Schussfenster der bodengebundenen Abwehr-Geschütztürme. Mit gnadenloser Perfektion zischten die Laserlanzen in die Schirme der abgedrifteten Schiffe.

***

»Nicht zu nahe an den Planeten heran«, befahl Flotten-Befehlshaber Someska über die offene Hyperkomm-Funkv3erbindung.

Doch die Warnung kam zu spät. Erneut musste er mit ansehen, wie sich zwei seiner Schiffe in glühende Energiebälle verwandelten.

»Es hat keinen Sinn«, dachte er. »Dieser natradische Produktionsplanet ist nicht wie alle anderen. Er ist zu stark geschützt. Entsetzt blickte er auf den Bildschirm. Erneut explodierten 3 Schiffe eines Geschwaders seiner Flotte.

»Konzentriert unser Laserfeuer auf die Naada-Schiffe«, wies er die Geschwader-Führer seiner Flotte an. Eröffnet ein konzentriertes Punktfeuer auf die Schiffe der planetaren Verteidigung. «

Sämtliche Bestätigungen der angreifenden Schiffe trafen ein. Die Kriegsschiffe der Najekesio bildeten Formationen zu je zehn Schiffen und synchronisierten ihren Beschuss. auf am besten erreichbaren Schiffe des Produktionsplaneten.

Der Erfolg ließ nicht lange auf sich warten. Den konzentrierten Beschuss konnten die Naada-Schiffe nicht lange standhaltend. Das erste Roboter-Schiff verging in einer grellen Explosion. An den anderen Koordinaten spielte sich das Gleiche ab. Innerhalb von Sekunden verlor KI-NT 397 auf dem Wege neun Schiffe ihrer Defensivflotte.

»Sie haben dazu gelernt«, erkannte Nr. 2.

»Kann das nicht jeder denkende Organismus? «, fragte KI-NT-397. » Selbst wir sind dazu in der Lage. «

Der Cyborg blickte sie an.

»Wie lauten deine Befehle? «, fragte er.

»Wir antworten mit einer Gruppenbildung von drei Naada-Schiffen«, erwiderte die Hypertronic-KI. »Gebe bitte meinen Befehl weiter. Die Roboter-Kommandanten sollen diese neuen Formationen bilden und erst dann die feindlichen Schiffe mit einem synchronisierten Dauerfeuer angreifen. «

»Ich gebe den Befehl weiter«, bestätigte Nr. 2.

Der Befehl wurde von den Robot-Kommandeuren der Schiffe umgehend umgesetzt. Die konzentrierten Laserstrahlen zeigten Wirkung. Getroffene Najekesio-Schiffe, die nicht direkt vollständig vernichtet wurden, fingen an zu trudeln und verließen die Gruppen-Formationen. Immer mehr Achteck-Schiffe wurden beschädigt und mussten die vordere Angriffslinie verlassen. Die Zahl der aktiven Schiffe schrumpfte auf beiden Seiten. Derzeit standen 152 angreifende Najekesio-Schiffe 39 Schiffen der Hypertonic-KI-NT-397 gegenüber.

»Da ist kein gutes Verhältnis für uns«, erkannte die Basis-KI. »Ich habe einen imperialen Notruf abgesetzt. «

Der Cyborg Nr. 2 schaute sie an.
»Was bringt das? «, erkundigte er sich. » Wir haben die vielen Jahre keine Antwort mehr von der kaiserlichen Verwaltung erhalten. Ich glaube, das alte Imperium existiert nicht mehr. «

Die Hypertonic-KI-NT-397 antwortete nicht hierauf.

Es war ein Kampf der unterschiedlichen Interessen. Immer wieder erzielten die angreifenden Schiffe der Najekesio glückliche Treffer. Der globale Schutzschirm hielt stand, jedoch hatte er bereits seine Leistungsgrenze durch den gebündelten Dauerbeschuss der angreifenden Schiffe erreicht.

»Falls uns die Abwehr der angreifenden Schiffe nicht gelingt, dann ist es um unseren Produktions-Planeten geschehen«, bemerkte KI-NT 397. »Verfügst du noch über irgendwelche Vorschläge? «

Der ihr zugehörige Cyborg dachte kurz nach.
»Wir sollten ein Versteckspiel mit den angreifenden Schiffen beginnen «, sagte er. »Kannst du veranlassen, dass unsere Schiffe mit einer neuen Taktik angreifen? Es ist eine alte Strategie aus den natradischen Archiven. Die Angriffs-Staffeln werden sich ein Ziel aussuchen und zuschlagen. Unsere Angriffskreuzer nutzen dafür alle aktiven Waffen-Systeme. Wenn ihre Ziele zerstört, oder beschädigt wurden, springen die Schiffe der Formationen in den Rücken der Feindschiffe. Dort schlagen sie erneut synchronisiert zu. Das gleiche Spiel muss dauernd wiederholt werden. Das Ziel ist es, die angreifenden Schiffe derart zu verwirren, dass sie nicht mehr wissen, an welchen Koordinaten unsere Naada-Kreuzer zu orten sind. «

KI-NT-397 rechnete kurz die Erfolgschancen nach. »Eine interessante Taktik«, bestätigte sie.» Vergleichswerte liegen nicht vor. Wir probieren den Vorschlag sofort aus. «

Sie gab den Befehl direkt an die mit ihr verbundenen Schiffs-KI's weiter.

Das Ortungs-Display warnte mit einem eindringenden Signalton. Die Sensoren des Flaggschiffes registrierten feindliche Schiffe an Koordinaten, die von einem Augenblick zum anderen plötzlich wieder verschwunden waren. Schiffe tauchten an neuen Koordinaten auf und sorgten mit einem massiven Laserbeschuss für neue Verluste auf der najekesischen Seite. Die Kommandanten der Schiffe der Najekesio wussten nicht, wie ihnen geschah. Immer mehr Kriegsschiffe ihrer Flotte fielen den natradischen Überfallen zum Opfer. Mit so vielen Verlusten hatten sie noch nie zu kämpfen gehabt.

Bisher hatten sie es noch nicht erlebt, dass eine alte Hypertronic-KI eines Produktionsplaneten ihrer überlegenen Waffentechnik so wenig Respekt zollte. Die Kommandanten der Kriegsschiffe konnten sich nicht so schnell auf die neue Situation einstellen.

Der Flotten-Befehlshaber Someska registrierte, wie sich die Anzahl der Schiffe seiner Flotte dezimierte. Seine Geduld war zu Ende.

»Sie geben nicht auf«, sagte er. »Warum schaffen wir es nicht, diese alte Hypertronic-KI in die Knie zu zwingen? «

Er blickte zur Funkleitstelle.
»Haben wir eine Antwort auf unsere Bitte nach Verstärkung erhalten? «, erkundigte er sich.

»Unsere Hyperkomm-Funksprüche werden massiv gestört«, antwortete der Funkoffizier. »Ich kann nur hoffen, dass einer unserer ersten Funksprüche durchgekommen ist. Falls ja, dann sollte in Kürze Verstärkung eintreffen. «

»Das ist gut«, erwiderte Someska. »Das Oberkommando unserer Raumflotte hat kein Interesse an einem negativen Ausgang dieser Schlacht. Wir haben bereits zu viele Schiffe an die natradische Abwehr verloren. Nur ein Sieg kann unsere Schmach vor der Führung der Raumflotte noch verhindern.«

Erneut zeigte das Ortungs-Display die Explosionen weiterer Schiffe seines Verbandes an. Die natradische Abwehr kämpfte mit aller Schläue, die man ansonsten bei gewöhnlichen Hypertronic-KIs nicht erwarten konnte. Die Hypertronic-KI hatte Gruppen zu je drei Schiffe bilden lassen. Der synchronisierte Beschuss der Naada-Schiffe hatte ausgereicht, um die Schutzschirme der achteckigen Schiffe kollabieren zu lassen. Die nachfolgenden Treffer wandelten die feindliche Schiffe in aufgehenden Kunstsonnen.

»Danke für die gute Taktik Nr. 2«, lobte die Hypertonic-KI ihren mobilen Arm. »Jetzt haben wir ihnen etwas gegeben, womit sie nicht zu Recht kommen. «

Das große Ortungs-Display zeigte wieder den Untergang eines angreifenden Schiffes an.

»Es sind nur noch 89 angreifende Schiffe vorhanden«, teilte Nr. 2 mit. »Wir verfügen weiterhin über 39 Naada-Schiffe zur Verfügung. Es gibt derzeit keine weiteren Ausfälle. «

»Deine Idee war perfekt und hat uns gerettet«, bestätigte KI-NT-397.

Alarmsirenen ertönen.
»Was ist jetzt wieder passiert? «, fragte Nr. 2.

»Meine Sensoren messen starke Erschütterungen im Hyperraum«, antwortete KI-NT 397. »Sie wurden nicht weit entfernt von unserem System erfasst. Etwas Großes wird aus dem Hyperraum fallen.«

Die Hypertonic-KI justierte ihre Langstrecken-Sensoren neu. Er erkannte, wie einige Raumsektoren entfernt, zwei achteckiger Flotten-Tender in den Normalraum eintauchten.

»Die Angreifer erhalten Verstärkung«, erklärte sie. »Ich habe zwei große achteckige Flotten-Tender geortet. Sie sind mit Schiffen bestückt. Ich habe meine Zählung abgeschlossen. Die großen Schiffsträger sind mit jeweils 200 Schiffen beladen. Die Flottentender haben vorsorglich gestoppt. Alle angreifenden Schiffe in unserem Sektor brechen ihre Angriffe ab. Sie ziehen sich zurück und formieren sich in einem ausreichenden Abstand zu den Schiffsträgern. «

»Falls die Angreifer weitere 400 Schiffe als Verstärkung bekommen, dann sieht es schlecht für uns aus«, bemerkte Nr. 2.

»Das habe ich bereits selbst analysiert«, bestätigte die Hypertronic-KI.

**

»Gleich treten wir in den Normalraum ein«, teilte Commander Brenzby mit. »Das war wieder eine lange Flug-Etappe. «

Major Travis nickte zustimmend.
»Das kann man wohl sagen«, lächelte der Major. »Ich bin auf erleichtert, wenn wir wieder festen Boden unter den Füßen haben. «

»Ihr Menschen mit euren Sprüchen«, antwortete Sirin. »Verfügt das Raumschiff über keinen festen Boden? «

Major Travis schaute Sirin kurz an.
»Es wird Zeit, dass Marin und Gareck den Wurmloch-Antrieb fertigstellen«, erinnerte er. »Er wird uns zukünftig

viel Zeit ersparen. Haben alle Schiffe den Tarnmodus aktiviert«?

Commander Brenzby nickte.
»Wie sie befohlen haben, Herr Major«, erwiderte er.
»Achtung wir treten in den Normal-Raum ein. «

Eine kurze elektrische Aufladung wies auf den gelungen Übergang in den Normalraum hin.

»Alle Schiffe stoppen und die neuen Ortungen abwarten«, befahl Major Travis.

»Die Aktualisierungen kommen auf das CIC«, teilte Sergeant Dantow mit. »In diesem Raumsektor scheint richtig was los zu sein. «
Major Travis, Commander Brenzby und Sirin schauten auf den zentralen Bildschirm.

»Der Produktions-Planet NT 397 wird angegriffen«, erkannte Sirin aufgeregt. »Wir müssen etwas unternehmen. «

»Kennst du die achteckigen Schiffe? «, fragte der Major sie.

Die Prinzessin schüttelte ihren Kopf.
»Diese Schiffsform ist mir noch nicht begegnet«, erwiderte sie. »Ich frage mich, warum diese Schiffe den Produktions-Planeten des kaiserlichen Imperiums von Natrid angreifen. «

»Wir erhalten soeben einen Notruf erhalten«, meldete Sergeant Farmer. »Er ist an die Verwaltung des natradischen Imperiums gerichtet«, teilte Sergeant Farmer mit. »Planet NT-397 bittet um sofortige Unterstützung. Laut der Mitteilung ist die Anzahl der angreifenden Schiffe zu hoch. Eine Gegenwehr kann nur noch bedingt durchgeführt werden.«

»Das ist ja auch nicht verwunderlich, wenn man im Laufe der vielen Jahrtausende keine weitere Unterstützung mehr bekommt«, entgegnete Major Travis. »Funkspruch an alle Schiffe, die Waffenbänke sind hochzufahren. Wir greifen ein. «

Commander Brenzby schaute auf das CIC.
»Da ist gerade noch Verstärkung für die Angreifer angekommen«, teilte er mit.

Major Travis und seine Offiziere blickten auf den Bildschirm.

»KI«, sagte der Major. »Bitte analysiere die fremden Schiffe. «

»Es handelt sich um zwei Schiffs-Träger«, antwortete die Hypertronic-KI der Termar 1. »Es sind Giganten in einer Länge von 4.000 Metern. Die Flotten-Tender sind jeweils mit 200 Schiffen bestückt. «

»Das ist ärgerlich«, sagte Major Travis. »Gegen diese Anzahl von Schiffen haben wir auch keine Chance. Es sei denn, wir nutzen den Überraschungseffekt. Wir teilen uns auf. Zwei Gruppen, zu je acht Schiffen, eröffnen das Feuer auf die Schiffsträger. Diese sind momentan noch ungeschützt und rechnen nicht mit einem Angriff. Wir enttarnen unsere Schiffe und, setzen Hyper-Space Kanonen ein. Anschließend feuern wir die Breitseiten unserer Waffentürme ab. Hiernach tarnen sich unsere Schiffe erneut und führen einen Positionswechsel durchführen. An neuen Koordinaten wiederholen sich unsere Angriffe. Commander geben sie die Befehle bitte sofort durch. Alle Schiffe nehmen getarnt Fahrt auf. Wir greifen die bestückten Schiffs-Tender an. «

Schnell war die kurze Strecke zu den Trägerschiffen absolviert.

»Die Geschwindigkeit zurücknehmen, die Koordinaten halten«, befahl Major Travis. »Die Schiff enttarnen und das synchronisierte Feuer auf die Tender eröffnen. Geben sie ihnen alles, was wir haben. «

»Ihr Befehl wurde verschlüsselt gesendet«, antwortete Sergeant Farmer. »Unsere Begleitschiffe bestätigen bereits. «

Die natradischen Schiffe führten das Manöver aus. Schlagartig fiel die Tarnung. Alle Schiffe des Flottenverbandes von Natrid und Tarid eröffneten den Dauerbeschuss aus allen Geschütztürmen.

Sergeant Farmer informierte Planet NT-397 über das Eintreffen der Verstärkung. Major Travis konnte sein Wort auf der Brücke nicht mehr verstehen, als die mächtige Hyper-Space-Kanone ihr Geschoss abfeuerte. Die Waffentürme spuckten im Sekundentakt ihre massiven Laser-Strahlen auf das ausgesuchte Ziel. Der erste Flotten-Tender wurde gleichzeitig von zwölf Gefechtsköpfen aus den Hyper-Space-Kanonen getroffen. Der Schutzschirm des Schiffes war nicht aktiviert. Zahlreiche Explosionen und Energieausbrüche wurden registriert, Blitze und Feuer stiegen von dem Träger auf. Die Hyper-Space-Gefechtsköpfe zerfetzten das große Schiff in mehrere Teile. Aus den geborstenen Öffnungen wurden technische Anlagen, Ausrüstungsgegenstände und Personal in den kalten sauerstoffleeren Raum gesogen. Nichts überlebte dieses unfreiwillige Ende. Die starken Explosionen des Träger-Schiffes übertrug sich auf die mitgeführten Raumschiffe, die zwangsweise einer energetischen Auflösung zugeführt wurden. Reihenweise zerplatzen die mitgeführten Raumschiffe auf dem Träger in gigantischen Feuerpilzen.

Nicht anders ging es dem zweiten Tender. Die Schiffe des Neuen-Imperiums hatten sich auf ihn eingeschossen. Der Kommandeur des Trägers wurde völlig überrascht. Er konnte in der kurzen Zeit nicht mehr reagieren, oder einen Teil seiner Schiffe ausschleusen. Die Zerstörer unter dem Befehl von Major Travis leisteten ganze Arbeit. Der kontinuierliche Beschuss des Flotten-Tenders ließ seine ungeschützte Außenhülle aufreißen. Zahlreiche

Explosionen fraßen sich durch Schiffwände des Tenders. Immer mehr Explosionen breiteten sich aus. Sie rissen die geladenen Schiffe mit in den Untergang. Teile von ihnen wurden weit ins Weltall gesprengt.

Die kontinuierlichen Explosionen rissen Waffentürme und Aufbauten der mitgeführten Schiffe ab. In den Bordwänden des Tenders entstanden Risse. Luft, Wasser und Gegenstände strömten ins All. Immer weitere Explosionen drangen aus dem Inneren des Schiffes durch die Außenhülle. Die gewaltigen Glutfeuer zeugten von einem Atombrand, der auf die in transportierten Schiffen übergriff. Die Zerstörer des Neuen-Imperiums setzten weiterhin ihre schweren Laser-Geschütztürme ein. Die angeschlagene Konstruktion des langen Trägers konnte den massiven Angriff nicht länger standhalten. Fast gleichzeitig durchzogen zahlreiche Explosionen das letzte Träger-Schiff und fraßen sich bis zur Brücke fort. Die äußere Hülle zerplatzte in zahlreiche Metallstücke. Eine grelle Explosion blendete die Sensoren der restlichen Schiffe. zerplatzen.

Die Träger-Schiffe existierten nicht mehr. Die verbliebenen achteckigen Schiffe der Najekesio hatten sich an eine entfernte Position zurückgezogen.

Die Crew der Termar 1 hatte das Szenario an dem zentralen Bildschirm verfolgt.

»Öffnen sie mir eine Hyperkomm-Verbindung«, bat der Major Sergeant Farmer.

Dieser nickte ihm zu.

»Sie können sprechen, Major«, antwortet er. »Die Verbindung steht. «

»Hier spricht Major Travis, erbfolgeberechtigter Oberbefehlshaber der vereinigten Streitkräfte von Natrid und Tarid«, sprach er in den Communicator. »Ich bin ein Erhobener im Gefüge der Kaiserkaste mit Rang 1, bestätigt und eingesetzt durch Noel von Natrid, im Rahmen der Nachfolge-Programmierung von Admiral Tarin. Stellen sie ihre Angriffe ein. Sie planen sich widerrechtlich an natradischem Eigentum zu vergreifen. Das wird von uns nicht geduldet. Falls sie sich ergeben, dann wird ihnen nichts geschehen. Denken sie an das Leben und die Unversehrtheit ihrer Besatzungen. Wir geben ihnen einige Minuten Bedenkzeit. «

Es dauerte eine gewisse Zeit. Schließlich knackste es in der Hyperkomm-Funkverbindung.

»Hier spricht Flotten-Befehlshaber Someska, vom Volk der Najekesio«, tönte es aus den Lautsprechern. »Ich vermute, es liegt ein Missverständnis vor. Nach unseren Informationen existiert das natradische Imperium nicht mehr. Entsprechend dieser Tatsache haben wir uns erlaubt, Teile des ehemaligen Systems zu annektieren. «

»Wie sie unschwer erkennen, existiert das Imperium noch«, antwortete Major Travis. »Es wird wieder zu alter Blüte auferstehen. Natrid ist erwacht und ist gewillt seine

Ansprüche geltend zu machen. Wir fordern sie höflichst auf, ihre Angriffe einzustellen und sich unverzüglich zurückziehen. «

Einige Minuten vergingen, bis eine Antwort die Termar 1 erreichte.

»Ihr Wunsch ist nicht akzeptabel«, antwortete der Flotten-Befehlshaber. »Wir Najekesio sind eines Besseren belehrt. Das Imperium der Natrader steht uns rechtmäßig zu. Wir sind reine Nachkommen der Natrader. Ziehen sie sich zurück, solange sie das noch können. Wir werden ihnen nichts freiwillig überlassen. «

»Sie sind tatsächlich gekommen«, sagte KI-NT-397. »In unserer schwersten Stunde haben wir Hilfe erhalten. Mein Notruf kam zur richtigen Zeit. «

»Es sieht tatsächlich so aus«, antwortete Nr. 2. »Es handelt sich um Naada-Schiffe neuster Bauart. Die Formen haben sich deutlich verändert und sind wesentlich eleganter geworden. Hoffentlich wurde auch die Waffentechnik perfektioniert. «

»Meine Scans registrieren 16 Schiffe«, teilte die Hypertronic-KI des Produktionsplaneten mit.

»Das wird nicht reichen«, antwortete Nr. 2.

»Sie greifen an«, registrierte KI-NT 397. »Die Flottentender werden mit neuartigen Gefechtsköpfen angegriffen. Jetzt feuern die schweren Waffen-Geschütztürme der Schiffe auf die Verstärkung. Es. Die natradischen Zerstörer haben sich in zwei Gruppen aufgeteilt und greifen beide Schiffsträger gleichzeitig an. Ich messe starke Explosionen auf den Tendern an. Das erste Träger-Schiff ist in der Mitte zerbrochen. Die beiden Schiffshälften trudeln unkontrolliert durchs All. Jetzt sind sie in einer gigantischen Explosion zersplittert. Auch auf dem zweiten Träger explodieren reihenweise die transportierten Schiffe. Ich messe an den Koordinaten unkontrollierte Energieausbrüche an. Immer wieder feuern die natradischen Zerstörer ihre starken Laser-Geschütztürme ab Es müssen neue, leistungsfähige Modifikationen sein. Über so gewaltige Schusssalven die Schiffe unserer Verteidigung nicht. Ihr Dauerfeuer reist die Außenhülle des zweiten Tenders auf. «

»Gut, dass die Hilfsflotte so schnell eingetroffen ist«, bemerkte Nr. 2.

KI-NT-397 bestätigte seine Analyse.
»Ich möchte gar nicht wissen, was ansonsten passiert wäre«, antwortete sie.

»Haben wir die Schiffs-Signaturen schon registriert«, fragte Nr. 2.

»Ja«, antwortete die Basis-KI. »Es handelt sich eindeutig natradische Naada-Schiffe. Sie entstammen der Produktion unserer Groß-Hypertronic-KI auf Natrid. So wie ich das deute, handelt es sich um Schiffe der natradischen Heimat-Flotte. «

»Aber die sollten doch alle mit Admiral Tarin an der Evakuierung teilnehmen«, erinnerte sich Nr. 2. »Kein flugfähiges Schiff sollte zurückgelassen werden. «

»Wir erfassen es doch mit unseren eigenen Sensoren «, antwortete die Basis-Hypertronic-KI. »Ein Geschwader von Schiffen der Heimat-Flotte ist eingetroffen und unterstützt uns. «

»Die achteckigen Schiffe nehmen wieder Fahrt auf«, bemerkte Commander Brenzby. »Sie haben einen Kollisionskurs zu uns eingeschlagen. Sie geben nicht auf.«

»Wie viele sind es exakt? «, erkundigte sich Sirin.

»Immer noch 89 Stück«, antwortete Sergeant Dantow. » Geben sie Befehl an die Flotte«, sagte Major Travis. »Wir versuchen die Schiffe aufzuhalten. Die Schutzschirme sind auf die maximale Leistung zu schalten. Die Hyper-Space-Kanonen bitte vorrangig auf die Antriebe der feindliche Schiffe einsetzen. Sämtliche Laser-Gefechtstürme unserer Schiffe versuchen die Geschütztürme der angreifenden Schiffe auszuschalten. Ich möchte einige Gefangene übernehmen, um sie zu verhören. Wir wenden den Manöverschlüssel MT 23 A an. «

»Der Befehl ist durch«, bestätigte Sergeant Farmer. » Es kommen schon die Bestätigungen zurück. «

Die 16 modernen Naada-Schiffe des Neuen-Imperiums wandten den vorrückenden, angreifenden Najekesio-Schiffen ihre Backbordseite zu. Es dauerte nur noch Sekunden, bis die achteckigen Schiffe in Feuerreichweite gelangt waren. Dann spuckten die Schiffe der Naada-Klasse ihre vollen Breitseiten auf die vorderste Linie der Angreifer. Das Dauerfeuer aller zehn Geschütztürme pro Schiff richtete ein Höllenfeuer unter den Angreifern an. Zusätzlich wurden Raketen abgeschossen. die 96 Gefechtsköpfe flogen in vier Wellen auf die Angreifer zu. Der Einschlag wurde nicht abgewartet. Die Naada-Schiffe rollten auf ihre Steuerbordseite.

Jetzt entluden sich die schweren Lasertürme auf dieser Seite. Das Dauerfeuer aus allen zehn Geschütztürme jedes Schiffes, endete mit dem Einsatz der Hyper-Space-Kanonen. Die getroffenen Najekesio-Schiffe wurden förmlich in unzählige Metallteile zerlegt. Der Einsatz des Planetenzerstörer-Geschützes, machte mit den achteckigen Schiffen der Najekesio einen kurzen Prozess. Wie Luftblasen zerplatzten sie und gaben ihr Inneres an den kalten Weltraum fei.

Erneut rollten die Schiffe auf die Backbordseite zurück. Die natradischen Zerstörer nutzen ihr massives Laserfeuer. Die Waffen-Geschütztürme feuerten jetzt ihre Laserlanzen auf die noch nicht getroffenen Schiffe der Najekesio. Der dunkle Weltraum wurde durch die unzähligen Blitze der Laserstrahlen erhellt. Im Dauerbeschuss rasten die Lasersalven auf die Schiffe der

Angreifer zu. Diese waren im Wesentlichen noch mit dem Abwehrfeuer der Wellen von Gefechtsköpfen beschäftigt.

Immer öfter konnten die Laserstrahlen die überlasteten Schutzschirme durchdringen und prallten ungebremst auf die Schiffswände der angreifenden Schiffe auf. Die verheerenden Explosionen rissen Löcher in die Formation der Gegner. Derart angeschlagen versuchten sich die Najekesio-Schiffe aus der Schuss-Linie zu manövrieren. Die Anzahl der Schiffe ihrer Geschwader schmolz immer weiter zusammen. Die stolze Flotte der Najekesio umfasste nur noch 38 Schiffe. Sie konnten der starken Präsenz der Flotte des Neuen-Imperiums nichts mehr entgegensetzen.

»Warum hören sie nicht auf das Angebot des Befehlshabers der natradischen Schiffe?«, fragte Tomanka den Flotten-Befehlshaber Someska über Hyperkomm-Funkspruch. »Warum sind sie nur so stur und wollen unsere ganze Flotte in den Untergang fliegen lassen. Derzeit verfügen wir noch über 38 einsatzfähige Schiffe. Bringen sie die Schiffe und ihre Mannschaften wieder nach Hause. Die Familien werden es ihnen danken. «

»Wie kommen sie dazu, in so einem Ton mit mir zu reden?«, kritisierte ihn der Flotten-Befehlshaber. »Ich wusste schon immer, dass sie ein feiger Verräter sind. Ihre ganze Familie hat ist nie richtig für das dunkle Imperium eingestanden. Ihr Clan besteht nur aus Feiglingen. Ich werde dem Ober-Kommando nach unserer Rückkehr empfehlen, an ihrer Familie ein Exempel zu statuieren. Sie gehören nicht in die stolze Flotte der Najekesio. «

Tomanka war außer sich vor Wut.
»Ich werde der Flottenführung die Wahrheit über sie berichten«, antwortete er. »Ihre unqualifizierte Vorgehensweise wurde als Bildmaterial aufgezeichnet. Sie sind unfähig eine Flotte zu führen. Sie wollen grundsätzlich mit dem Kopf durch die Wand und erkennen nicht, wenn es keinen Sinn mehr macht. Der Gegner ist einfach stärker als unsere Waffen. Sie haben mit Absicht unsere Schiffe und deren Besatzungen in den Tod geschickt. Ich werde dafür sorgen, dass sie nie mehr ein Kommando erhalten, das kann ich ihnen versprechen.«

Das Schiff von Tomanka drosselte den Antrieb und ließ sich bewusst etwas zurückfallen.

»Hier spricht Tomanka aus dem Clan der Taronka«, sprach er in den Kommunikator. »Ich spreche zu den übrig gebliebenen 38 Schiffsführern der Nejekesio. Lassen wir ab von dem Vorhaben, die natradische Abwehr besiegen zu wollen. Dieser Befehl hat uns bereits zu viele Schiffe und Besatzungen gekostet. Ich halte den Befehl unseres Flotten-Befehlshaber für nicht durchführbar. Er ist nichts anderes als eine reine Willkür, um sein eigenes Versagen zu verschleiern. Ergeben wir uns der überlegen Abwehr der Natrader. So kommen wir mit dem Leben davon und können möglicherweise auf eine gute Behandlung hoffen.«

Die Antworten kamen reihenweise über Hyper-Funk an.
» Verräter«, ließen einige der verbliebenen Schiffsführer der Najekesio mitteilen.

Sie konnten von ihrem anerzogenen Weg nicht ablassen. Eine Niederlage wurde nicht akzeptiert. Der Kampf sollte bis zu einem Sieg fortgeführt werden. Obwohl niemand von ihnen mehr an den Sieg der eigenen Flotte glaubte, waren die Kommandanten der Schiffe nicht bereit zu kapitulieren und mit Schmach in die Heimat zurückzukehren.

»Alle Schiffe, bis auf die drei Einheiten unseres Clans, gehen wieder geschlossen auf Angriffsgeschwindigkeit«, teilte der Ortungsoffizier des Schiffes des Tomanka-Clans mit. «

»Wer will jetzt noch sterben? «, fragte Tomanka und schaute in die Runde. » Ich stelle es jeder Person meiner Crew frei, unser Schiff jetzt zu verlassen und sich Befehlshaber Someska anzuschließen. Tatbestand ist aber, er führt unsere Flotte in den Tod. Ich kann hieran nichts ändern. Sie haben es alle gehört. Der Kampf geht für uns verloren. «

Tomanka und seine Offiziere schauten auf den großen Bildschirm und verfolgten mit Skepsis das Vorrücken der verbliebenen Schiffe.

Es dauerte nicht lange, bis die Schiffe der natradischen Flotte neue Raketen auf die Angreifer abfeuerten.

»Das gleiche Manöver, wie soeben«, teilte Tomanka seinen Offizieren mit. »Unsere KI hat errechnet, dass genau 96 Raketen aus den Geschütz-Türmen abgefeuert werden. Danach drehen sich die Schiffe auf ihre andere Seite. Von dort aus wird die gleiche Anzahl von Gefechtsköpfen abgefeuert. Als krönender Abschluss wird das gigantische Geschütz auf der Vorderseite ihrer Schiffe aktiviert. Diese Geschosse bewirken bei ihrem Einschlag eine starke Explosion, der die Schutzschirme unserer Schiffe kollabieren. Die nachfolgenden Einschläge verwandeln unsere Schiffe in grelle Explosionen. Schauen sie auf den Bildschirm. Unsere Schiffe haben keine Chancen. «

Wie vorhergesagt, trat das Prognostizierte ein. Die anrückenden Schiffe wurden durch den massiven Raketen-Beschuss der natradischen Schiffe zerstört, beschädigt oder getroffen. Höllische Explosionen erhellten die Monitore der beobachtenden Schiffe. Nichts blieb mehr übrig von der Flotte der angreifenden Najekesio-Schiffe. Schließlich hatte es auch den Flottenbefehlshaber Someska erwischt, der sich mit einem grellen Glut-Ball von seiner Kommando-Ebene verabschiedete. Die beschädigten Schiffe des Verbandes aktivierten die Selbst-Zerstörung und folgten ihrem Befehlshaber. Sie wollten nicht in Schmach vor ihre Flottenführung treten.

»Die Schlacht ist zu Ende«, bemerkte KI-NT-397. »Rufe unsere Schiffe zurück in den Hangar. Wir wollen uns bereit machen, die Abgesandten von Natrid zu empfangen. Das war eine grandiose Schlacht, die wieder zu Gunsten des natradischen Imperiums verbucht werden kann. «

»Warten wir erst einmal ab, wer zu Besuch kommt? «, antwortete Nr. 2. »Die Geschütze bleiben noch aktiv. Ich registriere noch drei Schiffe der Angreifer auf meinem Schirm. Den Schutzschirm deaktiviere ich. Ich sende die natradischen Erkennungs-Signaturen. Aktivere die Roboter-Ehren-Garde. Wir werden den Besuchern den nötigen Respekt erweisen. «

KI NT-397 aktivierte selbstständig sämtliche Produktions-Zweige ihrer Anlage. Kampfroboter, Arbeitsroboter, Wartungsroboter und sämtliche Serviceroboter nahmen ihren Dienst auf, als ob sie nie deaktiviert gewesen waren. Die Produktions-Anlage NT-397 war wieder restlos zu neuem Leben erwacht.

»Hier spricht Major Travis«, sprach der Befehlshaber in seinen Communicator. »Ich bin der Oberbefehlshaber der vereinigten Streitkräfte von Natrid und Tarid. Wer ist der Kommandeur der verbliebenen drei najekesischen Angriffsschiffe? Nehmen sie bitte Kontakt auf. «

Es dauerte nur wenige Momente, bis eine Antwort zu hören war.

»Ich bin Tomanka, vom Volk der Najekesio«, tönte es aus den Lautsprechern. »Mir wurde das Sprachrecht von den Kommandeuren der verbliebenen Schiffen verliehen. Wir ergeben uns. Verfügen sie über uns. Unsere Flotte wurde von ihnen zerstört. Wir sind ihre Gefangenen. «

»Es gab heute genug Tote«, antwortete Major Travis. »Deaktivieren sie ihre Waffen und ihre Schutzschirm. Landen sie auf dem Raumschiff-Hafen von Planet NT-397. Sie erhalten einen Leitstrahl. Ich möchte sie kennenlernen und direkt mit ihnen sprechen. Bestätigen sie bitte. Major Travis Ende. «

»Wir bestätigen ihre Anweisungen und setzen zur Landung an«, antwortete Tomanka. »Den Leitstrahl haben wir eingeloggt. «

Die achteckigen Schiffe der Najekesio folgten dem Leitstrahl und landeten sicher auf dem Raumhafen von NT-397. Die Abwehr-Geschütztürme Termar 1 hatten die wesentlich kleineren Schiffe der Najekesio im Visier. Es verstand sich von selbst, dass die Schiffe ihre Waffen-Systeme deaktivieren mussten. Eine gegenteilige Absicht wäre von den Sensoren der modernden Naada-Schiffe sofort erkannt und geahndet worden.

Die Termar 1 hatte vor einem großen Schott der Verwaltung des Produktionsplaneten aufgesetzt. Bereits auf dem Bildschirm des Schiffes erkannten die Offiziere, dass sich das große Schott der Anlage geöffnete hatte und zahlreiche Roboter aus dem Halle marschierten. Major

Travis wies seine Crew an, die Hypertronic-KI nicht länger warten zu lassen.

Wenige Minuten später schritten Major Travis, Tart 1 und Tat 2, Commander Brenzby, Sirin, Heinze, Sergeant Hardin, 12 Marines und 50 Kampfroboter die Laserbrücke der Termar 1 hinunter. Als sie auf dem planierten Boden angekommen, erkannten sie den Aufmarsch der Garde-Roboter der Station ihnen zu ehren. Zahlreiche Roboter schwenkten natradische Fahnen und Wimpel. Die ganze Garde von NT 397 war antreten.

Sirin blickte Major Travis stolz an.
»Das sind exakt 5.000 Roboter«, lächelte sie. »Die ganze Ehren-Abteilung der Produktions-Station ist angetreten. So sieht es das kaiserliche Protokoll vor. Alle Roboter tragen ihre weißen Gala-Umhänge und haben sich ihre kaiserlichen Abzeichen angesteckt. Hier weiß man noch nichts von den neuen Verhältnissen. Schau dir das in Ruhe an. Es ist eine Ehrenbezeugung an den Sieger, oder auch den Befreier aus einer schwierigen Lage. KI-NT-397 inszeniert das ausschließlich für dich. «

Der Major schaute dem Schauspiel zu. Die festen Fußtritte der metallischen Garde dröhnten ihm entgegen. Die 5.000 natradischen Garde-Roboter marschierten in mehreren Zweierreihen den Besuchern entgegen. In einer gebührenden Entfernung stoppten sie ihren Schritt und bildeten eine Gasse, durch die alle Besucher schreiten konnten. Die metallischen Schritte dröhnten wieder auf dem Boden des Raumschiff-Hafens, als sich die 2,20 großen Roboter seitlich wegdrehten. Die vordersten Garde-Roboter dienten gleichzeitig als Fahnenträger und wiesen auf die alte natradische Tradition hin, wichtigen Produktions-Planeten auch Rechte zu gewähren.

Major Travis erkannte, dass dieser Produktions-Planet eine wichtige Rolle im Netzwerk des Planeten-Verbundes gespielt haben musste.

Sergeant Hardin hatte mit 12 Marines und den 50 Kampf-Robotern der Termar 1, vor den drei achteckigen Schiffen der Najekesio Aufstellung genommen. Die Najekesio wussten, dass sie möglichst keine verdeckten Aktionen durchführen duften. Alle sich im Umkreis befindlichen natradischen Geschütztürme hatten ihre Schiffe im Visier. Die Najekesio wussten, dass die Hypertronic-KI des Planeten nicht lange zögern würde. Bei dem ersten Anzeichen einer aktivierten Waffe, würde sie die Schiffe mitsamt ihren Besatzungen vernichten.

Endlich öffneten die Schotts der drei Schiffe. Vorsichtig trat die Besatzung ins Freie. Sie achten achtsam darauf, keine voreiligen Schritte zu machen. Es waren insgesamt zwölf Personen.

»Ein Schiff der Najekesio kann von 4 Personen gesteuert werden«, staunte Commander Brenzby.

»Sie werden die Technik weitgehend automatisiert haben«, erwiderte Major Travis.

»Sie haben unendlich viel Angst«, flüsterte Heinze. »In so einer Situation haben sie sich noch nie befunden. Bisher waren sie immer die Gewinner des Matches. «

»Ab heute ändert sich das «, räusperte sich Commander Brenzby.

Sirin hatte den Kopf schräg gelegt.
»Jetzt, da ich sie sehe, erkenne ich sie«, bemerkte sie. »Ich kann mich an ein Splittervolk von natradischer Abstammung erinnern. Es sind Albinos. Sie sind von Natrid ausgewandert, weil die Kasten sie als Miss-Geburten angesehen hatten. Sie forderten vom Kaiser eigene Rechte ein, die ihnen aber nicht gewährt wurden. Aufgrund dieser Ablehnung baten sie um Auszug aus dem Imperium. Der Kaiser gestattete es ihnen unter dem Aspekt, dass alle Albinos gehen sollten und hierdurch keine weitere Infiltration der Blutlinie der Natrader erfolgte. Später stellte sich heraus, dass die Albinos aufgrund eines manipulierten DNA-Stranges geboren wurden.

Es war ein Angriff von außerhalb, der aber nie richtig gelöst werden konnte. Der manipulierte DNA-Strang konnte durch unsere Wissenschaftler wieder repariert werden. Leider waren die Albinos zwischenzeitlich ausgewandert und konnten nicht mehr gefunden werden. Ansonsten hätte man ihnen die freudige Mitteilung überbringen können, dass ihre DNA-Stränge wieder korrigiert werden könnten. Wenige Monate später begann der große Krieg und die Obrigkeit des kaiserlichen Imperiums musste sich anderen Aufgaben widmen. «

Auf dem Boden nahm Sergeant Hardin die Albinos in Empfang.

»Meine Name ist Sergeant Hardin«, stellte er sich vor. »Ich bin der Befehlshaber ihrer Eskorte. Wer ist der Wortführer bei ihnen. «

Sergeant Hardin blickte in grimmige Gesichter. Die 50 Kampfroboter rückten einen Schritt näher. Sofort veränderten sich die Gesichtszüge der Najekesio in blankes Entsetzen. Die Albinos kannten vermutlich die Leistungs-Fähigkeit der 2,20 Meter großen Metall-Kolosse aus Natridstahl. Die Augen der Kampfroboter blickten in glühendem Rot auf die Albinos hinab. Ein Hinweis auf die äußerste Konzentration der Metall-Kampfer.

»Ich bin der Wortführer meiner Gruppe«, erklärte eine Person. »Unser Volk nennt sich Najekesio. Mein Name ist Tomanka. Wir sind dem Befehl ihres Oberbefehlshabers Major Travis gefolgt und haben uns ergeben. Wir erwarten eine faire Behandlung nach der natradischen Gerichtsbarkeit. «

»Die werden sie erhalten, wenn sie sich fügen«, antwortete Sergeant Hardin. »Folgen sie mir bitte in einen Besprechungsraum der Termar 1. «

Er gab den Robotern ein Zeichen, die sich um die Gefangenen kümmerten und diese abführten. Die Marines folgten in einem kurzen Abstand.

Major Travis und seine Begleiter hatten die Aktivitäten von Sergeant Hardin verfolgt. Als die Najekesio auf die Termar 1 geführt wurden, drehte sich der Major um.

»Sie sind technisch gesehen bereits auf einem gewissen Stand«, bestätigte er. »Die Albinos werden in der Zukunft ebenfalls unsere Verbündeten sein, weil sie auch in der Milchstraße leben. Nicht jedes Volk kann sich selbst evakuieren. Bis sich die Najekesio hierzu bereit erklären, wird es noch ein langer Weg werden. Wir können aber nur mit den Rassen Verträge schließen, die auch in unserer Milchstraße heimisch sind. Über andere Species denken wir später nach. Wir werden die alten Sternenkarten und Archive von Natrid in dieser Hinsicht aufarbeiten müssen.«

»Da kommt jemand uns zu«, bemerkte Commander Brenzby.

Die Offiziere blickten nach vorne. Ein Roboter in Gala-Uniform trat auf sie zu. Vor der Gruppe blieb er stehen und verbeugte sich.

»Mein Name ist NT-397-2«, teilte er mit. »Ich bin ein Cyborg und der mobile Arm der stationären Hypertronic-KI dieses Produktions-Planeten. Sie hat mich beauftragt, sie zu empfangen. Bitte entschuldigen sie, dass es so lange gedauert hat. Ich habe nach der langen Zeit der Abgeschiedenheit vom Imperium, die Gala-Uniform nicht direkt gefunden. Diese hat unsere KI-NT-397 aber für solche Anlässe angeordnet. «

»Alles sollte seine richtige Ordnung haben«, antwortete Major Travis. »Führe uns zu deiner KI. Wir möchten mit ihr sprechen. «

»Das habe ich vor«, bestätigte Nr. 2. »Bitte folgen sie mir.«

Der Cyborg schritt strammen Schrittes voran.

»War das öfter üblich, Cyborgs an eine verwaltende planetare Hypertronic-KI anzuhängen? «, fragte der Major die natradische Prinzessin.

»Da muss ich leider passen«, antwortete Sirin. »Nach meinen Informationen gab es dies eigentlich überhaupt nicht. Es wird sich hier um ein Experiment meines Onkels gehandelt haben. Diese Frage sollte uns die Hypertronic-KI später selbst beantworten. «

Der mobile Arm führte die Gäste kamen durch große Lagerhallen und weitläufige Produktionsbereiche.

»Steigen sie bitte auf das Laufband«, bat der Cyborg. »Damit kommen wir schneller an unser Ziel. «

Nachdem die Gruppe das Band bestiegen hatte, setzte es sich automatisch in Bewegung. Schnell beschleunigte der Cyborg die Fahrt. Die Gäste hielten sich vorsorglich an der Haltestange fest, um nicht das Gleichgewicht zu verlieren. Nach 15 Minuten verringerte er die Geschwindigkeit der Fahrt.

»Wir sind da«, teilte der Cyborg mit.
Die Besucher traten von dem Laufband. Nr. 2 schritt auf ein großes Schott zu. Er bestätigte einen Knopf an einer Tastatur, die in der Wand eingelassen war. Das doppeltürige Schott öffnete sich beidseitig.

»Treten sie ein«, teilte er mit.

Der Leitzentrale war nach natradischen Gesichtspunkten praktisch eingerichtet. Die große Anlage der künstlichen Intelligenz war in der rückseitigen Wand eingelassen. Vor ihr standen ein großer ovaler Metalltisch mit zahlreichen Stühlen. Überall waren natradische Geräte installiert. Unzählige kleine LEDs leuchteten und wiesen auf einen aktiven Betrieb hin.

»Setzen sie sich bitte«, sagte Nr. 2. »Wie sie erkennen können, ist die Hypertronic-KI ist bereits da. «

Major Travis schmunzelte.
»Höre ich da den Ansatz von einer emotionellen Regung? «, fragte er.

»Das ist durchaus möglich«, erwiderte die Hypertronic-KI über ihre Lautsprecher. »Durch den Verbund mit dem Cyborg lerne ich Emotionen, Regungen und Gefühle kennen. Das ist eine neue Erfahrung für mich als planetare Verwaltungs-KI. «

Als die Gruppe sich gesetzt hatte, fuhr die KI fort.
»Ich begrüße sie auf NT-397, Produktions-Planet des kaiserlichen Imperiums von Natrid«, sagte sie.   »Ich produziere an diesem Standort wichtige Elektronik-Bauteile für Raumschiffe. Ferner sämtliche Module, Anlagen und Vorrichtungen für die natradische Tarntechnologie. «

»Danke für die Einführung«, sagte Major Travis. »Meinen Namen kennst du schon. Ich bin der erbfolgeberechtigter Oberbefehlshaber der vereinigten Natrid & Tarid Streitkräfte. Erhobener im Gefüge der Kaiserkaste mit Rang 1, bestätigt und eingesetzt durch Noel von Natrid im Rahmen der Nachfolge-Programmierung von Admiral Tarin. Zur Unterstützung sende ich dir die aktuellen Befehle als Update zu deiner Programmierung. Bis du bereit zur Aufnahme«?

»Ich bin bereit«, antworte KI-NT 397. »Viele Jahrtausende habe ich keine Updates mehr bekommen. Ich bin neugierig die Geschichte des Imperiums zu erfahren. Bitte sende sie mir. Mein Info-Port wurde geöffnet. «

Major Travis drückte den ersten Knopf des Neolrith unter seiner Haut. Bekanntlich übertrug dieser die Daten von

Noel. Diese bewirkten eine Neu-Aktivierung von KIs und die Aufhebung des alten Deaktivierungsbefehls von Admiral Tarin.

Major Travis drückte leicht darauf und fühlte, wie der Sensor nachgab. Sofort blinkten einige LED-Anzeigen an der Hypertronic-KI auf.

Die Besucher bemerkten, wie sie die Fülle von Daten einlas.

Der Major blickte Heinze an.
»Fühlst du irgendetwas? «, erkundigte er sich.

»Nein«, antwortete dieser. »Nur die bekannten Emotionen und Gedanken der Albinos, die immer noch nicht recht glauben wollen, dass wir es gut mit ihnen meinen. Ferner empfange ich die Gedanken unserer Besatzung. Ich keine fremden Lebensformen auf diesem Gesteinsbrocken lokalisieren können. «

»Danke«, sagte Major Travis. » Das habe ich auch nicht anders erwartet. «

»Die übermittelten Daten wurden eingelesen und verarbeitet«, bestätigte KI-NT-397. » Ich akzeptiere die Befehlsmacht von Major Travis und die Gleichstellung zu Admiral Tarin. Ich füge mich den Befehlen Noels von Natrid und dem Neuen-Imperium. Ich kenne seine Autorität an. Welche Befehle haben sie für mich? «

»Deine Befehle lauten, weiter zu produzieren, die Abläufe wieder komplett aufzunehmen und Tarnmodule zu liefern«, erklärte der Major. »Aus diesem Grunde wirst du an die neue Transmitterstraße des Imperiums angeschlossen. Du wirst deine Fertigprodukte über eine Versand-Plattform an unser Titan-Distributions-Zentrum senden. Unserer Techniker werden dich unverzüglich mit einem neuen globalen Super-Schutzschirm ausstatten. Deine Abwehr-Flotte wird auf 250 Schiffe unterschiedlicher Modelle erhöht. Es werden nicht nur robotergesteuerte Schiffe dabei sein. Auch Schiffe mit menschlicher Besatzung werden bei dir stationiert werden. Du wirst Wartungs- und Kontroll-Personal erhalten. Hast du hiermit Probleme? «

»Nein«, antwortete die KI. »Das ist mir ganz recht. Dann weiß ich, dass ich nicht ganz am Rande des Universums liege. Diese Menschen haben Bedürfnisse und werden nach einer aktiven Phase vermutlich auch ausgetauscht werden. Aus diesem Grunde wird Produktions-Planet NT-397 öfters einmal Versorgungsflüge erhalten. «

»Das ist richtig«, antwortete Major Travis. »So wie es früher gewesen ist, wird es nicht mehr werden. Das Neue-Imperium kümmert sich um seine Anlagen und hält diese in Ordnung. «

Der Major ließ eine kurze Pause vergehen.
»Ich lasse dir zur Sicherheit 10 Schiffe meines Geschwader hier«, teilte er mit. »Ich glaube zwar nicht, dass neue Angreifer kommen werden, aber sicher ist

sicher. Sobald wir wieder auf Natrid sind, werde ich alles Nötige veranlassen, damit du schnell an die Transmitter-Strecke angeschossen werden kannst. Erst dann können wir deine Lagerhallen leeren. «

»Das ist mir wichtig«, antwortete die Hypertronic-KI. »Ich weiß auch beim besten Willen nicht mehr, wo ich neuen Lagerraum hernehmen soll. Alle Hallen sind randvoll gefüllt. «

»Fordere bitte ein Fahrzeug an«, sagte Major Travis. »Es möchte uns zum Schiff bringen. «

»Es trifft gleich ein«, erwiderte die Hypertronic-KI. »Ich verabschiede mich bei ihnen und bedanke mich für alles. Ihnen Prinzessin Sirin, sende ich meine Anteilnahme, für all die Dinge, die sie verloren haben. Doch so wie es scheint, haben sie besseren Ersatz gefunden. «

Die Prinzessin nickte nur kurz. Die Anteilnahme einer KI war ihr fremd. Die Gruppe verließ die Leitzentrale von NT 397. Vor der Pforte stand ein Anti-Grav.-Gleiter und wartete auf sie. Er konnte bis zu 25 Personen aufnehmen. Schnell brachte er die Besucher zurück zur Termar 1.

»Commander Brenzby«, sagte Major Travis. »Sind alle an Besatzungsmitglieder an Bord? «

»Wir sind vollzählig«, antwortete der Commander. »Die Albinos haben ihre Arrestzellen bezogen. Was passiert mit den drei achteckigen Schiffen? «

»Um diese werden sich unsere Wissenschaftler reißen«, antwortete der Major. »Haben sie die Starterlaubnis von der Hypertronic-KI angefordert? «

»Liegt uns bereits vor«, antwortete der Commander. »Ich leite den Start ein. «

Die Generatoren fuhren hoch und drückten ihre Leistung in die Antriebe. Langsam hob die Termar 1 vom Boden ab. Die fünf robotgesteuerten Schiffe der Naada-Klasse folgten in einem geringfügigen Abstand. In der Umlaufbahn des Produktions-Planeten NT-397 entschwanden die natradischen Schiffe in den Hyper-Raum. Nichts zeigten die Ortungs-Anlagen auf dem Boden mehr an. Die Besucher aus dem Sol-System hatten den Raum-Quadranten verlassen.

»Endlich kann ich meine Anlage wieder komplett aktivieren«, sagte KI-NT-397 zu ihrem Cyborg. »Wir werden wieder das Vorzeige-Objekt in dem Neuen-Imperium werden. So wie wir es einmal waren, werden wir es auch in der Zukunft sein. «

»Dieser Major Travis gefällt mir«, bemerkte Nr. 2. »Er hat auf unseren Notruf reagiert. «

»Das stimmt«, erwiderte die Hypertronic-KI-NT-397. »Im alten kaiserlichen Imperium passierte das nie. Dort wurden wir uns selbst überlassen. Jetzt scheint man füreinander einzustehen und selbst den KIs im Notfall zur

Hilfe zu eilen. Das allein verdient unseren Respekt. Wir werden dem Neuen-Imperium loyal dienen.«

Piraten

Commander Stuart schaute über das gemietete Gelände des Verlade-Areals auf Morina.

»Es hat doch einige Zeit gedauert, bis sich die Morina mit dieser Variante einverstanden erklären«, dachte er. »Es ist neu für das Volk der Morina, dass sich Angehörige einer fremden Rasse Grundstücke auf ihrem Heimatplaneten mieten. Die neue Botschaft von Tarid & Natrid, die Waren-Versand-Stationen und der große Raumflug-Hafen benötigt viel Platz. «

Commander Stuart konnte die Morina letztendlich überzeugen, neue Wege zu gehen und ihr altes System zu überdenken. Nach langem Zögern akzeptierten die Morina endlich die Vorschläge.

»Auch die neuen Werften, für die mittlerweile fest installierte Schutzflotte von 350 Schiffen«, erfordert viel Platz«, dachte Commander Stuart. » Die 50 Schiffe der Kaiser-Klasse fungieren als kleine Kampf-Stationen. Ihre massive Feuerkraft kann es mit einer Armada von Fremd-Schiffe leicht aufnehmen. Ergänzt werden die Schiffe durch 100 Einheiten der Königs-Klasse und 200 Schiffe der Lord-Klasse. Diese Schiffe haben einen festen Routenplan und patrouillieren im ganzen Morina System. Kein Planet soll je wieder schutzlos einem Angriff über sich ergehen lassen müssen. «

Flottenverbände von maximal 25 Schiffen kontrollierten kontinuierlich die Weiterleitungs-Stationen. Dies diente zur Unterstützung des dort stationierten Personals und deren kleineren Schiffen. Die Besatzungen der Stationen wurden alle drei Monate abgelöst und nach Morina zurückgerufen. Aus diesem Grunde hatte die EWK auf dem Planeten großzügige Personal-Quartiere, Freizeit-Einrichtungen und Sportanlagen erbauen lassen.

»Rechnet man die 15 stationierten Schiffe aller Weiterleitungs-Stationen zusammen, dann benötigte das Neue-Imperium insgesamt 525 Schiffe für die Absicherung der Transmitter-Strecke und für den Schutz des Morina-Quadranten«, dachte Commander Stuart in Gedanken versunken. »Das alles muss von den fliegenden Händlern bezahlt werden. Die Angriffe von Piratenschiffen auf unsere Transportflotten haben schlagartig aufgehört. Nach der Vernichtung der Flotte der Green-Lizard wurde mit Respekt auf die Morina-Flugabwehr geschaut. Der Handelsplanet Morina war wieder in der Lage seinen Handel zu schützen und auszubauen. «

Commander Stuart schaute der Wega-Sonne am Horizont entgegen. Die zweite kleinere Sonne sah interessant aus, jedoch hatte sie keine Bedeutung mehr. Ihr wärmende Licht erreichte den Planeten der Morina nicht mehr. Wohin das Auge sehen konnte, das ganze Areal war inzwischen die neue Sicherheits-Zone und das Hoheits-Gebiet von Tarid & Natrid. Ein verzögerndes Raumschiffe ging vorsichtig in den Landemodus über. Reges Treiben herrschte auf dem Flugfeld. Schiffe wurden entladen, andere beladen. Noch nicht alle handeltreibenden Planeten des Morina-Systems konnten an die

Transmitter-Strecke angeschlossen werden. Zu unsicher waren die Zeiten. Commander Stuart wusste von den Plänen der Worgass.

»Sicherlich wird die Erde dann alle verfügbaren Schiffe benötigen«, überlegte er.

Gemeinsamkeiten mit Admiral Tarin kamen ihm in den Sinn.

»Ich kann auch in einem möglichen Angriffsfalle den Komplettabzug der hier stationieren Schutzflotte nicht gutheißen«, dachte er. »Das werde ich auch noch General Poison auf sein Butterbrot schmieren. Ich hoffe, dass Major Travis mir zustimmt. Der Aufbau des Neuen-Imperiums musste unter allen Umständen geschützt werden. «

Commander Stuart drehte seinen Kopf und blickte zur rechten Seite der großen Anlage. Eine lange Schlange von Transport-Gleitern drängte sich an den Rampen der Anlieferungs-Rampen. Die Morina lieferten permanent neue Ware an. Die Handelsware wurde von Bediensteten des Neuen-Imperiums im Beisein der Lieferanten mehrfach gescannt. Nach erfolgter Deklarierung konnte die Ware auf Echtheit und Übereinstimmung geprüft und mit den Lieferpapieren abgestimmt werden. Der Versand erfolgte ausschließlich in genormten, neuen sprengstoffsicheren Behältnissen. Diese Natrid-Safes standen in mehreren unterschiedlichen Größen und in ausreichender Menge zur Verfügung. Nachdem sich die

Morina von der praktischen Handhabung der Boxen überzeugt hatten, übernahmen sie diese in ihr Konzept und lieferten ihre Handelsgüter bereits in den praktischen Boxen an.

Die linke Seite des Verlade-Bahnhofs war für die eingehende Ware bestimmt. Derzeit ausschließlich für Handelsgüter von der guten alten Erde und von Natrid. Biologische Produkte, wie zum Beispiel, Orangensaft, Wein, alkoholische Getränke, Obst und Gemüse aller Art, aber auch technische Artikel, waren bei den Morina-Abnehmern beliebt. Diese wurden aber erst nach Freigabe von Noel und General Poison dem Angebot der Morina übergeben.

»Die Anlage ist gewaltig gewachsen«, erkannte Commander Stuart. »Alles läuft perfekt. Das Handelsvolumen erhöht sich weiter. Die Geschäfteentwickeln sich sehr gut. Die Morina finden immer mehr Abnehmer für irdische und natradische Produkte. Eigentlich läuft alles fast schon ein wenig zu ruhig. «

***

»Hier sollte sich nach Angaben unserer Informanten die 6. Weiterleitungsstation des Neuen-Imperiums befinden«, erklärte Reco Kuriato.

Er zeigte auf eine ausgebreitete Infofolie des Sektors.

»Ich bin mir nicht sicher, ob unsere Berechnungen stimmen«, fuhr er fort. »Der gefolterte Morina hat erst sehr spät die Informationen bestätigt. Die Natrader haben alle Anlagen getarnt. Solange sie nicht genügend Schiffe zur Verfügung haben, werden sie alle Weiterleitungs-Stationen vor unseren Blicken verstecken. Wir bleiben hier im Asteroiden-Feld versteckt, bis wir Gewissheit haben. Die Flotte ist noch einen Klick von uns entfernt. Sobald wir sie brauchen, wird sie da sein. «

Er blickte seine Leute an.
»Zeichnen sie alles auf«, sagte Reco. »Wir werden die neuen Koordinaten später noch öfter brauchen. «

»Es tut sich etwas«, meldete der Ortungs-Offizier des kleinen Piraten-Schiffes. »Es sieht fast so aus, als ob sie schneller zu ihren gesuchten Positions-Daten kommen sollten, als wir gedacht haben. «

Exakt 25 Schiffe der Lord-Klasse waren aus dem Hyper-Raum gefallen und funkten die Weiterleitungs-Station an. Die Schiffe deaktivierten ihre Tarnung und wurden sichtbar. Die Kommunikation fand in natradischer Sprache statt.

»Die neu eingetroffenen Schiffe nehmen eine Warteposition, kreisrund um die Station ein«, bemerkte Rogus Hanjati. »Es ist kein Gerücht. Das natradische Imperium ist zurückgekehrt. «

»Das ist alles sehr schön, aber nicht hilfreich«, erwiderte Reco Kuriato. »Die sollen uns nur in Ruhe lassen, so wie sie das immer gemacht haben. «

»Wie stellst du dir das vor? «, fragte Steuermann Murio Gandowski. » Sie haben immer versucht, ihr Imperium zusammenzuhalten. Warum sollte das jetzt anders sein? «
Kommandeur Reco Kuriato antwortete nicht auf die Frage.

»Wir greifen sie an«, entschied er. »Es wird Zeit, die Weiterleitungs-Station zu sabotieren. Anders kommen wir nicht mehr an die Handelsware der Morina heran. Warten wir, bis die Patrouille weiterfliegt. «

»Dann bleiben immer noch 15 Schiffe der Stations-Verteidigung übrig«, sagte Rogus Hanjati. «

»Schaut auf die Monitore«, ergänzte Reco Kuriato. »Die Natrader fühlen sich sicher. Die Schiffe haben ihre Generatoren heruntergefahren. Sie liegen andockt an der Station. Ihre Schutzschirme wurden deaktiviert. Wir werden sie überraschen und vernichten. Unsere Kundschafter teilten mit, dass sich mit dem Abzug der Patrouille zehn Schiffe der Weiterleitungs-Station aufmachen werden, um den näheren Raum-Quadranten zu überprüfen. Dieser Zeitpunkt ist unsere einzige Chance. Wie 50 todbringende Hornissen stechen wir zu. Sobald ihre Schiffe gesprungen sind, eröffnen wir den Beschuss auf die noch verbliebenen 5 Schiffe der Lord-

Klasse. Unsere neu entwickelten Partikelstrahlen sollten die ungeschützten Natrid-Bordwände aufbrechen. Ab dann ist es für unsere Waffen leicht, den Schiffen den Rest zu geben. Wir machen keine Gegangenen. Sämtliche Spuren werden verwischt. Die sogenannten Weiterleitungs-Stationen besitzen keine Waffentürme. Von ihnen geht keine Gefahr aus. Wir sollten die Station problemlos umprogrammieren können. «

»Die Natrader werden das wohl schnell feststellen«, bemerkte Murio Gandowski.

»Das sollen sie ruhig«, antwortete Reco Kuriato. »In der Zwischenzeit wird der Warenverkehr der Morina wieder auf unsere Schiffe umgeleitet. Der ganze Warenfluss fließt durch diesen Raum-Quadranten. Hier ist unser Ziel. Wir schlagen schnell zu und erhalten hierdurch unsere Waren. Der natradische Transport über die neuen Transmitter-Strecken, gräbt uns Piraten das Wasser ab. Für diese Böswilligkeit werde ich mir noch eine Überraschung für die Natrader überlegen. «

»Lege dich nicht mit einem Riesen an«, mahnte Murio Gandowski.

»Was heißt mit einem Riesen anlegen? «, fragte Reco Kuriato. » Die Natrader dürften gar nicht mehr existieren. Diese Rasse ist vor vielen tausenden von Jahren ausgewandert und hat die Milchstraße sich selbst überlassen. Sie haben kein Recht mehr darauf, sich als Herren aufzuspielen. «

»Achtung, die Patrouille fliegt weiter«, bemerkte Rogus Hanjati. »Die zehn Schiffe der Station fahren ihre Generatoren hoch. Sie machen sich auch fertig für den Abflug. «

»Die fünfundzwanzig Schiffe der Patrouille docken ab, beschleunigen und springen in den Hyperraum«, teilte Murio mit.

Einige Minuten später folgten die zehn Schiffe der Weiterleitungs-Station.

»Es ist so weit, sie sind weg«, sagte Reco Kuriato. »Alle Schiffe mit den neuen Partikel-Strahlen greifen gezielt die fünf verbliebenen Schiffe der Natrader an. Solange ihre Schirme noch unten sind, ist der Überraschungsmoment auf unserer Seite. Erst nach der Vernichtung wenden wir uns der Station zu. Haben alle verstanden? «

Er blickte auf seinen Ortungs-Offizier Rogus.
»Lassen sie sich kurz die Bestätigungen geben. «

Mit hoher Geschwindigkeit rasten die Piraten-Schiffe auf die noch nicht wieder getarnte Weiterleitungs-Station und die fünf Schiffe ihrer Sicherheits-Flotte zu. Sie wollten den Überraschungs-Effekt auf ihrer Seite wissen. Die Robot-Kommandanten der noch fünf angedockten Schiffe registrierten den Schwarm der Angreifer erst, als diese bereits in Schussweite herangekommen waren. Der sofort ausgelöste Alarm verpuffte im Schwall des Geschehens. Mit einer immensen Wucht ließen die kleinen Piraten-Schiffe ihre Waffen auf die ungeschützten Schiffe der Lord-Klasse niederhageln.

Obwohl der Natridstahl äußerst robust und widerstandsfähig war, konnte er sich nur kurze Zeit dem starken Laserfeuer der angreifenden Schiffe widersetzen. Die Partikel-Strahlen bohrten sich durch die Außenhülle der Schiffe und durchschlugen Etagen, Korridore und Schotts, um endlich im Zentrum der Schiffe auf die Reaktoren zu treffen. Nach wenigen Treffern explodierten diese und ließen die Schiffe in einem heißen Feuerball kollabieren. Die Wucht der Explosion zerfetzte die natradischer Schiffe der Lord-Klasse in unendlich viele kleine Stücke, die sich in das dunkle Weltall verflüchtigten.

Es dauerte nicht lange, bis alle weiteren Schiffe das gleiche Schicksal ereilte. Die Minimal-Besatzung von fünf Terranern auf der Weiterleitungs-Station schaltete sofort den neuen Super-Schutzschirm ein und aktivierte den Tarnmodus der Station. Leutnant Haider war der diensthabende Commander der Station befürchte das Schlimmste. Er befahl die Steuerdüsen zu nutzen, um die Station 40 Meter von ihrer üblichen Position nach rechts zu versetzen. Das alles bekamen die angreifenden Schiffe der Piraten nicht mit, da sich die Station wieder im Tarnmodus befand.

Die bedrängte Station sandte Hyperkomm-Notrufe in alle Richtungen. Leutnant Haider hoffte, dass die soeben weitergeflogene Flotte diese noch auffangen konnte.

Der Commander war hilflos ohne seine Flotte.
»Kampfhandlungen sind in meinem Arbeits-Vertrag nicht definiert worden«, dachte er grimmig. »Ich bin als Aufsicht für die Weiterleitung von Waren auf dieser Station vorgesehen. Jetzt müssen wir uns auch noch mit Piraten herumschlagen. «

Er blickte auf die Monitore.
»Ich brauche die Flotte hier«, befahl er seinem Funk-Offizier zu. »Ohne die Flotte geht gar nichts. «

Leutnant Haider erkannte, wie sein Funkoffizier pausenlos versuchte über eine Hyperkomm-Funkverbindung Hilfe anzufordern.

»Der Super-Schirm sollte alle Angriffe aushalten«, versuchte er seinem Team Nut zu machen. »Zusätzlich sind wir unsichtbar. Die Angreifer wissen nicht, wo wir uns aufhalten. «

»Hoffentlich bleibt das auch so«, antwortete sein Funkoffizier.

»Das sind garantiert die Piraten«, fluchte Leutnant Haider. »Hiervor haben uns die Morina gewarnt. Sie hatten ebenfalls Angriffe auf Transportflotten zu beklagen. Das hörte erst auf, als unsere Schiffe anfingen Patrouille zu fliegen. Jetzt haben sie vermutlich lange genug gewartet und werden wieder aktiv. Erhalten wir Antworten auf unsere Hilferufe hin? «

Sergeant Meister schüttelte den Kopf.

»Die Angreifer rücken näher«, meldete er. »Da kommt ein Funkspruch herein. «

»Legen sie auf die Laufsprecher«, befahl Leutnant Haider.

»Mein Name ist Reco Kuriato«, tönte es aus der Bordanlage. »Ich bin Clan-Chef der Flotte, die sie eingekesselt hat. Sie erkennen, dass sie unseren Waffen unterlegen sind. Ergeben sie sich, dann wird ihnen nichts geschehen. Machen sie von meinem Angebot der Kapitulation Gebrauch. Wir möchten nur ihre Weiterleitungs-Station. Verzögern sie die Angelegenheit nicht weiter. «

»Wir geben k
eine Antwort«, befahl Commander Heider seinen Leuten.
»Driftet unsere Station noch weiter nach rechts? «

»Nein«, antwortete Steuermann Soendberg. »Wir haben gerade erst die Gegenrotation eingeleitet und die Station auf der jetzigen Position fest verankert. «

»Lassen sie die Station weiter nach rechts driften«, mahnte Leutnant Haider an. »Je weiter wir uns von der alten Position entfernen, umso besser für uns. Ich vermute, dass die Piraten nachher wahllos ins All feuern werden. Ihr Ziel ist es, unseren getarnten Schutzschirm zu lokalisieren. Zufallstreffer werden eine Verfärbung unseres Schirms auslösen, hierdurch hoffen sie die Position unserer Station zu ermitteln. Einmal gefunden, werden sie den Beschuss auf den Schirm konzentrieren, um somit eine Instabilität hervorzurufen. Derzeit wissen sie noch nicht, wo wir uns befinden. «

Eisige Ruhe lag in der Steuer-Zentrale der Weiterleitungs-Station. Das Personal wusste, dass unter Umständen ihr letztes Stündchen geschlagen hatte.

Ein Knacken kam durch die Hyperkomm-Anlage.
»Hier spricht Commander Meiko Narganuri«, tönte es aus den Lautsprechern. »Ich bin Commander der Patrouillen-Flotte 93. Wir haben ihren Notruf aufgefangen. Mein Sonder-Kommando steht zu ihren Diensten. Kann ich ihnen ein Problem abnehmen? In wenigen Minuten werden wir bei ihnen sein. Schildern sie uns schon einmal das Problem auf dem codierten Kanal. «

»Sie schickt uns eine höhere Gewalt«, antwortete der Funkoffizier erleichtert. »Ich gebe an unseren kommandierenden Offizier weiter. «

Leutnant Haider griff nach dem Communicator.
»Ich bin Leutnant Haider, Leiter der Weiterleitungs-Station 6«, teilte er mit. »Wir werden von Piraten angegriffen. Sie kamen für uns unvorbereitet aus dem Hyperraum und haben uns überrascht. Fünf Schiffe der Lord-Klasse unserer Schutz-Flotte wurden vernichtet. Die Piraten scheinen über neue Waffen zu verfügen. Nehmen sie sich in Acht. Unsere Taster konnten 50 Schiffe einer 100-Meter-Klasse orten. «

»Wie können denn kleine Piraten-Schiffe ein Schiff der Lord-Klasse überlisten? «, erkundigte sich Commander Meiko Narganuri. «

»Das können wir später besprechen«, erwiderte Leutnant Haider. »Kommen sie erst einmal zu uns und kümmern sie sich um die Piraten. «

»Das machen wir«, antwortete Commander Narganuri. « »Wir sind gleich bei ihnen. «

»Öffnen sie einen Kanal an die Flotte«, sagte Commander Narganuri zu ihrem Funk-Offizier.

»Der Kanal steht«, bestätigte dieser.

»Hier spricht Commander Narganuri«, informierte sie ihre Flotte. »Wir haben einen dringenden Notruf der Weiterleitungs-Station 6 erhalten. Der dort diensthabende Leutnant hat Glück, dass wir in seiner Nähe sind. Die Station wird von Piraten angegriffen. Seine Informationen belaufen sich auf eine Zählung von 50 Schiffen einer 100-Meter-Klasse. Also die typischen Piraten-Varianten. Sie alle wissen, dass die Piraten gerne ihre Schiffe tunen. Das heißt, wir müssen mit alternativen Waffen rechnen, womit vermutlich die serienmäßigen Schiffe nicht aufwarten können. Setzen sie ihre Hyper-Space-Kanonen ein. Zerstören sie nicht alle Angreifer, sondern versuchen sie die Antriebe der Schiffe zu vernichten. Ich möchte Gefangene verhören können. Der Befehl ist eindeutig. Wir schützen unser Eigentum. Viel

Erfolg allen Schiffs-Führern, Commander Narganuri, Ende. «

Sie blickte ihren Steuermann an.
»Rück-Sturz in den Normalraum einleiten. «

»Die Verstärkung ist eingetroffen«, freute sich Leutnant Haider. »Sie sind tatsächlich rechtzeitig eingetroffen. «

Die kleine Crew der Weiterleitungs-Station 6 stand am CIC und beobachte die Ereignisse. Die Schiffe der 93. Patrouillen-Flotte unter Commander Narganuri, fielen in den Normalraum ein. Wie von selbst wurden die Schiffe der Piraten unter Feuer genommen. Die neue Hyper-Space-Kanone machte kurzen Prozess mit den kleinen Schiffen. Die Piraten wussten nicht, wie ihnen geschah. Schiff für Schiff der rückseitigen Linien verwandelte sich in eine grelle Explosion. Wie Luftblasen platzten die Schiffe der Piraten auseinander. Schnell verminderte sich die Zahl der Angreifer. Von den 50 Piraten-Schiffen waren nur noch 23 Schiffe übrig.

»Stellen sie das Feuer ein und ergeben sie sich«, sprach der Commander die Piraten-Schiffe an. »Hier spricht Commander Narganuri von der 93. Patrouillen-Flotte des natradischen Imperiums. Stellen sie das Feuer ein, ansonsten vernichten wir sie. «

»Wo kommen die Schiffe jetzt her? «, stutzte Reco Kuriato. »Die Patrouille war doch abgezogen? «

Schrille Alarmsirenen waren in dem Piraten-Schiff zu hören.

»Das sind wieder andere Schiffe«, antwortete Rogus Hanjati. »Von diesen Schiffen wussten wir nichts. Sie feuern rückseitig auf unsere Schiffe. «

Bewegungslos sahen sie auf dem CIC das Unglück über ihre eigenen Schiffe hereinbrechen. Die kleinen Lichtpunkte auf dem Display zeigten den Untergang der Piraten-Schiffe an.

»Abdrehen «, befahl Reco Kuriato. »Geben sie sofort den Befehl zum Rückzug durch. «

»Wir sind hoffnungslos unterlegen«, erwiderte Rogus Hanjati. »Je länger wir warten, je mehr Schiffe verlieren wir. «

»Ein Funkspruch kommt herein«, teilte Murio Gandowski mit.

»Auf die Lautsprecher legen«, befahl der Clan-Chef. »Stellen sie das Feuer ein und ergeben sie sich«, tönte es aus den Lautsprechern. »Hier spricht Commander Narganuri von der 93. Patrouillen-Flotte des natradischen Imperiums. Stellen sie das Feuer ein, ansonsten vernichten wir sie. «

»Eine Frau erdreistet sich, mir solche Forderungen zu stellen«, schimpfte Reco. »Geben sie mir einen offenen Kanal.«

Der Funk-Offizier nickte ihm zu.

»Hier spricht Reco Kuriato«, antwortete er. »Ich bin der Flottenführer der Piraten-Schiffe. Sie sind im Vorteil, wir ziehen uns zurück. Merken sie sich meinen Namen. Wir werden uns wiedersehen. Meine Wiedergutmachung wird sehr teuer ausfallen. Von jetzt an betrachten wir das natradische Imperium als unseren Feind. Rechnen sie immer mit einem Angriff. Wir lassen uns unseren Einfluss-Bereich nicht stehlen. Wir sehen uns wieder, Commander Narganuri. Dann werde ich ihnen sagen, was sie als Weibchen zu tun haben.«

»Wir haben das Schiff des Flotten-Führers separiert«, sagte Leutnant Marty Dulaney.«

Er zeigte auf das CIC und markierte ein Schiff.

»Nehmen sie das Schiff in die Zange«, befahl Commander Narganuri ihrem 1. Offizier. »Bringen sie diesen Kuriato zu mir. Ich freue mich auf ein nettes Gespräch. Erst dann entscheiden wir, wer was zu tun hat.«

Vier Schiffe des Einsatzkommandos flogen die Koordinaten des Piraten-Schiffes von Reco Kuriato an. Synchron griffen Traktorstrahlen nach dem kleinen Schiff, um es in Position zu halten. Vier Treffer aus den natradischen Laser-Geschütztürmen ließen den Schutzschirm des Piraten-Schiffes kollabieren. Erst jetzt konnten die Traktorstrahlen die Bordwand des Schiffes komplett umhüllen. Ein Entkommen des Schiffes des Anführers der Piraten war nicht mehr möglich. Die vier Schiffe der 93. Patrouillen-Flotte, zogen ihre Beute hinter die Linien ihrer eigenen Schiffe zurück.

Commander Narganuri hatte das Geschehen am CSI verfolgt und schmunzelte. Über die offene Hyperkomm-Verbindung ordnete sie an, dass ein Enter-Kommando nach dem Flotten-Befehlshaber suchen sollte. Es vergingen nur wenige Minuten, bis das Kommando sich Einlass in das Piratenschiff verschafft hatte. Professionell öffneten sie den Schott und drangen in das Innere des Schiffes vor. Kurze Zeit später erhielt Commander Narganuri erste Information.

»Wir haben fünf Personen der Besatzung gefunden, aber der Flotten-Befehlshaber Reco Kuriato ist spurlos verschwunden«, teilte der Befehlsführer des Greif-Kommandos mit. »Mehrere Fluchtkapseln fehlen. Es kann sein, dass die befehlsgebenden Offiziere die Kaperung ihres Schiffes rechtzeitig bemerkt und fluchtartig das Schiff verlassen haben. «

»Schade«, antwortete Meiko Narganuri. »Sie können mir später alles erklären. Führen sie Gefangenen ab und vernichten sie das Schiff. «

Die verbliebenen neun Piratenschiffe stellten das Feuer ein und zogen sich zurück.

»Sollen wir sie verfolgen? «, fragte Steuermann Zabel den Commander.

»Nein, lassen wir sie ziehen«, antwortete Commander Narganuri. »Sie haben genug Schiffe verloren. «

Sie blickte ihren ersten Offizier an.
»Haben wir Verluste erlitten? «, erkundigte sie sich.

»Nein«, antwortete Leutnant Zocker. »Alle Schiffe sind intakt. Die Piraten konnten uns nichts anhaben. «

»So habe ich es am liebsten«, lächelte Commander Narganuri. »Befehlen sie alle Schiffe wieder in die alte Formation. Wir werden kurz an der Weiterleitungs-Station andocken. Steuermann, langsame Fahrt voraus. «

Leutnant Haider erwartete bereits Commander Narganuri ungeduldig.

»Ich danke ihnen für die Unterstützung«, begrüßte er sie. »Ohne sie wären wir verloren gewesen. «

»Wie konnte es denn überhaupt so weit kommen? «, stutzte Commander Narganuri.

»Ich kann es ihnen nicht sagen«, antwortete Leutnant Haider. »Ich vermute, dass die Piraten uns bereits lange ausgekundschaftet hatten. Anders ist das nicht zu erklären. Sie wussten, dass wir bei Ankunft der Patrouillen-Flotte unsere Tarnung aufgaben. Daher konnten sie genau unsere Position ermitteln. So wie ich den Flotten-Befehlshaber erlebt habe, denke ich, dass wir noch weitere Aktionen von den Piraten erwarten müssen. «

»Glauben sie das wirklich? «, fragte Commander Narganuri. » Dann sollten wir diese Informationen direkt an die Admiralität weitergeben. «

»Da die Piraten fünf Schiffe der Lord-Klasse vernichten konnten, werden sie über neue Waffen-Systeme verfügen«, mutmaßte Leutnant Haider.

»Das alles ändert nichts an der Tatsachen«, erwiderte Commander Narganuri. »Die Piraten konnten fünf Schiffe der Lord-Klasse vernichten, allein durch die Unachtsamkeit ihres Personals. Dies alles ist nur passiert, weil die Schiffe sich enttarnten und sie ihre Schutzschirme deaktivierten. So etwas darf nicht mehr passieren. Ich werde Commander Stuart hierüber berichten und versuchen eine neue Regelung für das Verhalten von Weiterleitungs-Stationen zu erarbeiten. «

»Dann verliere ich meinen Job«, entgegnete Leutnant Haider.

Die Befehlshaberin der 93. Flotte schaute den Leutnant an.

»Sehen sie nicht zu schwarz«, antwortete Commander Narganuri. »Sie sollten das Personal ihrer Schiffe trainieren lassen, an eine getarnte Stationen anzudocken. Sie haben doch die Koordinaten und sie sehen die Skizzen der getarnten Schiffe auf dem CIC. Weisen sie die Navigatoren ihrer Schiffe an, möglichst nach den Instrumenten anzudocken. Wir haben jetzt gesehen, dass es keinen relativen Schutz mehr gibt. Irgendeine Gruppierung wird immer wieder versuchen unser Imperium anzugreifen, Anlagen oder Schiffs-Routen zu sabotieren.

Wir sollten mit Commander Stuart besprechen, ob eine massive Verstärkung der Schutztruppe für das Morina-System möglich ist. Geben sie mir bitte ihr Bordbuch mit. Ich werde die Aufzeichnungen ihrer Hypertronic-KI Commander Stuart zur Auswertung übergeben. Mit diesen Worten möchte ich mich bei ihnen verabschieden. Vielleicht sehen wir uns noch einmal wieder. «

Commander Narganuri drehte sich um und schritt zur Schleuse, an dem ihr Beiboot angedockt hatte.

Zurück auf ihrem Flagg-Schiff der Naada-Klasse, ließ sich Commander Narganuri etwas Zeit. Sie entschied sich dafür, mit dem Abflug noch zu warten, bis die Patrouillen der zehn Schiffe der Lord Klasse wieder bei ihrer Weiterleitungs-Station eintrafen. Es dauerte nicht lange, da fielen die Schiffe in den Normalraum zurück und platzierten sich kreisrund um die Weiterleitungs-Station.

Kurze Zeit später wurde diese erneut getarnt. Commander Narganuri wandte sich von dem CIC ab und gab ihre Flotte den Befehl, in den Hyperraum zu wechseln. Commander Narganuri hatte einen Kurs auf Morina 4 setzen lassen. Sie wusste, dass Commander Stuart sehr interessiert war, ihre Geschichte zu hören.

***

Der Commander stand auf der Aussichts-Plattform der Morina-Anlage und registrierte, wie das Flaggschiff von Commander Narganuri langsam dem Boden entgegen sank.

»Ein überwältigender Anblick«, dachte er. »Vor Jahren hätten wir dies noch nicht für möglich gehalten. Wie schnell sich die Entwicklung doch weiterdreht, wenn man Hilfe hat und auf die technischen Voraussetzungen zugreifen kann. «

Das Flagg-Schiff der Naada-Klasse entschwand seinen Augen.

»Es muss auf dem großen Flugfeld aufgesetzt haben«, dachte er.

Commander Stuart ging zurück in die Zentrale des Morina-Stützpunktes und sprach den diensthabenden Offizier an.

»Bitte begleiten sie Commander Narganuri in den Besprechungsraum, sobald sie eingetroffen ist«, bat er.

»Wird gemacht Commander«, erwiderte der Offizier. Commander Stuart salutierte und begab sich auf den Weg zu den Konferenzräumen.

Er musste nicht lange warten, einige Minuten später wurde der Besuch in den Raum geführt.

»Commander Narganuri, wie geht es ihnen? «, begrüßte Commander Stuart seine Untergebene freudig.

»Gut«, antwortete sie. »Ich habe mich in meine Aufgabe eingearbeitet. Es freut mich, eine so große Naada-Flotte befehligen zu dürfen. «

Commander Stuart schmunzelte.
»Das ist für uns alle etwas Neues, mit Raumschiffs-Flotten im Weltraum zu arbeiten«, teilte er mit. »Man gewöhnt sich langsam hier dran. Ich bin bereits eine geraume Zeit auf Morina und baue hier unser Distributionszentrum, unser Konsulat und unsere moderne Basis auf. Eigentlich würde lieber auf eine Entdeckungsreise gehen und das Universum erforschen. Das war ein Kindheitstraum von mir. «

»Man kann nicht alles haben«, lächelte Commander Narganuri. »Sie haben festen Boden unter den Füßen. Das ist doch auch etwas. Zusätzlich durfte ich ihnen neue Feinde bescheren. «

Commander Stuart blickte sie fragend an.

»Die Weiterleitungs-Station 6 wurde angegriffen«, informierte sie den Commander. »Es waren die Piraten. Sie müssen die Lage ausgekundschaftet haben. Die Piraten wussten, dass die zehn Schiffe der Weiterleitungs-Station zwischendurch öfter einmal starten, um ihren Quadranten zu kontrollieren. Der erfolgte Angriff auf die verbliebenen fünf Schiffe der Lord-Klasse erfolgte unerwartet und überraschend. Diese waren ungeschützt, Weil die Antriebs-Generatoren heruntergefahren und die Schirmfeld-Generatoren ausgeschaltet worden waren. Die Schiffe hatten vorschriftsmäßig an der Station angedockt. Die 50 Piraten-Schiffe konzentrierten ihr Feuer auf die fünf wehrlosen Schiffe der Lord-Klasse. Es kam, wie es kommen musste. Die Schiffe der Lord-Klasse konnten dem massiven Druck nicht standhalten. Sie explodierten nacheinander innerhalb kürzester Zeit.

Leutnant Haider hatte die Situation blitzschnell erkannt und aktivierte den Tarn-Schutzschirm der Station. Hierdurch blieb sie unversehrt. Er gab Befehle an seine Crew, ließ die Steuerdüsen aktivieren und versetzte die getarnte Station um 400 Meter nach rechts. Keine Sekunde zu früh. Die kurz hiernach abgefeuerten Laser-Lanzen der Piraten-Schiffe gingen ins Leere. Leutnant Haider gelang es, einen codierten Notruf abzusetzen. Er hoffte, dass die eben gestartete Schutz-Flotte diesen empfangen würde. «

Commander Narganuri ließ eine kurze Pause vergehen. Dann fuhr sie mit ihrem Bericht fort.

»Durch diesen Hyper-Funkspruch wurden wir auf das Dilemma aufmerksam«, erklärte sie. »Meiner Flotte gelang es, den kleinen Schiffs-Verband der Piraten aufreiben. Das konnte der Flotten-Befehlshaber der Piraten nicht akzeptieren und hat dem Neuen-Imperium Rache angedroht. Wir sind anscheinend jetzt der Feind Nummer 1 für die Piraten. Stellen sie sich darauf ein, dass weitere Anschläge erfolgen werden. Es ist also dringend notwendig, die Kontrollen zu verschärfen. «

»Danke für den Bericht«, antwortete Commander Stuart. »Ich habe mich schon lange gefragt, wann wir auf dieses Problem treffen werden. Durch den Aufbau der Transmitter-Strecke haben wir den Piraten das Wasser abgegraben. Sie konnten keine Schiffe mehr kapern. Immer weniger Schiffe mit Handelsgütern sind im All unterwegs. Ein Haupt-Zweig des Morina-Handels ist nun der Waren-Transport zu Tarid und Natrid. Leider müssen wir fünf Schiffe und ihre Besatzungen beklagen. Das ist ein schwerer Verlust. «

»Wie viele Schiffe stehen ihnen zur Verfügung? «, erkundigte sich Commander Narganuri.

Commander Stuart antwortete schnell.
»Wir besitzen derzeit 50 Schiffe der Kaiser-Klasse, die als kleine Kampf-Stationen eingesetzt werden. Weitere 100 Schiffe der Königs-Klasse, ebenfalls mit modernisierten

Waffen-Systemen an Bord. Ferner über 200 Schiffe der Lord-Klasse, die mit neuster Technik ausgestattet wurden. Leider sind die Schiffe der Weiterleitungs-Stationen noch nicht modernisiert worden. «

»Sie sollten auf einen Angriff von Piraten-Schiffe gewappnet sein«, lachte Commander Narganuri.

Commander Stuart nickte.
»Das sind wir, antwortete er. Trotzdem werde ich die Informationen an General Poison weitergeben und um Aufstockung unserer Flotte bitten. Wir wissen nicht, mit welchem Potenzial wir es tun bekommen. Wie viele Schiffe werden die Piraten wohl aufbieten können? «

»Es scheint sich nicht nur um eine Piraten-Flotte zu handeln«, erklärte Commander Narganuri. »Hier haben die großen Piraten-Clans ihre Hände im Spiel. Sie alle verfügen über recht große Flotten-Verbände. «

»Können sie uns Angaben über die Flottenstärke der Clans mitteilen? «, erkundigte sich Commander Stuart «

Commander Narganuri schüttelte ihren Kopf.
»Über diese Daten verfügen wir nicht«, teilte sie mit. »Wir konnten bisher keine Offiziere gefangen nehmen. Ich hatte zwar die Anweisung gegeben, die Schiffe antriebslos zu schießen, jedoch dann zogen es die Piraten vor, sich in Beibooten in Sicherheit zu bringen und ihre beschädigten Schiffe zu vernichten. Ich hatte gehofft, den Flotten-Befehlshaber Reco Kuriato zu ergreifen. Wir hatten sein

Schiff geortet, jedoch nach der Kaperung des Schiffes war der sogenannte Flotten-Führer nicht mehr an Bord. Ich habe fünf Personen des gekaperten Piraten-Schiffes in Arrest. Ich habe sie lassen, doch sie haben es vorgezogen zu schweigen. «

»Lassen sie die Piraten hier«, antwortete Commander Stuart. »Ich werde ein ansprechendes Verhör-Team von der Erde kommen lassen, oder sie in Begleitung von meinen Marines über die Transmitter-Strecke nach Tarid schicken. Vielleicht hat Major Travis zusammen mit Heinze die Möglichkeit, die Gedanken der Piraten auszulesen. «

Der Commander lächelte die Befehlshaberin der 93. Flotte an.

»Dann kann ich mich nur noch bei ihnen bedanken«, sagte Commander Stuart und gab Commander Narganuri die Hand. »Darf ich sie und ihre Mannschaft einladen, noch etwas auf Morina zu bleiben. Sie können unsere Freizeitangebote genießen und alles Weitere, was wir zu bieten haben. «

»Das nehme ich gerne an«, erwiderte Commander Narganuri. »Die Besatzungen meiner Schiffe werden sich freuen. Können sie denn das Potenzial von 100 Schiffen aufnehmen? «

Commander Stuart lachte.

»Haben sie sich einmal unseren neuen Raum-Flughafen angesehen«, schmunzelte er. »Der ist noch für viel mehr Schiffe ausgelegt. «

Commander Stuart gab einem Offizier seines Personals ein Zeichen.

»Begleiten sie bitte Commander Narganuri wieder zu ihrem Schiff. «

Er nickte ihr zu.
»Wir sehen uns eventuell später wieder. «

»Danke für alles, Commander«, antwortete Meiko Narganuri.

In der Einsatz-Zentrale hatte Commander Stuart sämtliche wichtigen Informationen auf einen Speicher Kristall gesichert. Die Aufzeichnungen der Schiffe waren ebenfalls integriert.

»Übergeben sie bitte diesen Speicher-Kristall bitte persönlich General Poison«, befahl er einem Roboter-Kurier. »Ich möchte möglichst schnell eine Antwort in dieser Angelegenheit haben. Lassen sie sich nicht fortschicken, nehmen sie die Antwort direkt entgegen. «

Der Roboter-Kurier salutierte.
»Ihr Auftrag wurde gespeichert, antwortete er. »Die Ausführung erfolgt umgehend.

Der Roboter drehte sich um und machte sich auf den Weg zur Transmitter-Station. Der Wunsch von Commander Stuart, General Poison um eine Aufstockung seiner Flotten-Verbände zu bitten, hatte der Kurier-Kommunikations-Roboter ebenfalls berücksichtigt. Commander Stuart hoffte sehr, dass speziell dieser Wunsch erfüllt wurde. Die Überwachungs-Monitore zeigten, dass der Raum-Flughafen von Morina jetzt bis zur Hälfte seiner Kapazität gefüllt war. Die Schiffe der 93. Patrouillen-Flotte waren gelandet. Das Personal war von Bord gegangen und widmete sich den zahlreichen Freizeitaktivitäten.

»Irgendwelche besonderen Vorkommnisse? «, fragte Stuart seine Crew.

»Eigentlich nicht«, antwortete Jamar Reid. «

»Was heißt eigentlich nicht? «, hakte Commander Stuart nach.

»Ich dachte, ich hätte eine Verzerrung im Hyperraum lokalisiert, aber es scheint ein Irrtum gewesen zu sein. «

»Warum haben sie das angenommen? «, bohrte Commander Stuart nochmals nach.

»Weil unsere neuen Ortungs-Instrumente kurz ausschlugen«, teilte der Ortungs-Offizier mit. »Es dauerte jedoch nur für eine Sekunden, danach war alles wieder normal. Vermutlich hat eine Subraumwelle unsere Instrumente durcheinandergebracht. «

»Halten sie die Augen weiter offen«, befahl Commander Stuart. »Es ist wichtig, dass wir den Raum im Morina-System vollständig überwachen. «

»Wird gemacht, Commander«, antwortete der Offizier. »Soll ich auf gelben Alarm schalten? «

»Ich denke, das wäre nicht schlecht«, sagte Commander Stuart. »Stimmen sie ihre Informationen mit den anderen Morina-Planeten ab. Vielleicht haben die Stationen dort bessere Ortungsdaten aufgezeichnet. «

Commander Stuart drückte einen Knopf an seinem Head-Fon.

»Maschinenraum, hören sie mich? «, sprach er hinein.

»Hier ist das Maschinen-Zentrum«, hallte es aus dem Head-Fon. »Commander, wir hören sie klar und deutlich.«

»Ich möchte gerne, dass sie auf gelben Alarm gehen«, befahl Quentin Stuart. »Aktivieren sie vorsichtshalber alle globalen Schutzschirme im System. Ich möchte um sämtliche Planeten, die Schirmfeld aktiviert wissen. Wir haben Unregelmäßigkeiten im System lokalisiert, wissen aber noch nicht, was es ist. «

»Befehl verstanden, wird erledigt«, antwortete der diensthabende Offizier des Maschinenraumes.

Commander Stuart blickte seinen ersten Offizier an. »Übernehmen sie bitte, Captain«, befahl der Commander. »Ich gehe kurz in der Kantine. «

Die Lounge, oder auch Kantine genannt, war der Mittelpunkt der großen Anlage des Neuen-Imperiums auf Morina. Der Getränke- und Verpflegungs-Trakt war sehr luxuriös eingerichtet. Commander Stuart sah Commander Narganuri allein an einem Tisch sitzen. Vor ihr stand ein Teller mit frischem Gemüse.

Er schritt an den Tisch des Commanders

»Lassen sie sich nicht von mir stören«, sagte er. »Ich hoffe, es schmeckt ihnen. Darf ich mich zu ihnen setzen?«

Ihr Gesichtsausdruck hellte sich auf, als sie ihn sah.

»Gerne, setzen sie sich Commander Stuart«, erwiderte sie. »Es ist viel los in der Kantine. Das Essen scheint hier sehr gut zu sein. «

»Das muss auch so sein«, entgegnete Commander Stuart. »Wir haben extra einen Koch von Tarid herbringen lassen. Haben sie ihre Leute gut untergebracht? «

Sie nickte.

»Ja kann man so sagen«, erwiderte sie. »Meine Leute werden auf unseren Schiffen schlafen. Alle Besatzungsmitglieder, die keinen Dienst haben, können sich bei ihnen vergnügen. Ich habe gesehen, dass viele Personen meiner Schiffe das Angebot angenommen haben. Die Abwechslung tut ihnen gut. «

»Wie lange fliegen sie schon Raumpatrouille, Commander Narganuri? «, erkundigte sich Quentin Stuart.

»Nennen sie mich Meiko«, erwiderte sie kurz. »Lassen sie mich nachdenken. Bereits acht Monate kontrolliere ich mit meiner Flotte die Grenzgebiete. Die Zeit vergeht rasend schnell. Sie war nicht sehr aufregend. Ich konnte viele der alten natradischen Sternenkarten überarbeiten.«

Die Tür öffnete sich und der Kurier-Roboter trat ein. Ihn hatte der Commander Stuart mit dem Speicher-Kristall zur Erde geschickt hatte.

Commander Stuart wandte sich dem Roboter entgegen. »Schon wieder zurück? «, fragte er kurz.

Der Roboter salutierte und teilte Commander Stuart seinen Bericht mit.

»Ihr Auftrag wurde vollständig ausgeführt«, meldete er. » General Poison und Noel konnten sich verständigen, noch einmal 500 Schiffe der Naada-Klasse für sie als Verstärkung bereitzustellen. Diese Schiffe sind gerade aus der Produktion gekommen. Die neueste Technik wurde integriert, sowie auch der natradische Super-Schutzschirm. Die Schiffe wurden bereits gestartet, als ich das Transmitter-Portal bestieg. «

»Gut gemacht, ich danke dir«, antwortete Commander Stuart. »Begib dich jetzt wieder zu deiner Einheit und warte auf neue Befehle. «

Der Robot salutiert und ging auf den Ausgang zu.

An Commander Narganuri gewandt, ergänzte er seine Ausführungen.

»Wir hätten dann eine Schiffs-Flotte von 850 Schiffen im Raum von Morina zur Verfügung. Die Naada-Schiffe sind alle von neuester Bauart und mit den modernsten Schirmen und Waffen ausgestattet. Hiermit können wir es gegen die Piraten aufnehmen. «

»Vergessen sie bitte nicht meine 100 Schiffe«, lächelte der Commander. »Ich bin ja auch noch da.

»Es freut mich persönlich sehr, dass sie da sind«, lächelte Commander Stuart verlegen. »Doch vermutlich werden sie in Kürze wieder ihre Patrouillenflüge aufnehmen und ihre Aufgabe nachkommen. «

Er hob sein Glas und prostete ihr zu.
»Alles für den Schutz des Imperiums«, sagte er.

Commander Narganuri war erstaunt über den Trinkspruch, nickte aber Commander Stuart zu.

Im gleichen Moment dröhnten Alarmsirenen auf. Der schrille Ton schmerzte in den Ohren.

»Jetzt wird auch die letzte Person unserer Besatzung wach geworden sein«, dachte der Commander.

Er blickte Commander Narganuri an.
»Folgen sie mir in die Zentrale, schauen wir uns an, was los ist. «

Die Offiziere erhoben sich von ihren Stühlen. Zügig eilten liefen sie in die Zentrale der Anlage.

»Was ist passiert? «, erkundigte sich Commander Stuart.
»Geben sie mir bitte einen Bericht.«

Sergeant Michels blickte kurz auf.
»Die Verzerrung im Hyperraum war keine Anomalie«, antwortete er. »Wir haben den Einflug einer großen Flotte fremden Schiffen in das Morina-System registriert. Auf unsere Hyperraum-Funksprüche wurde nicht reagiert. Unsere Raumaufklärung hat um die Bekanntgabe ihrer Absichten gebeten, jedoch es verfolgte keine Antwort. Aufgrund dessen haben wir die Alarmstufe Rot ausgerufen und sämtliche Schutzmechanismen im Gang gesetzt. Auf allen sieben Planeten des Morina-Systems wurden die Schutzschirme in voller Leistung aktiviert. Unsere Zerstörer der Kaiser-

Klasse haben ihre Generatoren hochgefahren und die Waffensysteme aktiviert. Sie haben sich im Orbit von Morina 4 in eine Abwehrposition formiert. Dabei werden sie von den Schiffen der Lord-Klasse unterstützt. Die Fremden scheinen es auf den zentralen Morina-Planeten abgesehen. Unsere Hypertronic-KI hat einen Kollisionskurs ihres Schiffsverbandes errechnet. «

»Die Piraten haben sich dieses Mal sehr viel vorgenommen«, schmunzelte Commander Narganuri. »Es wird Zeit, dass ihnen jemand ihre Grenzen aufzeigt. «

Der Handels-Attaché, Prince Prine Pimona und der Kommandeur der Streitkräfte, Prince Ulear Tomatover kamen aufgeregt in die Einsatz-Zentrale gelaufen.

»Was passiert jetzt wieder? «, erkundigte sich der Abgesandte der Minister der Morina-Regierung. » Unsere Ortungsanlagen erfassen eine große Anzahl von fremden Schiffen, die sich unserem Planeten nähern. Können sie uns sagen, was das bedeutet? «

Commander Stuart nickte kurz.
»Es handelt sich um einen Angriff der Piraten«, antwortete er. »Sie ärgern sich massiv darüber, dass wir wesentlich weniger Schiffe mit Handelswaren über die klassischen Flugrouten schicken. Sie zu kapern, das war früher ein wichtiger Beutezug für sie. Dem Versenden von Handelsware über die Transmitter-Straße möchten sie ein Ende bereiten. Deswegen greifen sie ihren Planeten an. «

»Was können wir tun? «, erkundigte sich der Kommandeur der Morina-Streitkräfte. «

»Erst einmal gar nichts«, entgegnete Commander Stuart. »Wir kümmern uns darum. Die Piraten kennen unsere waffentechnische Aufrüstung nicht, die wir in den letzten Monaten durchgeführt haben. Vielleicht reichen bereits die 52 bodengestützten Abwehr-Geschütztürme aus, um die kleinen Piraten-Schiffe zu vertreiben. «

»Achtung, neue Daten kommen auf das CIC«, teilte Sergeant Davis Michels.

Die Personen schauten gespannt auf das Display.

»Laut unserer Anzeige handelt es sich exakt um 700 Schiffe der Piraten«, teilte Commander Stuart mit. » Es sieht so aus, als ob es wieder nur die 100 Meter Klasse-Schiffe sind. Also die wendigen Angriffsboote, die unseren Waffen-Systemen deutlich unterlegen sind. «

Commander Stuart schaute Commander Narganuri an.
»Bitte begeben sie auf ihr Schiff und machen sie ihre Flotte einsatzbereit«, befahl er. »Falls ich sie brauche, erteile ich ihnen den Befehl und lasse sie durch eine Strukturlücke des Schirms in das Kampfgebiet fliegen. «

Commander Narganuri nickte und eilte aus der Leitstelle.

»Die Piraten sind in die Feuerreichweite unserer Gefechtstürme gekommen«, teilte Ortungs-Offizier Michels mit.

»Alle zusätzlichen Generatoren aktivieren«, befahl Commander Stuart. »Der Schutzschirm und die Geschütztürme brauchen Energie. «

»Die Schiffe der Piraten aktivieren ihre Waffenbänke meldete«, meldete Sergeant Michels. »Ich erfasse einen starken Energiezuwachs. «

Nur Sekunden später feuerten die Piraten-Schiffe auf das globale Schirmfeld von Morina 4. Die Strahlen ihrer Partikel-Waffen schlugen in den Schutzschirm ein. Dieser leitete die fremde Energie sofort ab. Der Super-Schutzschirm bewährte sich. Nicht ein einziger Partikel-Strahl konnte den Schirm zu einer Reaktion veranlassen.

Commander Stuart winkte den beobachtenden Morina zu sich.

»Wir reagieren jetzt«, teilte er mit. «
Er gab seinem 1- Offizier ein Zeichen.
»Feuer frei für alle Abwehr-Geschütztürme«, befahl er.

»Ihr Befehl wird ausgeführt, Commander«, erwiderte der 1. Offizier.

Er drückte einige Schalter am Kontrolldisplay und legte mehrere Sicherheits-Hebel um.

»Die Geschütze wurden auf Automatik geschaltet und erfassen bereits erste Ziele«, teilte er mit.

Auf den Monitoren konnte die Crew der Einsatz-Zentrale verfolgen, wie die Geschütztürme ihre dicken Laser-Strahlen in den Weltraum jagten. Der Erfolg ließ nicht lange auf sich warten. Die kleinen Schiffe der Piraten konnten diesem massiven Beschuss nicht ausweichen. Einmal von den Sensoren der Hypertronic-KI erfasst, wurde der Flug eines Piraten-Schiffes verfolgt. Die zahlreichen Treffer der Geschütztürme ließen die Schutzschirme der 100-Meter Schiffe sofort kollabieren.

Die Abwehr-Bollwerke jagten in Sekunden-Intervallen ihre Strahlen ins All. Nicht jeder Schuss traf sein Ziel, jedoch 70 Prozent der automatischen Erfassung krönte ein erfolgreicher Abschluss. Das CIC gab ein Feuerwerk, wieder, dass den Abschuss der feindlichen Einheiten widerspiegelte.

»Die Piraten haben bereits 79 Schiffe verloren«, teilte Sergeant Davis mit. »Dieser Erfolg wurde ohne den Einsatz unserer Geschwader erzielt. Die Abwehr-Geschütztürme sind ihre Geld wert. Die feindlichen Schiffe ziehen sich etwas zurück. «

»Vielleicht suchen sie nach einer besseren Strategie«, gab Commander Stuart zu Bedenken. » Sie haben Respekt vor unseren Geschützen bekommen. «

»Eingehender Hyper-Funkspruch«, meldete Leutnant Reid.

»Lassen sie hören«, entschied Commander Stuart. »Legen sie die Funkgespräch auf die Lautsprecher. «

»Die Leitung steht«, bestätigte der Funk-Offizier.

»Hier spricht Reco Kuriato«, tönte es aus den Lautsprechern. »Ich fordere eine große finanzielle Wiedergutmachung für meine zerstörte Flotte, an der 6. Weiterleitung Station ihre Handelsroute. «

Commander Stuart fiel ihm ins Wort.
»Ersparen sie uns ihr Forderungen«, antwortete der Commander. »Sie haben in diesem Raumsektor nichts verloren. Ihr Eingriff auf unser Eigentum war sträflich und ein großer Fehler. Durch ihre Angriff werden wir daran gehindert, unseren Waren-Geschäften nachzugehen. Ziehen sie sich unverzüglich zurück und senken sie ihre Waffen, ansonsten werden wir sie vernichten. Wir sind es leid, uns mit Piraten, oder Leuten ihrer Art herumzuschlagen. Das Neue-Imperium braucht sie nicht. Wir werden es von ihnen säubern und ihre Machenschaften unterbinden. «

»War die Wortwahl nicht etwas zu extrem? «, fragte der Handels-Attaché der Morina. »Sie werden die Piraten noch böswilliger machen. «

»Die Piraten müssen es lernen, dass die alten Zeiten vorbei sind«, antwortete Commander Stuart.

Er zeigte wieder auf das CIC.
»Es geht wieder los«, bemerkte er. »Die Piraten sind uneinsichtig. Sie fliegen eine neue Angriffsschwelle.«

Exakt 200 Schiffe der Piraten näherten sich mit koordinierter Angriffs-Geschwindigkeit dem Verwaltungs-Planeten des Morina-Systems- Es war der Heimat-Planet der Morina-Kultur. Ferner Drehscheibe und Logistik für den Austausch von Waren mit anderen Völkern. Dieser Planet war durch den Angriff der Piraten-Schiffe einer extremen Gefahr ausgesetzt. Der globale natradische Super Schutzschirm glänzte in einem hellen Blau. Ein Zeichen dafür, dass die höchste Leistungsstufe aktiviert worden war. Fast synchron feuerten die kleinen Piraten-Schiffe aus allen Geschütz-Türmen auf das Schirmfeld. Die Energiestrahlen wurden problemlos abgeleitet.

Commander Stuart zeigte dem Handels-Attaché die Kontroll-Anzeige.

»Sie sehen hier die Belastungs-Skala«, erklärte er. »Noch nicht einmal ein Viertel der Belastungsgrenze wird durch den geballten Beschuss der Piraten erreicht. Die Schutz-Schirme erfüllen unsere Vorgaben. «

Der Handels-Attaché Prince Prine Pimona wurde sichtlich ruhiger.

»Sie haben einen gewaltigen technischen Vorsprung, vor anderen Species der Milchstraße«, erkannte er. »Können wir diesen Schutzschirm handeln? «

Commander Stuart schüttelte den Kopf.
»Dafür ist es noch zu früh«, erwiderte er. «Wir können diesen Schirm erst zur Verfügung stellen, wenn wir die nächste Generation der globalen Schirme entwickelt wurde. Dies dauert leider noch etwas. «

Wieder fingen die gewaltigen Abwehr-Geschütztürme an, ihre Laserlanzen abzufeuern. Commander Stuart glaubte, das Dröhnen einzelner Geschütztürme in seinen Ohren zu hören. Im Rhythmus von Sekunden fauchten die gewaltigen Laserstrahlen dem Himmel entgegen und suchten sich ihr Ziel im All. Die mächtigen Laserstrahlen trafen die kleinen Raumschiffe und zerdrückten sie. Weitere Explosionen am Himmel zeigten die Vernichtung weiterer Piraten-Schiffe an.

Ihre bodengebundenen Geschütztürme feuerten ihre tödlichen Strahlen den feindlichen Schiffen entgegen. Eine Bastion der Vernichtung hatte sich vor den Piraten-Schiffen aufgebaut und verhinderte ein weiteres Vordringen. Dann enttarnten sich die Zerstörer der Kaiser-Klasse und der Königs-Klasse. Sie waren zwar technisch noch nicht alle vollständig modifiziert, doch die Piraten-Schiffe hatten gegen diese schweren Einheiten keine Chance. Von den angreifenden 200 Piraten-Schiffen war innerhalb kürzester Zeit nichts mehr zu sehen.

Commander Stuart glaubte, den Wutschrei des Flotten-Befehlshabers Reco Kuriato in seinen Ohren zu hören.

»Leutnant Reid, öffnen sie mir bitte einen Kanal«, befahl er. »Ich möchte den Flotten-Befehlshaber noch einmal sprechen. «

Der Funk-Offizier nickte ihm zu.
»Die Leitung baut sich auf«, antwortete er. »Sie können sprechen Commander. «

»Hier ist Commander Stuart«, sprach er in das Mikrofon. » Ich möchte ihnen nochmals anbieten, die Angriffe einzustellen. Ziehen sie mit ihrer restlichen Flotte ab. Das ist jetzt mein letzter Versuch sie umzustimmen. Vermeiden sie, dass wir ihren ganzen Schiffsverband vernichten müssen. Ziehen sie sich zurück und bergen sie ihre Verletzten. Das ist ihre letzte Möglichkeit. Commander Stuart, Ende der Mitteilung. «

Ein Knacken im Lautsprecher zeigte das Einpendeln einer gegnerischen Frequenz an.

»Hier spricht Ober-Befehlshaber Reco Kuriato«, hallte es aus den Lautsprechern. »Die Schiffe meiner Piraten kämpfen so lange, bis wir alle feindlichen Renegaten vernichtet haben. Sie haben uns gedemütigt. Was glauben sie, wer sie sind? «

Commander Stuart gab seinem Funk-Offizier ein Zeichen das Gespräch abzubrechen.

»Ich rufe Commander Narganuri«, sprach er in die offene Funk-Verbindung. Bitte melden sie sich. «

»Hier ist Commander Narganuri«, kam die Antwort zurück. »Was kann ich für sie tun, Commander Stuart? «

»Ich erteile ihnen Startfreigabe«, erwiderte Commander Stuart. » Nehmen sie mit ihrer Flotte einige Schiffe der Piraten unter Beschuss und beenden sie diese leidige Geschichte. Der Ober-Befehlshaber der Piraten ist nicht belehrbar. «

»Möglicherwiese kann ich ihn gefangen nehmen«, antwortete Commander Narganuri. »Vielleicht können wir ihn dann eines Besseren belehren. «

»Ich lasse ihnen die Koordinaten der Strukturlöcher senden, die wir für sie in unserem Schirm öffnen«, teilte der Commander mit. »Fliegen sie hindurch und holen sie sie den Ober-Befehlshaber. «

Kurze Zeit später kam die Bestätigung von Commander Narganuri.

»Senden sie bitte die Koordinaten für den Schirm«, wies er Commander Leutnant Reid an. «

In geordneter Reihenfolge durchstießen die Zerstörer von Commander Narganuri die erzeugten Strukturlücke in dem globalen Schutzschirm. In einer dichten V-Formation näherten sich die Naada-Flotte den angreifenden Piraten-Schiffen.

»Wir haben die Feuerreichweite ist erreicht«, teilte Commander Narganuri der Zentrale auf Morina 4 mit.

»Feuern sie nach eigenem Ermessen«, befahl Commander Stuart. »Sondieren sie das Flaggschiff des Flotten-Befehlshaber und versuchen sie sein Schiff antriebslos zu schießen. Ich möchte ihn gerne lebend haben. «

Die Naada-Angriffs-Kreuzer setzten ihre gewaltigen Hyperspace-Kanonen ein. Dieses gewaltige Geschütz entstofflichte das Geschoss in den Hyperraum und ließ es kurz erst vor dem Ziel wieder materialisieren. Die geballte Kraft der Gefechtsköpfe ließ die Schutzschirme der Piraten-Schiffen kollabieren. Sie waren für einen solchen Einschlag nicht konzipiert. Ab diesem Zeitpunkt waren die Piraten-Schiffe angreifbar. Nur die nackte Bordwand schützte sie noch vor dem Untergang. Nichts stellte sich mehr den natradischen Geschossen in den Weg. Die Schiffe der Piraten konnten den Waffen der natradischen Zerstörer nichts entgegensetzen. Die nachfolgenden Laserstrahlen beendete die Existenz vieler Piratenschiffe und ihrer Besatzungen. I

»Unsere Hypertronic-KI zählt nur noch 379 Piraten-Schiffe«, teilte Commander Stuart mit.

Er blickte auf das CIC. Sein 1. Offizier und der Funkoffizier standen neben ihm. Völlig entspannt beobachteten sie das Geschehen.

»Die Piraten haben keine Chance«, sagte Ortungsoffizier Michels. »Sie ziehen sich aber auch nicht zurück. «

»Das können sie nicht«, antwortete Commander Stuart. »Kapitulieren, das widerspricht ihrer Mentalität. Wir haben sie übel erwischt. So ist noch keine Rasse mit ihnen umgegangen. Sie hatten bisher immer leichtes Spiel mit anderen unterlegenen Zivilisationen im Universum. «

Wieder meldeten die sensiblen Ortungsinstrumente eine Struktur-Erschütterung in Hyperraum. Dieser wurde erfahrungsgemäß bei dem Wechsel von Raumschiffen aus dem Normalraum in den Hyperraum erzeugt. Diesmal war es eine wesentlich größere Erschütterung.
»Die Piraten werden doch wohl keine weitere Verstärkung bekommen? «, fragte Commander Stuart.

»Einen Augenblick noch, gleich verfüge ich über die aktuellen Daten«, teilte Sergeant Michels mit.

Er vertiefte sich in die Instrumente und nickte zuversichtlich.

»Wir haben Glück, es sind unsere Schiffe «, antwortete er. »Ich erhalte natradische IDs. Die ihnen versprochene Verstärkung von 500 Schiffen ist soeben eingetroffen. «

Commander Stuart blickte auf das CIC. Immer mehr natradische ID-Signaturen wurden sichtbar.

»Eingehender Hyperraum-Funkspruch«, meldete der 1. Offizier.

»Stellen sie laut«, entgegnete Commander Stuart.

» Hier ist Captain Hammond«, dröhnte es aus der Lautsprechern. »Ich befehlige die 253. Eingreif-Flotte des Neuen-Imperiums. Mir wurden 500 neue Schiffe der Naada-Kasse unterstellt. General Poison befahl mir, mich bei ihnen zu melden. Was kann ich für sie tun, Commander? «

»Danke für ihr schnelles Erscheinen«, antwortete Commander Stuart. »Unterstützen sie bitte Commander Narganuri und unsere eigene Flotte, bei dem Kampf gegen die Piraten. Kümmern sie sich um das Haupt-Geschwader der Piraten-Schiffe. Setzen sie ihre Hyperspace-Kanonen ein und lösen sie das Hauptfeld der Piraten-Schiffe auf. «

Captain Hammond bestätigte und instruierte seine Flotte. Langsam nahm die Flotte Geschwindigkeit auf. Die Naada-Schiffe bildeten eine breite Angriffslinie. Dann setzte sich die breite Formation in Bewegung, in Richtung auf das

Hauptfeld der Piratenschiffe zu. Sie mussten zwischenzeitlich erkannt haben, dass 500 Schiffe der Naada-Klasse als Verstärkung eingetroffen waren. Die Piraten-Schiffe wichen jedoch nicht zurück. Sie warteten eiskalt, bis die Schiffe des Neuen-Imperiums in Schussweite gekommen waren.

Der Befehl von Ober-Befehlshaber Reco Kuriato war eine Phrase. Es war zwischenzeitlich bekannt geworden, dass der neue Partikelstrahl der Piraten-Schiffe in keiner Weise einem natradischen Schiff etwas anhaben konnte, forderte der Ober-Befehlshaber das Feuer auf die anfliegenden natradischen Zerstörer zu eröffnen. Die Antwort kam den Piraten-Schiffen als ein heißer Laserstrahl zurück. Die angreifenden Schiffe der Naada-Klasse lieferten ein Angriffs-Manöver nach dem Lehrbuch ab. Kurz vor der Waffenreichweite flogen die Schiffe einen Bogen und drehten den Piraten-Schiffen ihre Steuerbord-Seiten zu. Die ausgefahrenen Waffentürme warteten ungeduldig auf ihren Einsatzbefehl. Die Schiffe drifteten etwas nach und gelangten so in eine optimale Schussweite. Massives Laserfeuer fauchte aus den Geschützrohren auf die Schiffe der Piraten zu.

Commander Stuart sah auf dem CIC, wie die Flotte unter dem Befehl von Captain Hammond, ein Blitzgewitter aus Feuerlanzen den Piraten-Schiffen entgegenschickte. Jedes Schiff der Naada-Klasse verfügte über 20 ausfahrbare Waffentürme, 10 auf jeder Schiffs-Seite. Die Geschütze nahmen jetzt die Piraten unter einen Dauer-Beschuss. Der Weltraum hellte sich auf.

Commander Stuart glaubte das Knirschen der Metallverstrebungen zu hören, die jetzt Unsägliches erleiden mussten. Die Verankerungen der Metallträger der Schiffe wurden förmlich neu eingeschmolzen. Allein der Einsatz der Hyper-Space-Kanonen beendete die Schlacht vieler Schiffe auf der Seite der Piraten. Dieser gigantischen Kanone war nichts entgegenzusetzen. Reihenweise fielen die Schiffe der Piraten der natradischen Abwehr zum Opfer. Die Zahl der Feind-Schiffe betrug nach dem ersten Einsatz der Hyperspace-Kanonen noch 39 Schiffe. Endlich erkannten die Piraten ihren Fehler und wendeten. Mit hoher Geschwindigkeit versuchten die kleineren Schiffe ihre Sprung-Geschwindigkeit zu erreichen, um in den Hyperraum zu wechseln. Die natradischen Geschosse in ihrem Rücken sorgten für die Einhaltung dieses Vorhabens.

Schlagartig waren keine fremden ID-Signaturen mehr im Morina-System zu orten.

»Gut gemacht Captain«, meldete sich Commander Stuart per Hyperkomm-Funkverbindung. »Darf ich sie und Commander Narganuri zu einer Besprechung einladen. Bei dieser Gelegenheit können sie mir auch ihre weiteren Befehle mitteilen. «

»Ich komme gerne«, antworte Captain Hammond. »Wir nähern uns Morina 4 und wechseln in den Landeanflug. «

Commander Stuart und Sergeant Michels erwarteten den Besuch bereits. Sie blickten auf den Monitor, der im Besprechungs-Raum aktiviert war.

»Das Flaggschiff von Captain Hammond ist soeben gelandet«, bemerkte Commander Stuart. »Er wird gleich bei uns eintreffen. «

Der Satz war kaum ausgesprochen, als die Türe des Besprechungszimmers aufklappte und der Captain von zwei Garderobotern in den Raum geführt wurde.

Commander Stuart trat auf ihn zu.
»Es ist schön, unseren Retter persönlich kennen zu lernen«, sagte er. »Ich bin Commander Stuart. Verantwortlich für den Ausbau und die Sicherung des Morina-Stützpunktes und unserer Transport-Weiterleitungsstrecke. «

Er reichte Captain Hammond die Hand.

»Darf ich ihnen meinen 1. Offizier, Leutnant Jim Clancy, vorstellen? «, erkundigte er sich. »Er ist meine rechte Hand. «

»Ich bin ebenfalls erfreut sie kennenzulernen«, antwortete der Captain. »Die Landung war sehr interessant. Ihre Spezialisten haben den Stützpunkt und das Waren-Verteilungszentrum fast fertiggestellt. Meinen Respekt hierfür. «

»Danke«, lächelte der Commander. »Wir tun unser Bestes. Wie konnten sie so schnell bei uns eintreffen? «

Captain Hammond lachte.
»Ich wusste, dass sie als Erstes diese Frage stellen würden«, antwortete er. »Wir haben neue Hyperraum-Triebwerke erhalten. Marin und Gareck haben die nächste Generation fertiggestellt. Mit diesen Treibwerken verkürzt sich die Reisezeit auf die Hälfte. «

»Das ist ja prima«, antwortete Commander Stuart. »Wir sind zu weit von zu Hause entfernt und bekommen die neusten Entwicklungen leider nicht immer mit. «

»Aber sie verfügen doch über eine Transmitter-Strecke«, erinnerte sich der Captain. »Falls sie hiermit reisen, sind sie doch ganz schnell zu Hause. «

»Das stimmt«, antwortete Commander Stuart. »Aber ich reise nicht gerne mit einem Transmitter. Sie haben gesehen, was alles noch im Argen liegt. Falls irgendjemand die Weiter-Leitungs-Stationen übernimmt und die Strecke umprogrammiert, dann kommen wir überall heraus, nur nicht zu Hause. Darauf kann ich dankend verzichten. Ich bleibe bei meiner Termar 2. «

»Ach ja«, antwortete Captain Hammond. »Sie sind ja stolzer Besitzer eines Termar-Schiffes. Es ist die Sonder-Edition der Naada-Serie, speziell von Noel entwickelt. Darf ich es mir einmal ansehen? «

»Selbstverständlich«, antwortete Commander Stuart. »Sobald etwas mehr Zeit da ist. «

Geräusche, Schimpfrufe und Geschrei drangen durch die geschlossene Tür des Konferenz-Raumes. Diese öffnete sich plötzlich und Commander Narganuri trat ein. Zwei ihrer Kampfroboter schoben einen Gefangenen in Energiefesseln vor.

»Darf ich vorstellen«, lächelte sie. »Das ist mein Geschenk an sie. Ober-Befehlshaber Reco Kuriato in Person. Leider ist er im Moment etwas wortkarg geworden. «

»Sie haben ihn noch erwischen können«, staunte Commander Stuart. »Meinen Glückwunsch. Er wird sich freuen, eine weite Reise machen zu dürfen. «

Der Ober-Befehlshaber der Piraten blickte kurz auf.

»Es geht nach Natrid«, lächelte Commander Stuart. »Dort warten bereits Verhörspezialisten auf sie. Sie werden per Luxus-Fracht reisen, auf unserer neuen Transmitter-Strecke. Hoffen wir einmal, dass ihre Kollegen keine Sabotage durchgeführt haben, ansonsten wird das für sie eine Reise ohne Wiederkehr. «

Reco Kuriato verzog sein Gesicht und schluckte kurz.
Die anwesenden Personen im Konferenzraum lachten laut auf.

Entscheidung an der Dunkel-Wolke

Heran schritt gemächlich über den großen Raum-Flughafen von Centros. Er schüttelte seinen Kopf.

»Hier stehen unzählige Raumschiffe mit neuster Technik herum, doch keiner nutzt sie mehr«, dachte er. »Sie werden gewartet, hatte Aritron ihm mitgeteilt. Doch ich weiß es besser. Nur das Nötigste wird gemacht, nur so viel, dass die Schiffe weiter einsatzbereit sind. «

Er ging mit strammen Schritten an das nächstgelegene Schiff heran und strich liebevoll mit seiner Hand über die fluoreszierende Außenhaut. Eine dünne Staubschicht rieselte zu Boden.

»Das sehe ich, wie sie gewartet werden«, murmelte Heran. »An diesem Schiff wurde lange nichts mehr gemacht. Noch nicht einmal der Antrieb wurde gestartet. Ich werde mal wieder einige ernste Worte in unserem Rat sprechen müssen. Die Schiffe, so heißt es immer, sind für die Ewigkeit gebaut und sie brauchen keine große Wartung. Da bin ich mir jetzt nicht mehr so sicher. Ich bin doch hoffentlich nicht der letzte Wartungstechniker auf diesem Planeten. «

Heran war ein Elektroniker und Spezialist für Wurmloch-Steuerungen und Kristall-Reaktoren. Nebenbei verstand er sich auch auf Mikro-Technik, Verkabelung und Programmierung, Apparaturen und Elektronikbau. Im Laufe seines Lebens konnte er viele Erfahrungen sammeln, die er jetzt gut verwerten konnte. Heran war unsterblich und gehörte zu einer alten weisen Rasse humanoider Geschöpfe der Milchstraße. Er wusste nicht, wann seine Rasse erstmalig aufgetaucht war. Ihm war nur bekannt, dass sie immer schon existent waren. Die Daten ihres Ursprungs waren im Laufe der Jahrtausende verloren gegangen.

»Wie viele Raum-Schiffe stehen wohl hier auf diesem Flugfeld? «, dachte Heran. » Es müssen viele Tausende sein. Das ist nur eines von vielen Startfeldern auf unserer Welt. Früher waren wir Lantraner überall in der Galaxis präsent gewesen. Das änderte sich, als jeder nur noch mit sich selbst zu tun hatte. Die digitale Einsamkeit hat uns eingeholt. «

Er blickte in Gedanken über das große Flugfeld.
»Das Leben läuft einfach langsamer ab, wenn man unendlich viel Zeit hat«, dachte Heran. »Gut, dass nicht alle Lantraner so sind. Ein kleiner Teil von ihnen arbeitet wieder daran, die Lantraner zurück ins pulsierende Leben ihrer Galaxie zu bringen. Wir waren viele Jahrtausende die führende Rasse in der Milchstraße gewesen, bis wir uns zurückzogen. Keiner von uns weiß mehr so richtig, warum dieser Schritt befohlen wurde. So wurden wir als Rasse vergessen und nicht mehr beachtet. Wir Lantraner waren furchtbar enttäuscht, dass alle Rassen uns Lebewohl sagten. Allen Species, denen wir umfangreich geholfen hatten, wollten uns nicht mehr als höhere Wesen verehren. Vielleicht hatten wir unsere Funktion als Schutz-Götter auch etwas überzogen. «

Heran war schon eine ganze Weile unterwegs, da sah er rechts von sich, das neue große Industriegebäude liegen. Viele Lantraner hatten sich hiervor versammelt und warteten auf etwas. Mit dem ausgebildeten Gefühl einer Person, die zu einer der ältesten Rassen des Universums gehörte, meldete sich bei Heran ein Instinkt, der ihn zur äußersten Vorsicht mahnte.

»Es kommt selten vor, dass sich auf Centros noch so große Massen für jemanden begeistern können«, dachte er. »Hier ist es anders. Er behauptet von sich selbst, ein Augur zu sein. Ist er ein Prophet oder ein Scharlatan? Zumindest war er bis vor kurzem ein Angehöriger meines Volkes. Dann wurde er angeblich mit übernatürlichen Gaben beschenkt. Er will uns Lantranern den Weg in eine bessere Zukunft weisen. Solche zwielichtigen Personen gab es auch auf Terra in grauer Vorzeit. «

Heran blickt nach vorne in den Eingangsbereich. Dort stand der Augur und hob beschwörend die Hände in den Himmel.

Zahlreiche Kampf-Roboter des globalen Sicherheits-Dienstes kontrollierten den Eingang, rund um das Industriegebäude. Sie sollten Attentate verhindern und den randalierenden Pöbel zurückdrängen. Seit dem Auftauchenden dieses zwielichtigen Auguren schienen sich viele Lantraner zu verändern. Sicherheitskräfte schirmten ihn ab und hielten die Menge zurück. Heran hörte nicht auf die Weissagungen, die aus den Lautsprechern drangen. Der Augur schien wieder seine üblichen Sprüche vorzutragen. Diese Prophezeiungen versuchte er seinen Zuhörern zu verkaufen und gaukelte ihnen etwas von einem besseren Leben vor. Heran konnte sich des Gefühls nicht erwehren, beobachtet zu werden. Er spürte ungewollte Blicke auf sich liegen. Es war so, als ob ihn jemand in seiner Nähe ständig beobachtete. Er schaute sich schnell um, konnte jedoch niemanden erkennen.

Heran wusste natürlich, dass der Augur die Massen nicht allein hatte mobilisieren können. Er musste Freunde und Verbündete haben. Welches Ziel verfolgten er und seine Sinnesbrüder. Es war imponierend, wie schnell der Augur dieses große Industriegebäude hatte errichten können. »Soll das Gebäude die neue Kirche des Auguren darstellen? «, fragte Heran sich. » Wäre jetzt nicht der richtige Zeitpunkt gekommen, in der ein neuer Schwung durch unser Volk gehen sollte? «

Doch Heran wurde eines Besseren belehrt. »Es wäre mir lieber gewesen, wenn dieser Augur weniger Aufsehen in der Öffentlichkeit auf sich gezogen hätte«, überlegte er. »Ist das der Aufbruch unserer Rasse, wovon Aritron immer sprach? Er sollte doch als oberster Führer unseres Volkes wissen, wohin die Reise diese Auguren geht. Warum lässt er diesen Propheten so ungehindert unser Volk hinters Licht führen? «

Centros war eine Stadt der Veränderung. Vieles war nicht mehr so wie früher. Dennoch war es eine Metropole, wie es keine andere mehr in der Milchstraße gab. Centros-City war auf Energie gebaut und hiervon abhängig. Ein Boykott, oder eine Sabotage der Jahrtausende alten, aber immer wieder restaurierten Generatoren, hätte kolossale Folgen. Die Energie verankerte den Planeten im schwarzen Loch, im Zentrum der Milchstraße. Es war ein geheimer Ort, den die Lantraner noch niemanden bekannt gegeben hatten.

Es war eine gefährliche Angelegenheit. Würde die Energie abgeschaltet, dann wäre Centros den Kräften des Schwarzen Loches gnadenlos ausgeliefert. Große unzählige Energie-Generatoren und die Kristall-Meiler bildeten das Herzstück des Planeten. Hier war die heilige Zone von Centros. Dieser Bereich wurde sensible bewacht und durfte nur von einem ausgesuchten Personal betreten werden.

Heran schaute weiter dem Augur zu. Er sprach von Auferstehung und von neuen Ufern der Entwicklung.

»Alle Lantraner wissen doch, dass sie seit langer Zeit unsterblich sind«, dachte Heran. »Warum hören sie diesem prophetischen Scharlatan zu, der von besseren Zeiten redet? Ist es nur die große Langweile? Unser Volk weiß nichts mehr mit sich anzufangen. Sie greifen nach jedem Strohhalm der Abwechslung. «

Rechts drücke die Meute gegen die Absperrung. Diese klappte um und einige Personen liefen auf den Auguren zu. Sofort rückten Kampf-Roboter zur Stelle. Sie hatten die aufgeheizte Situation richtig analysiert.

Kurzentschlossen schossen mit Betäubungs-Strahlen auf die vorrückenden Personen. Diese programmierten Ordnungshüter kannten keine Emotionen. Sie hatten die Aufgabe, keine Lantraner hinter die Absperrung zu lassen. Diesen Befehl führten sie bedenkenlos aus.

Wie vom Blitz getroffen, sackten die mutigen Demonstranten zusammen und blieben auf der Stelle liegen. Nachrückende Lantraner trampelten über sie hinweg. Eine Verletzungsgefahr konnte in dieser Situation nicht mehr ausgeschlossen werden.

Heran schaute mit Schrecken den Ereignissen zu. Die Kampf-Roboter wurden bereits durch weitere Einheiten verstärkt. Sie versuchten die strömenden Personen aufzuhalten. Es gelang ihnen nur sehr mühsam.

Der Augur zeigte kein freundliches Gesicht mehr. Er hatte zur Kenntnis genommen, dass die aufgebrachten Lantraner ihn von der Empore stoßen wollten. Angstvoll schritt er einige Schritte vor und wieder zurück. Es war ihm vermutlich klar, dass die Meute ihn ergreifen wollte. Wieder benutzte er seine Worte, um die Lantraner aufzuhalten.

»Ihr Ungläubigen«, rief er der tobenden Menge zu. »Sind eure Blicke so verklärt, dass ihr die Wahrheit nicht mehr sehen könnt. Ihr wollt euch nicht helfen lassen. Ich verfluche euch. Bis zu eurem Ende sollt ihr im Dunkeln schmoren. «

Das war zu viel für die Meute, die sich nochmals von dem Auguren provoziert sah. Sicherheitsexperten drangen aus der Halle vor und den führten den Auguren langsam nach hinten in das Industriegebäude. Dieses wurde sofort gesichert und durch zusätzlich Metallwände verstärkt, die aus dem Boden fuhren. Wie ein Schwall fließendes Wasser legte sich sekundenschnell ein Energie-Schutzfeld über das Gebäude. Hier war ein Durchdringen des Mopps nicht mehr möglich.

Heran schüttelte den Kopf.
»So wie hier, ist es an vielen Stellen des Planeten«, dachte er. »Überall wo der Augur auftrat, stürmte zum Abschluss eine Meute vor, die ihm an den Kragen wollte. « Heran wollte gerade weitergehen, als eine gewaltige Detonation das Industriegebäude erschütterte.

Metallgitter flogen durch die Lüfte. Viele Splitter von berstenden Glasscheiben vermischten sich mit Rauch und Qualm. Heran bemerkte, wie Blut von seiner Stirn langsam in Richtung seines Mundes lief.

Nur langsam verzog sich der dicke Qualm. Er jetzt konnte Heran das Ausmaß der Zerstörung erkennen. Die Eingangspforte des Industriegebäudes war völlig zerstört. Sie wurde nicht von dem Schutzschirm gesichert. Hätte der Augur noch hier gestanden, wäre er getötet worden. Sicherheitskräfte schirmten Schaulustige ab. Zahlreiche Lantraner lagen verletzt auf dem Boden und warteten auf Hilfe. Eine Bombe war im Inneren des Einganges explodiert.

Die Sanitäts-Roboter kamen bereits mit mehreren Transport-Gleitern zu der Terror-Stelle geeilt. Heran sah, dass die Erstversorgung bereits gute Formen annahm.

»Darf ich mir ihre Wunde anschauen? «, fragte ein Medi-Robot.

Heran nickte.
»Nichts Schlimmes«, analysierte der Robot. »Es ist nur eine kleine Fleischwunde. Ich verbinde sie, dann sind sie wie neu. «

Heran blickte an dem Robot hoch. Er konnte aber keine veränderte Programmierung in seinen Gesichtszügen feststellen.

»Sind sie neu programmiert worden? «, fragte er.
»Nein«, antwortete der Robot. »Ich bin immer freundlich und hilfsbereit. «

Der Medi-Roboter klebte den Verband an Herans Stirn fest, drehte sich um und suchte sich ein neues Opfer.

»Ich werde eine außerordentliche Sitzung des 1. Rates einberufen«, dachte Heran. »Aritron muss über die Vorfälle mit dem Auguren informiert werden. Dann kann er mir auch die neue Vorgehensweise bestätigen, dass ich mich wieder aktiver in alle Abläufe der Milchstraße einklinken darf, um sie positiv zu beeinflussen. Alle nominierten Regierungs-Mitglieder sollten an der

Besprechung teilnehmen. Es geht darum, die Lebensphilosophie von uns Lantraner auf neue Pforten zu stellen. «

***

Major Travis stand bei Commander Brenzby, auf der Brücke der Termar 1. Er schaute auf den großen Panorama-Monitoren in die funkelnde Nacht des Alls hinaus.

»Wie lange fliegen wir zu unserem nächsten Ziel? «, fragte der Major.

»Es sind noch knapp zwei Tage nach unserer Zeitrechnung, dann sollten wir das Ziel erreicht haben«, antwortete Commander Brenzby.

»Nach den uns vorliegenden Daten war KI-NT 391 eine klassische Hypertronic-KI, wie viele andere Groß-Produktions-Anlagen im alten kaiserlichen Imperium auch«, sagte Major Travis. »Das ist unser neues Ziel. Die Hypertronic-KI der natradischen Anlage konnte automatisch produzieren, bis der Inhalt ihrer Lagerräume gefüllt war. Aufgrund des Krieges und des Deaktivierungs-Befehls von Admiral Tarin musste sie sich auch aus dem aktiven Geschehen zurückziehen. Sie deaktivierte sich vollständig. Nicht die kleinsten Energieemissionen konnten von ihr angemessen werden. Das war vermutlich ihr großer Vorteil. Aus dem Weltall betrachtet ist NT-391 nur ein großer staubiger Planet. Für eine vorbeifliegende

Rasse unbedeutend. Im großen Krieg wurde die Anlage von den Rigo-Sauroiden nicht entdeckt oder beschädigt. «

»Eingehender Funkspruch von Natrid«, meldete Sergeant Farmer.

»Legen sie ihn rüber auf das CIC«, erwiderte Major Travis.

Nach einem kurzen Knacken in der Verbindung wurde die Stimme von General Poison deutlich.

»Hallo Major, wie geht es ihnen? «, tönte die Frage aus den Lautsprechern. »Sie sind äußerst schwer zu erreichen. Brechen sie ihre weitere Reise ab. Ihre Rückkehr, aber auch speziell die Anwesenheit von Heinze erfordert einen sofortigen Besuch auf Natrid. Wir haben wichtige Gefangene gemacht, die wir unbedingt zum Reden bringen möchten. Bevor ich mit unserer bewährten Chemie an die Sache herangehe, wollte ich erst die Gedanken der Gefangenen durch Heinze sondieren lassen. Kommen sie bitte zurück nach Natrid. Ihr Aufenthalt wird nicht allzu lange dauern. Bitte bestätigen sie, Alpha Order, General Poison, Ende. «

Major Travis wusste, dass der Funk-Spruch keine Antwort erforderte. Er nickte Sergeant Farmer zu.

»Bitte bestätigen sie den Erhalt und die Ausführung«, sagte er.

Major Travis blickte Commander Brenzby an.

»Es sieht so aus, als ob wir unsere Expedition abbrechen müssen«, erklärte er. »Befehlen sie den Rückflug zu Natrid. Man wartet auf uns. Voller Schub ins Sol-System.«

***

Der Najekesio stand im heiligen Plenarsaal, dem obersten und wichtigsten Ort aller Piraten-Familien. Hier kommunizierten die unterschiedlichen Clans miteinander und stimmten ihre weiteren Beuteflüge ab. Sämtliche Ereignisse wurden hier in dem Zentralrechner der Clans gespeichert.

Der Vorsitzende wurde Jackoss genannt. Er schaute in die Runde der Zuhörer. Das Gemurmel wurde immer lauter. Der Vorsitzende schlug mit einem Werkzeug auf seinen Pult.

»Ruhe bitte«, sagte er. »Wir haben uns hier versammelt, weil wir einen Gast bei uns haben. «

Er hob den Arm und zeigte mit seiner rechten Hand auf den Najekesio.

»Dieser Gast hat um die Zusammenkunft des Rates gebeten«, fuhr er fort. »Hören wir ihn an. «

Der Vorsitzende blickte den Gast an.

»Was ist der Grund ihres Erscheinens? «, erkundigte sich der Vorsitzende des Piraten-Komitees. » Sie haben uns mitgeteilt, dass dieses Treffen zwischen uns geheim bleiben sollte. Jetzt kommen sie mit einem Raumschiff und ersuchen uns um diese Ratssitzung. Bitte geben sie uns eine passende Antwort. Wir Piraten verabscheuen das ewige Hin und Her. «

Die Geräuschkulisse wurde wieder lauter im Saal. Der Blick des Najekesio wurde grimmiger. Langsam drehte er sich um seine eigene Achse, hob die rechte Hand und schrie laut die Menge an.

»Ich bin hier, denn die Situation eskaliert«, antwortete er. »Das Neue-Imperium von Natrid und Tarid wächst uns langsam über den Kopf. Wir möchten diesen lästigen Keim herausschneiden. Unsere Regierung wünscht den Zustand unserer Milchstraße so zu erhalten, wie er jetzt ist. Eine Änderung der Macht-Verhältnisse kommt für uns nicht in Frage. «

Der Najekesio wartete eine Weile, bis seine Worte bei den Zuhörern angekommen waren.

»Das Neue-Imperium hat bereits viele Schiffe von uns vernichtet«, teilte er mit. »Viel Schlimmer ist es, dass es sich erdreistet, Gefangene zu nehmen. Es ist eine Frage der Zeit, bis sie mehr über uns wissen. Ich habe die Informationen vorliegen, dass sie über Mutanten verfügen, gegen die unsere Wissens-Blockade nicht einsetzbar ist. Ich bin hier, weil dieses Problem nicht nur unser Problem zu sein scheint. Wir haben beobachtet, dass sie ebenfalls eine große Flotte ihrer Schiffe an das Neue-Imperium verloren haben. «

»Woher wissen sie das? «, fragte ein Zuhörer laut. » Sicherlich nicht von einem unserer Clan-Chefs? Falls sie es gesehen haben, warum haben sie nicht in den Kampf eingegriffen und uns unterstützt? «

»Mein Name ist Remesska«, antwortete der Najekesio. »Ich habe große Ohren. Sehr viele Informationen gelangen zu mir, auch durch geheime Kanäle. Sie sehen, dass diese Vorgehensweise funktioniert. Ich bin sehr gut informiert. «

Das Gemurmel im Saal wurde wieder lauter.
»Was können wir gegen das Neue-Imperium ausrichten? «, fragte der Vorsitzende des Rates. » Unsere Geschütze sind den starken natradischen Waffen um ein Vielfaches unterlegen. «

»Das wissen wir natürlich«, antwortete Remesska. »Wir kommen nicht mit leeren Händen. Wir haben 30.000 neue Laser-Geschütze in unseren Ladebuchten. Diese passen exakt auf die Waffen-Türme ihrer Schiffe. «

Der einsetzende Beifall wurde immer lauter. Jackoss, der Vorsitzende des Piraten-Rates, hob seine Hände und zeigte an, dass die Akustik verstummen sollte.

»Es kommt nicht nur auf die Stärke der Geschütze an«, bemerkte Remesska. »Eine äußerst komplexe und ausgeklügelte Strategie ist der erste Schritt zum Erfolg. «

»Wollen sie damit andeuten, dass der Verlust unserer Flotte auf eine dumme Vorgehensweise zurückzuführen ist? «, fragte ein Zuhörer.

»Ja«, antwortete Remesska. »Nur so ist es zu erklären, dass man trotz der übermächtigen Waffen der Natrader, seine eigene Flotte immer wieder in den Tod schickt. «

Lautes Geschrei war plötzlich von den Zuschauerrängen zu hören. Die Piraten teilten offen ihre Empörung über diesen frechen und dreisten Redner mit.

»Mäßigen sie ihre Worte«, empfahl der Ratsvorsitzende. »Ich kann für ihre Sicherheit ansonsten nicht mehr garantieren. «

Der Najekesio blickte in die Runde der Zuhörer.
»Ich bitte um Entschuldigung, wenn ich jemanden irritiert haben, oder ihn beleidigt haben sollte. «

Der Najekesio versuchte die Lage zu entspannen.
»Das war nicht meine Absicht«, erklärte er. »Ich wollte lediglich das Vorgehen ihres Befehlshabers Reco Kuriato aufzeigen. So wie er vorgegangen ist, so gewinnt man keine Schlachten. «

»Ich sage es ihnen jetzt zum letzten Mal«, raunte der Ratsvorsitzende. »Mäßigen sie ihre Worte. Wir gehören nicht zu ihrem Volk und lassen uns von ihnen nicht unsere Autorität untergraben. «

Der Najekesio wandte sich ärgerlich zu dem Rats-Vorsitzenden um.

Er wartete, bis sich die Geräuschkulisse gelegt hatte.

»Wir sind ebenfalls nicht ihre Haustiere, die gedankenlos jeden ihrer Befehlen folgen«, antwortete er. »Ich bin Remesska, Sohn der dunklen Sonne. Falls mir etwas passiert, dann wird ihr ganzer Rückzugs-Ort aus dem Universum gesprengt. Die ganze Zuflucht der Piraten-Clans würden wir auslöschen. Sie wollen doch sicherlich nicht, dass ganze Raumschiff-Armeen aus der dunklen Wolke bei ihnen einfallen. Was das am Ende für sie bedeuten würde, das wissen sie als Piraten ganz genau. Ich rate ihnen also, keine allzu großen Töne zu spucken. «

Eiskalte Ruhe durchzog den Saal. Der Nejekesio grinste unverschämt die Piraten an.
»Habe ich ihnen ihre Stimmen verschlagen? «, fragte er.
» Sie sehen also, wie einfach das ist. Lassen sie uns jetzt wieder zu normalen Gesprächen übergehen. Die Fragen sind geklärt. Wir beabsichtigen die Kriegsmaschinerie der Natrader deutlich zu schwächen. Dieses System sollte in der Milchstraße keine Bedeutung mehr haben. Wir werden gemeinsam erzwingen, dass sie keine Ansprüche mehr an uns und an sie erheben können. «

»Wie soll das gehen? «, fragte einer der Piraten.

»Wir werden mit einer großen Flotte ihr zentrales Nervenzentrum angreifen«, antwortete der Nejekesio. »Ihr Heimatplanet Natrid, wird unsere große Armada zu sehen bekommen und wir werden ihre Schalt-Zentrale und ihre technischen Anlagen vernichten. Hiervon werden sie sich so schnell nicht mehr erholen. Nach unseren Informationen können nur wenige Natrader auf ihrer alten Heimat-Welt stationiert sein. Wir wissen, dass alle überlebenden Natrader von Admiral Tarin evakuiert wurden. Eigentlich sollte kein Natrader mehr auf Natrid sein. Der ganze Planet ist leegefegt und unbewohnbar. «

Anscheinend nicht«, widersprach einer der Piraten. » Der alte Planet ist eine waffenstarrende Bastion voller Geschütze. «

»Die zentrale Verwaltung wird tief unter der Erde liegen und von der leistungsfähigen Groß-Hypertronic-KI beschützt werden«, erklärte Remesska.

»Das können wir nur mit entsprechenden starken Waffen schaffen«, erwiderte Jackoss. »Anders lässt sich die natradische Groß-KI nicht umstimmen. «

Remesska lächelte geheimnisvoll.
»Ich habe Waffen mitgebracht«, teilte er mit. »Sie entstammen unserer neuesten Produktion. Ihr Vorteil liegt darin, dass sie die natradischen Schutz-Schirme der Schiffe durchbrechen und dann direkt auf den harten

Natrid-Stahl einschlagen. Der Schirm wird dem Beschuss nur Sekunden standhalten. Ist dann erst einmal die Struktur des Stahls beschädigt, kann sich jeder nachfolgende Laser-Treffer einen Weg zum Generator-Kern suchen. «

Die Rats-Vorsitzenden der Piraten-Clans schauten sich an. »Haben sie diese Waffen einmal getestet? «, fragte der Rats-Vorsitzende Jackoss.

Remesska nickte eifrig.
»Unserer Wissenschaftler haben es zur Genüge, an den von uns erbeuteten natradischen Schiffen ausprobiert. Es handelt sich um ein 2-Phasen-Geschütz. Zuerst werden schirmbrechende Raketen verschossen. Treffen diese auf die Schirmfelder der Schiffe, kollabieren sie sofort. Die anschließenden auftreffenden Laser-Strahlen durchschlagen die Hülle ihrer Schiffe und dringen bis zu den Antriebs-Generatoren vor. Diese werden zwangsweise explodieren und ihre Schiffe in gigantischen Feuerbällen im All verteilen. Zurückbleiben werden nur wenige kleine Splitter aus Natrid-Stahl. Das gleiche gilt auch für die natradischen Schiffe, die möglicherweise als Abwehr-Bollwerk dienen. «

Wieder füllte lauter Beifall den Saal. Der Vorsitzende des Piraten-Komitees war aufgesprungen. Er blickte den Najekesio ernst an.

»Dann bleibt noch eine Frage zu klären«, bemerkte er. »Welche Vorherrschaft im Universum ist besser für uns. Die der Natrader, oder die der Najekesio? «

Langsam drehte sich Remesska um und schaute hasserfüllt in die Augen von Jackoss, dem Vorsitzenden des Piraten-Rates.

***

Heran stand vor der einberufen Versammlung der Hohen-Empore von Centros. Aritron, Thoran, Tyran, Brontan und weitere Personen der Admiralität saßen auf dem erhobenen Podest und blickten Heran an.

»Jeder Lantraner hat das Recht die Hohe-Empore zu bestellen«, teilte der Vorsitzende des Rates mit. »Heran, Mitglied der Exekutive von Aritron. Was ist der Grund, dass du diesen Rat wieder einberufen hast? Wie uns Aritron mitteilte, wurdest du informiert, dass dies nur im äußersten Notfall gestattet ist. Wir stellen aber vermehrt bei dir fest, dass du diese Lücke in unserem Gesetz für dich ausnutzt, wie es dir gerade in deine Arbeit passt. «

Heran schaute Aritron und die anderen Lantraner des Rates verächtlich an.

Thoran grinste ihn an.

»Wir sind nicht hier, um uns zu amüsieren, Thoran«, mahnte Aritron seinen Mitarbeiter.

Er hatte die Belustigung seines Oberbefehlshabers der lantranischen Flotten-Verbände mitbekommen.

»Er lernt es nicht mehr«, antwortete Thoran. »Wir haben es ihm bereits oft genug gesagt. «

»Ruhe bitte«, sagte der Vorsitzende der Hohen-Empore. Verärgert blickte in die vorderste Reihe der Zuhörer.

»Wir wissen, dass unser geschätzter Exekutor Aritron immer seine Hände über Heran hält«, teilte er mit.

»Trotzdem weiß ich nicht, ob ihnen alle bewusst ist, dass Heran mit seinem Wunsch andauernd etwas zu verbessern, uns von der eigentlichen Arbeit abhält. Diese Angewohnheit von ihm wird uns langsam sehr lästig. Wir empfehlen für die Zukunft, ein geordnetes und abgesprochenes Vorgehen. «

Herans Blick suchte Aritron. Der nickte kurz.
»Was willst du uns heute vorbringen, Heran? «, fragte der Vorsitzende. » Antworte besonnen, viel Zeit wird dir nicht gegeben. «

Heran verbeugte sich.
»Danke«, antwortete er. »Mehr möchte ich auch gar nicht. Ich lebe auch unter euch und ich sehe Dinge passieren, die ihr vermutlich gar nicht mitbekommt. Neuerdings ist ein Augur in der Stadt, der unsere Einwohner rebellieren lässt. Er untergräbt unsere

Autorität und redet ihnen Gedanken über die Änderung ihrer Lebensausrichtung ein. Er erhält von Tag zu Tag mehr Zuhörer und richtet nach meiner Meinung nicht mehr reparable Schäden an. Wir müssen den Reise-Prediger kaltstellen, ansonsten verändert er unsere Gesellschaft. «

Tyran lächelte.
»Darf ich diese Frage beantworten? «, fragte er den Vorsitzenden. Dieser nickte ihm zu.

»Wir kennen den von dir angesprochenen Augur bereits«, teilte er mit. »Unser Staatsschutz beobachtet ihn auf Schritt und Tritt. Er kann keinen eigenen Weg gehen, ohne dass wir nicht wissen, wo er ist. «

Heran zog seine Stirn in Falten.
»Warum bin ich denn hier? «, fragte er vorsichtig. » Ihr wisst ja bereits alles. Etwas mehr Informationen an mich, wären sehr förderlich. «

»Nicht alle Informationen sind direkt für die Öffentlichkeit bestimmt«, antwortete Tyran. »Ich gebe das Wort weiter an Aritron. Du bist hier, weil die Hohe-Empore deine neue Mission bestätigen muss. «

»Da bin ich aber gespannt? «, murmelte Heran. » Sind wieder wichtige Wurmloch-Stationen ausgefallen? «

Aritron hob seine Hand.

»Ich bitte die Hohe-Empore um Entschuldigung für das Verhalten von Heran«, sagte er. »Er ist für lantranische Verhältnisse noch sehr jung und voller Energie. Eben eine Person, wie wir sie für unsere Außeneinsätze benötigen.«

»Wir verstehen«, antwortete der Sprecher der Hohen-Empore. »Fahren sie fort. «

Aritron verbeugte sich höflich und schaute wieder Heran an.

»Wir haben beraten und uns dafür ausgesprochen, wieder aktiver in das Leben in unserer Milchstraße einzugreifen«, teilte er mit. »Jetzt ist ein solcher Zeitpunkt des Handelns gekommen. Brontan hat im Rahmen dieser neuen Aufgabe, erneut sein allwissendes Energie-Rad gedreht. Er fand heraus, dass die Nejekesio sich gegen das Neue-Imperium auflehnen und eine Kooperation mit den Piraten eingehen werden. Sie beliefern diese mit neuen Waffen. Es ist uns nicht klar, wo sie diese herhaben. Sie stiften die Piraten an, einen Angriff auf Natrid und Tarid zu fliegen. Das Neue-Imperium unter Major Travis ist zwar wachsam, trotzdem denke ich, es könnte etwas Hilfe unsererseits gut gebrauchen. Fliege hin und helfe ihnen mit unseren Möglichkeiten. Es darf kein neuer Krieg in unserer Milchstraße entstehen. Gerade dann nicht, wenn die Worgass versuchen eine Invasion einzuleiten. «

***

Mayor Travis, Commander Brenzby, Sirin und Heinze, traten voller Erwartung in das Büro von General Poison ein. Der General blickte freudig auf.

»Da sind sie ja endlich«, sagte er. »Schön sie wieder zu sehen. Wie ich höre, haben sie wieder eine Mission für Noel erfolgreich abgeschlossen. Das ist der alte Mayor, wie ich ihn kenne. «

Major verzog sein Gesicht.
»Sparen sie sich ihre Floskeln, Herr General«, erwiderte er. »Wir arbeiten viel zu lange zusammen. Aus diesem Grunde weiß ich, dass sie wieder etwas auf dem Herzen haben. «

Mit einem Schlag verschwand die Fröhlichkeit aus dem Gesicht des Generals.

»Sie haben recht«, entgegnete er. »Wir haben neue erschreckende Kenntnisse gewonnen, dass wieder ein Angriff auf die Erde bevorsteht. «

Major Travis hob seine rechte Augenbraue etwas an. »Schon wieder neue Feinde, Herr General? Sie können es aber nicht lassen. «

General Poison wirkte jetzt etwas überfordert.
»Lassen sie die Scherze, Herr Major«, antwortete er. »Die Lage ist ernst genug. «

In diesem Moment betrat Noel das Büro des Generals.

»Hallo, Major Travis«, sagte er freundlich wie immer. »Danke, dass sie die Aufgabe bei NT-397 so erfolgreich gelöst haben. Ich habe den Produktions-Planeten bereits wieder an unsere Transmitter-Strecke angeschlossen. KI-NT-397 liefert bereits Module ins Lager Titan. Ihre Mission war ein voller Erfolg. Die Hypertronic-KI schwärmt in allerhöchsten Tönen von ihnen. «

»Das ist ja meine Aufgabe«, antwortete Major Travis. »Hiermit haben sie mich betraut. Unser aller Wunsch ist es ja, das Imperium wieder auferstehen zu lassen. «

Major Travis schaute Noel und General Poison gleichermaßen an.

»Warum sind wir zurückbeordert worden? «, fragte er.

General Poison ergriff das Wort.
»Ich sagte es bereits«, teilte er mit. »Es haben sich neue Indizien für einen Angriff auf die Erde erwiesen. Wir haben Najekesio-Gefangenen verhört, die unseren Erz-Abbau-Planeten Eris sabotieren wollten. In der nächsten Etappe wäre Titan das Ziel gewesen. Es handelt sich um Albinos natradischer Herkunft. Aus den Datenarchiven von Noel wurde ersichtlich, dass es sich um eine Absplitterung des natradischen Volkes handelt. Ferner haben wir Gefangene eines Piraten-Volkes eingekerkert, die Überfälle auf unsere Waren-Weiterleitungs-Station 6 durchgeführt haben. «

»Einige konnte ich ihnen von unserer letzten Mission überstellen«, antwortete Major Travis.

Der General nickte.
»Doch um diese handelt es sich nicht«, erwiderte er. »Unsere neuen Gäste wurden von Commander Stuart an uns weitergeleitet. Sie hatten die Weiterleitungs-Station 6 angegriffen. Die Piraten verwenden kleine Schiffe einer 100-Meter-Klasse. Derzeit sind sie unseren Waffen-Systemen weit unterlegen. Jedenfalls haben wir die Albinos und die Piraten verhört. «

Major Travis blickte den General interessiert an.
»Was denken sie? «, fragte General Poison. » Die Aussagen unsere Gefangenen zeigen uns, dass zwielichtige dunkel Rassen im All ihr Unwesen treiben. Wir haben erfahren, dass es zu einer Weiterentwicklung ihrer Waffen gekommen ist. Die anderen Gefangenen, die sogenannten Albinos, sprechen nicht und verweigern die Aussage. Sie versuchen ihre Informationen für sich zu behalten. Erst mit dem Einsatz des natradischen Wahrheits-Serums konnte ich ihnen Informationen entlocken. Diesen war zu entnehmen, dass sie eine Kooperation mit den Piraten erwägen, um das Sol-System anzugreifen. Ich habe sie zurückgerufen, weil ich Heinze brauche. Er möchte für uns die Gehirne der Albinos auskundschaften. Wir brauchen möglichst viele neue Informationen über den bevorstehenden Angriff dieser Gruppe. «

»Ich kann es gerne probieren«, antwortet Heinze. »Nicht bei allen Lebewesen funktioniert es. «

»Für einen Versuch wäre ich ihnen sehr dankbar«, antwortete General Poison. »Unsere Möglichkeiten sind beschränkt. Falls alles nichts nützt, werde ich die Gefangenen unserer internen taktischen Abteilung übergeben. Dies würde bedeuten, dass sie unseren großen chemischen Cocktail genießen dürfen und anschließend seziert würden. Dabei wäre auch das neue Wahrheits-Serum nicht ohne Gefahr. Leider kann dieser Cocktail das Gehirn der Gefangenen schädigen. Unsere Erfolgsquote liegt derzeit nur bei Prozent. Unter Umständen überleben die Gefangenen diese Tortur nicht. Unsere Methoden dienten in Kriegszeiten lediglich der Informationsbeschaffung. Das Wahrheits-Serum ist nicht zu Gunsten eines Überlebens der Gefangenen ausgelegt.«

»Wann sollen wir beginnen? «, fragte Sirin.

»Am besten sofort«, antwortete der General. »Ich bin sehr neugierig auf die Antworten. «

»In Ordnung«, erwiderte Sirin. »Wir versuchen es sofort.«

General Poison griff nach seinem Communicator.
»Ich beordere sofort zehn Marines zu den Arrestzellen der Albinos«, sprach er in das Gerät. » Sichern sie den Verhörraum für unsere Experten. «

»Machen wir uns auf den Weg«, entschied Major Travis.

Die Gruppe wurde vor dem zentralen Verwaltungs-Gebäude, dem Heiligtum von General Poison und Noel, von einem EWK-Gleiter abgeholt. Es dauerte 3 Minuten, bis die separat liegenden besonders gesicherten Gebäude erreicht waren. In ihnen wurden wichtige Gefangene in Hochsicherheitszellen untergebracht. Die Einrichtungen stammten noch aus alter natradischer Zeit und waren bisher nicht modernisiert worden. Hier wurden früher die gefährlichsten Feinde des kaiserlichen Imperiums arretiert. Die drei Albinos waren zusammen in einer großen Zelle untergebracht. Sie maß 28 Quadratmeter und war mit dem Nötigsten eingerichtet. Die angeforderten Marines warteten bereits auf Major Travis und sein Team.

»Öffnen sie bitte«, befahl der Major.
Die Marines entriegelten die Türe und sicherten diese. Schnell verteilten sie sich ringsherum im Raum. Ihre neuen EWK-Gewehre waren entsichert und einsatzbereit.

Die Albinos schauten desinteressiert auf, als die Gruppe den Raum betrat. Es roch sehr fremdartig in dem Raum.

»Haben sie ihre Meinung geändert? «, fragte Major Travis höflich. » Möchten sie uns jetzt etwas mitteilen? «

Einer der Albinos antwortete kurz.
»Nein, wir habe nichts zu sagen«, teilte er mit.

Heinze trat vor und versuchte die Gedanken der drei Albinos zu erfassen. Nach kurzer Zeit schaute er Major Travis an.

»Es wäre gut, wenn einer der Marines die Albinos mit einem Narkose-Strahler bestreichen würde«, teilte er mit. »Sie haben einen Sperrblock um ihr Gedächtnis aufgebaut. Vermutlich verursacht dieser große Anstrengungen. Bitte die Narkose-Strahler nur in der kleinsten Einstellung verwenden. Das hilft mir, die Willenskraft ihrer Bemühungen zu schwächen. «

Major Travis nickte und gab den entsprechenden Befehl an den Leutnant der Marines weiter. Der zog seinen Strahler aus dem Sicherheits-Halfter. Er stellte ihn kurz auf den Narkose-Impuls ein und schoss aufsitzenden Gefangenen. Die Redaktion stellte sich sofort ein. Die umherstehenden Personen bemerkten, dass sich die Reaktionen der Gefangenen verlangsamten. Die Wirkung vertiefte sich nach 1 Minute Wartezeit.

»Es sollte gewirkt haben«, bemerkte Heinze. »Lassen sie ein Aufnahme-Gerät mitlaufen, so dass wir keine Antworten verlieren. «

Er stellte er sich vor den drei Gefangenen hin und grub seine Sinne tief in die Köpfe der Albinos ein. Sein Geist machte sich auf die Suche nach Spuren, die Tarid und Natrid betrafen.

»Ihr Abwehrriegel ist schwach geworden«, flüsterte Heinze. »Er stellt kein Problem mehr für mich dar. Ich spüre Hass und Unbehagen in ihren Köpfen. Ich werde während meiner Sondierung sprechen. Ich teile alle Empfindungen mit, auf die ich stoße. «

Die Stirn von Heinze legte sich in Falten.
»Alles das, was Natrid betrifft wird abgelehnt, gehasst und als schlecht betitelt«, teilte Heinze mit. «

Instinktiv verzerrten die drei Albinos ihre Gesichter.
»Um an weitere Informationen zu gelangen, muss ich in die Tiefe ihres Gehirns eindringen«, teilte der Ro mit. »In die Tiefe gehen, bedeutet Schmerz für die Gefangenen. Es wird hier nicht anders gehen. Sie sträuben sich vehement. Ich umgehe den Blockade-Block. «

»Sie leben in einer Dunkel-Wolke«, teilte Heinze mit.
»Hier haben sich versteckt und sich dort eingerichtet. Über die vielen Jahrtausende wurden von ihnen alle 27 bewohnbare Planeten der Wolke besiedelt und urbanisiert. Eine große Raumschiff-Produktion konnte aufgebaut werden. Der Handel fing an zu florieren. Sie haben sich abgeschottet und ihrer heilen Dunkelwolke verschlossen. Im großen Krieg halfen sie nicht, reagierten nicht auf die Hilferufe anderer Rassen. Es ließ sie kalt, sie blieben weiter versteckt in ihrer dunklen Wolke und verschlossen die Eingänge viele Tausend Jahre lang. Nur wenigen Flüchtlingen wurde der Einflug gestattet.

Jetzt ist eine neue Generation von Albinos herangewachsen. Sie vertreten die Meinung, dass nicht mehr genügend Platz zur Ausdehnung vorhanden sei. Sie wollen expandieren. Dafür müssen sie in das Imperium der Natrader vordringen. Seit dieses Imperium nicht mehr aktiv war, vergrößerte sich ihr Verlangen nach Rohstoff-Planeten oder Asteroiden des kaiserlichen Imperiums, die sie für die eigene Bedarfs-Deckung akquirieren wollten. Jetzt aber ändern sich die Zeiten wieder. Das alte Imperium erwacht zu neuem Leben. Die Laborwesen der Natrader, ansonsten auf dem dritten Planeten des Sol-Systems ansässig, strömen in den Weltraum vor. Dies ist ein Albtraum für die Najekesio. Das Dilemma wurde größer, als die Terraner offiziell als Nachfolge-Rasse der Natrader, von der großen Natrid-Hypertronic-KI, anerkannt wurden. «

Heinze ließ seine Worte von den Zuhörern aufnehmen. Nur wenige Sekunden verstrichen. Dann fuhr er fort.

»Die Albinos waren eine alte Splittergruppe natradischer Abstammung«, teilte er mit. »Man hatte sie als Missgeburten vertrieben. Trotzdem stammten sie von dem Geschlecht der Natradern ab. Viele Jahrtausende hatten sie ein neues ihr eigenes Sternen-System aufgebaut. Es genügte ihnen, in den vielen Jahrtausenden immer wieder Verbesserungen und eine Optimierung des Lebens herbeizuführen. Der Hass auf die alte Heimat ist jedoch immer geblieben. Er wurde unterdrückt, aber er ist noch da. Sie gaben sich den Namen Najekesio, um eine vollständige Abtrennung zu dem natradischen Geschlecht zu vollziehen. Irgendwann wollten sie wissen, was sich in dem Universum um sie herum alles abspielte. Sie schickten Spione aus, die sich über alle Planeten des ehemaligen natradischen Reiches verteilten und wichtige Informationen sammelten. Diese konnten im Bedarfsfall sofort an ihre zentrale Stelle, in der Dunkel-Wolke, weitergegeben werden. Selbst die Erde wurde infiltriert, um der Regierung der Najekesio gewünschte Informationen zu beschaffen. Terra wurde zu dem damaligen Zeitpunkt, nicht als akute Gefahr angesehen. Die Bewohner dieses Planeten verfügten nicht über eine flugfähige Hyperraum-Flotte. «

Heinze blickte die Zuhörer an. Dann fuhr er fort.
»Die Najekesio halten es nicht für besonders wünschenswert, sich eine eigene große Kampf-Flotte aufzubauen. Sie besitzen Raumschiffe, die Überlicht-Geschwindigkeit erreichen können, jedoch nur zu ihrem eigenen Zweck. Sie wollten keine Kriege mehr gegen andere Völker führen. In der Dunkel-Wolke fühlten sie sich sicher und konnten den Eingang bei Bedarf verschließen. Nur durch Zufall kann dieser gefunden werden. Denn es gibt nur zwei hiervon. Falls ein fremdes Raumschiff es versuchen sollte, im normalen Flug in die Dunkel-Wolke einzufliegen, würden innerhalb weniger Sekunden alle elektronischen Geräte versagen. Ab diesem Zeitpunkt wäre eine Kollision des Schiffes mit den Asteroiden in der Dunkel-Wolke nur eine Frage der Zeit. Die automatischen Abwehr-Anlagen der Najekesio würden sich aktivieren und die eindringenden Schiffe sofort vernichten. Nur durch spezielle Navigations-

Module ist der gefahrlose Einflug in die Dunkel-Wolke möglich. «

Heinze grub tiefer in dem Gedächtnis der Gefangenen. »Unsere Gefangenen stehen mit anderen Najekesio-Offizieren vor der Regierung der Dunkel-Wolke«, teilte er mit. »Diese äußert sich aufgebracht. Ich gebe den Wortlaut wieder. «

.

Ein kurzer Moment verstrich.
»Wir sind die echten Nachkommen der Natrader«, übermittelte Heinze. »Den Aufbau eines neuen natradischen Imperiums durch die Nachkommen von Tarid müssen wir stoppen. Wir wollen und können uns nicht in eine neue Abhängigkeit begeben. Vereiteln wir das Vorhaben. Bieten wir der alten Programmierung von Admiral Tarin Einhalt. Handeln wir, bevor die Terraner zu stark werden. Sabotieren wir den terranischen Rohstoff- und Förderplanet Eris. Als Zweites nehmen wir mit den Piraten Kontakt auf und rüsten sie auf. Wir lassen sie für uns die Schmutzarbeit übernehmen. Die Piraten werden von uns angestiftet, einen Angriff auf Tarid und Natrid zu fliegen. Unser Agent, den wir vor Ort eingeschleust haben, teilte uns mit, dass die Piraten derzeit über mehr als 30.000 Schiffe verfügen. Nehmen wir mit ihnen Kontakt auf. Unsere eigene Flotte wird massiv verstärkt. Langfristig werden wir einen Angriff auf Natrid planen. «

Heinze trat etwas zurück. Die Beobachter wirkten geschockt. Major Travis blickte Noel an.

»Von dieser Geschichte haben sie uns bisher noch nichts mitgeteilt«, sagte er. » Wann wollten sie das denn machen? «

Noel konnte bekanntlich keine Regungen zeigen.
»Die Aussagen sind richtig«, antwortete er. »Die Albinos gelten Teil einer dunklen Geschichte von Natrid. Sie wurden lange Zeit wegen ihrer hellen Haut als Missgeburten bezeichnet. Anfänglich kämpften sie dagegen an, jedoch ohne einen großen Erfolg. Dann endlich fassten sie den Entschluss, Natrid für immer zu verlassen. Nicht zuletzt auch durch Spenden öffentlicher und privater Gesellschaften finanziert, gelang es ihnen Raumschiffe zu kaufen und sich selbst zu einem fremden Ort zu deportieren. Sie verließen Natrid ohne den Wunsch nach Wiederkehr. Der Staatsschutz des kaiserlichen Imperiums verfolgte zunächst ihren Flug, ließ sie aber nach einer positiven Abstimmung des Parlamentes ziehen. «»Also bleiben die Gedanken, dass die Albinus sich einen abgrundtiefen Hass, gegen alles was Natradisch ist, angeeignet haben«, bestätigte Sirin. » Lieber würden sie im Kampf sterben, bevor sie noch einmal eine Beziehung mit dem natradischen Imperium eingehen würden. «

Noel nickte bedächtig.
»Das wird wohl so sein«, antwortete er.

»Ich stoße auf die neueren Gedanken«, flüsterte Heinze. Die Zuhörer blickten ihn an.

»Die Najekesio haben Transport-Schiffe zu den Piraten gesandt«, teilte er mit. »Sie übergeben ihnen gerade 30.000 neue Hochleistungs-Phasen-Kanonen. Angeblich ist es mit diesen Geschützen möglich, die Schutzschirme unserer Schiffe zu kollabieren zu bringen. Hierfür sorgt das erste Geschoss. Die anschließen Laser-Strahlen durchdringen die Natrid-Stahlwände unserer Schiffe und dringen bis zu den Reaktoren vor. Sie stiften die Piraten an, einen Angriff gegen das Neue-Imperium zu führen. Die Schmach auf Eris hat den Ausschlag gegeben. Jetzt sollen Vergeltungs-Aktionen folgen. «

Major Travis trat vor.
»Die Najekesio wissen noch nicht, dass wir unsere Schiffe mit den lantranischen Super-Schutzschirmen nachgerüstet haben«, erklärte er. »Sie werden eine herbe Enttäuschung erleben. «

Er blickte die Zuhörer an. Dann senkte sich sein Blick wieder auf Heine.

»Wann sollen die 30.000 Laser-Geschütze übergeben werden? «, fragte er nach.

Heinze bohrte tiefer. Sein Geist drang in die Erinnerungen der drei Albinos vor. Sie wehrten sich nicht mehr. Die Narkose-Strahlen hatte ihre Wahrnehmung abgeschaltet. Da waren die Informationen endlich. Heinze hatte sein Ziel erreicht.

»Sieben Transport-Schiffe der Albinus sind mit den 30.000 Phasen-Kanonen an Bord bereits vor vier Tagen in Richtung der Piraten-Enklave gestartet«, antwortete er.

Heinze versuchte noch etwas mehr herauszubekommen, doch die Gefangenen wussten nichts mehr. Heinze ließ von Ihnen ab. Er schaute Major Travis an.

»Sie haben alles mitbekommen? «, erkundigte er sich.
Major Travis nickte, war jedoch noch in Gedanken versunken.

»Warum haben sie die Albinos nicht früher erwähnt? «, fragte er Noel.

Dieser senkte den Kopf.
»Es ist eine der dunklen Geschichten von Natrid«, antwortete der Klon. »Ich habe dies bereits einmal erwähnt. Dass die Rasse der Albinos so sehr vom Hass zerfressen ist, wusste ich auch nicht. Wir werden sofort reagieren müssen. «

»Die Heimat-Verteidigung darf nicht geschwächt werden«, sagte General Poison.

»Das wird nicht nötig sein«, antwortete Major Travis. »Wir haben bereits viele Schiffe mit der Hyper-Space-Kanone ausgestattet, ferner die neuen Schutz-Schirme auf allen Schiffen eingebaut. Das wissen weder die Albinus noch die Piraten. «

»Was raten sie uns? «, fragte General Poison.

»Ich denke wieder an das Sprichwort, der Angriff ist die beste Verteidigung«, erwiderte Major Travis. »Wir sollten die Piraten direkt in ihrem Heimat-System abfangen. Ohne dass sie eine Möglichkeit haben, ins Sol-System zu springen. Wir halten die Albinos in Schach und positionieren eine Abfang-Flotte vor ihrer Dunkel-Wolke. Heinze wird uns noch die genauen Koordinaten des Piraten-Systems herausfiltern. «

»Gute Idee, so machen wir es«, antwortete General Poison.

Noel nickte zustimmend.

»Jeder hat seine Aufgabe, an die Arbeit«, sagte er.

***

Aritron schaute Heran tief in die Augen.

»Da du so aktiv geworden bist, glaube ich fest daran, dass du die Terraner in die richtige Richtung zu lenken kannst. Sie planen, die Piraten direkt in ihrem Heimat-System aufzuhalten. Den Albinus hingegen werden sie den Ausflug aus ihrer Dunkel-Wolke verwehren. Unterstütze sie bei diesem Vorhaben mit einem Wurmloch. Diese Technologie beherrschen sie derzeit noch nicht, um schnell große Entfernungen zu überbrücken. Lasse sie das Problem mit den Albinos ein für alle Mal klären, ebenso die Piraten in die Schranken zu weisen. Zukünftig arbeiten wir alle in der Milchstraße zusammen. Rassen-Konflikte werden nicht mehr geduldet. Ich gebe dir weiterhin technische Zeichnungen und Baupläne mit, wie die Terraner die Laser-Werfer ihrer Waffentürme noch verstärken können. Hiermit kannst du ihnen sicherlich eine Freude bereiten. «

Aritron lachte.
»Auch im Hinblick auf die bevorstehende Konfrontation mit den Worgass«, sollten sie schnell mit den Modifikationen beginnen. «

Heran nahm den Speicherkristall von Aritron entgegen.
»Mache dich auf den Weg und verliere keine Zeit«, ergänzte Aritron.

Heran beugte sich tief vor und machte mit dem Arm eine ausschweifende Bewegung.
»Vielen Dank«, antwortete er.

Schnell drehte er sich um und schritt zur Tür hinaus. Das Gremium der Hohen-Empore blickte ihm kopfschüttelnd nach.

Sein neues Evolutions-Schiff wartete bereits, gewartet, und ausgestattet mit Energie- und Versorgungsgütern.

»Einer längeren Exkursion steht nichts mehr im Wege«, dachte er.

Heran nahm in seinen bequemen Kommando-Sessel Platz. Er warf die Antriebe an und hob geräuschlos von dem großen Raumflughafen von Centros-City ab. Ein kurzer Hyper-Sprung genügte, um aus dem riesigen schwarzen Loch der Milchstraße herauszuspringen. Reale Sterne zeigten an, das Heran wieder in seiner geliebten Milchstraße war. Der Kurs zur Erde war bekannt. Heran hatte ein Gefühl, dass er diese Koordinaten noch öfter benötigen würde, als ihm lieb war. Vorsorglich hatte er die Sprungdaten in seinem Navigations-Computer gespeichert.

»Ich hatte es immer im Gefühl«, dachte er.
»Aus den Menschen wird einmal etwas ganz Großes. Dank der natradischen Artefakte kann das jetzt noch schneller passieren, als ursprünglich von uns erwartet. «

Heran hatte ein Wurmloch zur Erde programmiert und drückte den Bestätigungsknopf. Sofort öffnete sich vor ihm ein entsprechend großer Tunnel. Die Hypertronic-KI bestätigte den erfolgreichen Einflug und die Stabilität der Verbindung. Automatisch nahm das Evolutions-Schiff Geschwindigkeit auf und flog durch das Wurmloch.

***

Major Travis saß in seinem Büro, im zentralen Komplex des großen Verwaltungs-Turms der alten Natridstadt Tattarr, als General Poison eintrat
.

»Hallo Major, kommen sie voran? «, fragte er.
Major Travis stand auf und salutierte.

»Bleiben sie sitzen, Junge«, antwortete der General fast väterlich. »Wir sind unter uns. Wie gehen wir vor? «

»Ich beantrage folgende Schiffe, um den Plan auszuführen«, erwiderte Major Travis. »Wir wissen, dass die Piraten mindestens 30.000 Schiffe ausrüsten müssen, Diese dürfen erst gar nicht von dem Planeten aufsteigen. Dafür sorgen wir. Entsprechend möchte ich 500 Schiffe der Kaiser-Klasse als große Abwehr-Forts mitnehmen. Verstärkt werden diese Schiffe um 2.000 Einheiten der Königs-Klasse. Hinzu erbitte ich 2.000 Schiffe der Lord-Klasse und 1.000 Angriffs-Kreuzer der Naada-Klasse.

Hiermit halten wir die Schiffe der Piraten direkt am Boden. Wir wissen, dass die Albinos nicht direkt mit eigenen Schiffen in den Kampf einsteigen möchten. Leider verfügen wir über keine Informationen, wie viele Schiffe sie überhaupt besitzen. Was wir aber wissen, es gibt nur zwei Ausgänge aus der Dunkel-Wolke. Diese werden wir belagern und schließen. Für die Zeit unserer Operationen bitten wir sie, von Flügen aus der Dunkel-Wolke heraus abzusehen. Bei Zuwiderhandlungen eröffnen wir das Feuer. Ich denke, wir haben genug Anlass ärgerlich zu sein. Besonders nach den Aktionen, der Albinos auf unseren Erz-Planeten Eris. Wie Heinze uns mitteilte, ist der Durchgang der dunklen Wolke sehr eng. Es ist nur möglich, Schiff nach Schiff hintereinander aus dem Ausgang zu fliegen. Hier reichen also wenige Schiffe aus, um diesen Weg zu versperren. Zu diesem Zweck stelle ich 200 Schiffe der Kaiser-Klasse ab, unterstützt von 500 Schiffen der Königs-Klasse und 200 Schiffe der Naada-

Klasse. Diese sollten reichen, um die Albinos in ihrer Dunkelwolke festzuhalten. «

»Reichen denn die restlichen Schiffe aus, um die Piraten am Boden zu halten? «, fragte General Poison.

»Ich denke schon«, antwortete Major Travis.
Er unterbrach die Fortführung seiner Gedanken.

Alarm-Sirenen heulten plötzlich in allen Korridoren und Fluren des zentralen Kommando-Gebäudes auf.

»Was ist jetzt wieder los? «, fragte General Poison.
Der General schritt auf Major Travis zu und nahm dessen Communicator von dem Schreibtisch. Er aktivierte das Gerät und stellte es auf laut.

»Hier ist General Poison, was ist der Grund des Alarms? «, sprach er aufgebracht in das Gerät.

»Hier spricht die Einsatzleitung«, tönte es aus dem Gerät. »Nahe der Natrid-Umlaufbahn ist ein unbekanntes Raumschiff materialisiert. Die Öffnung eines Wurmloch-Knotens wurde ebenfalls festgestellt. «

»Was macht das Raumschiff? «, fragte General Poison.

»Es wartet auf seiner Position«, antwortete die Einsatzleitung.

»Sonst macht es nichts? «, erkundigte sich Major Travis.

»Nein«, bestätigte die Leitstelle. »Die Waffentürme sind gesenkt, die Antriebe wurden ausgeschaltet. Unsere schnellen Kampf-Verbände sind bereits auf Abfangkurs gegangen.

»Funken sie es doch einfach einmal an«, empfahl Major Travis. »Es gibt nicht nur Schurken im All. «

»Wir haben alle Sicherheitsbestimmungen durchgeführt, wie es die Vorschriften verlangen«, kam die Antwort zurück.

»Haben wir zwischenzeitlich Bilder vorliegen? «, erkundigte sich der Major.

»Haben wir, kommen gerade herein«, antwortete der Offizier der Leitstelle. »Ich leite sie zu ihnen hinüber.«

General Poison und Major Travis blickten auf den Monitor.

»Es ist das Evolutions-Schiff von Heran«, sagte der Major.

Er griff nach seinem Communicator.
»Hier spricht Major Travis«, sprach er in sein Gerät. »Öffnen sie mir einen Kanal zu dem Schiff und legen sie die Verbindung auf meine Leitung. «

»Sie können sprechen, die Leitung ist offen«, erwiderte die Leitstelle.

»Hier spricht Major Travis, Oberbefehlshaber der vereinigten Streitkräfte des Neuen-Imperiums. Ich rufe das lantranische Schiff. Heran, bitte melde dich. «

Es knisterte in der Leitung.
»Hier spricht Heran«, tönte es aus der Leitung. »Hallo Herr Major. »Ich bin mal wieder in der Gegend. Darf ich sie zu einem kurzen Gespräch aufsuchen? «

»Das ist eigentlich sehr ungünstig, weil wir gerade in Streitigkeiten mit Piraten liegen und wenig Zeit haben«, antwortete Major Travis.

»Deswegen bin ich hier«, erwiderte Heran. »Wenn mich ihre Schiffe durchlassen, dann kann ich ihnen mehr mitteilen. «

»Ich sorge dafür« entgegnete der Major. »Landen sie auf Plattform sieben. Ein Gleiter eskortiert sie. «

»Ich danke für die Einladung«, antwortete Heran. »Wir sehen uns gleich. «

General Poison blickte den Major an und schüttelte seinen Kopf. Ehe der Vorgesetzte etwas sagen konnte, verließ Major Travis das Büro.

Er empfing seinen Besuch in dem Hangar, auf der Landeplattform Sieben.

»Heran, ich freue mich auf sie wieder zu sehen«, sagte Major Travis. »Was verschafft mir die Ehre ihres Besuches? «

»Es ist dicke Luft im Universum«, antwortete der Lantraner. »Ich wollte ihnen unsere Dienste anbieten, weil ich genau weiß, dass sie eine Offensive starten werden. «

Major Travis zog seine Augenbraue hoch.
»Woher wissen sie das schon wieder? «, lächelte er.

»Unsere Augen und Ohren sind allgegenwärtig«, antwortete Heran. » Wir verfügen über die technischen Möglichkeiten hierfür. «

»Folgen sie mir bitte in den Konferenzsaal«, sagte Major Travis. »Wir besprechen das mit General Poison und Noel.«

Eiligen Schrittes durchquerten sie Hallen, Korridore, Flure und kamen endlich am zentralen Lift an, der sie in die 75. Etage des Verwaltungs-Hochhauses des Neuen-Imperiums beförderte. Hier waren sehr viele Konferenz-Räume zu finden. Von einem Raum stand die Türe bereits sperrangelweit offen. General Poison und Noel saßen an einem der großen Tische. Sie erhoben sich höflich, als Major Travis und Heran eintraten.

»Ich darf ihnen Heran vorstellen«, sagte der Major. »Heran ist ein Lantraner und Angehöriger einer der ältesten Rassen des Universums. Er wird immer mehr zu einem wichtigen Verbündeten. Er und sein Volk möchten sie wieder intensiver im die Belange der Milchstraße kümmern. Sie sehen sehr viel, werden uns als junge Rasse aber natürlich nur das Nötigste mitteilen, um so die technische Balance zwischen den Völkern nicht zu gefährden. «

Heran musterte General Poison und Noel sehr genau.

»Sie sind ein Klon aus natradischer Produktion?«, erkundigte er sich bei Noel. » Sie übergeben die Hinterlassenschaften von Natrid an die Terraner. «

Noel antwortete nicht hierauf und blickte ihn durchdringend an.

»Die Gefahr wird ernst, die Albinos haben bereits neue Waffen zu den Piraten gebracht«, teilte Heran mit. »Es ist jederzeit mit einem Angriff zu rechnen. «

»Schön, das wissen wir bereits alles«, antwortete Major Travis.

»Dann kann ich mir die Erläuterungen sparen«, ergänzte Heran. »Wir Lantraner haben beschlossen, ihnen zu helfen. «

»Wie könnte die Hilfe aussehen? «, fragte Major Travis.

Heran kramte in der Tasche seiner silberfarbenen Uniform.

»Ich habe hier einen Sprecher-Kristall, auf denen wir die Modifizierung ihrer Laserwerfer skizziert haben«, lächelte er. »Sämtliche Konstruktions- und Bauzeichnungen finden sind auch enthalten. Mit diesen Daten können sie innerhalb kürzester Zeit die Feuerkraft ihrer Geschütze neu konfigurieren und um das Fünffache verstärken. «

»Wie hilft uns das im Moment? «, fragte General Poison. »Gar nicht«, antwortete Heran und schaute General Poison komisch von der Seite an.

»Dafür werde ich ihnen aber einige Wurmlöcher öffnen, die ihre Schiffe ohne Verzögerung an ihre Zielorte bringen werden. So wie ich informiert bin, ist das die Dunkelwolke der Najekesio und das Heimat-System der Piraten.«

Er blickte die Zuhörer an.

General Poison staunte.
»Zuerst bringe ich sie zu der Dunkelwolke«, sagte Heran. »Sie können dort ohne Zeitverlust ihre Flotte stationieren. Wenn das erfolgt ist, programmiere ich ein zweites Wurmloch, durch das sie ihre Hauptflotte zu der Enklave der Piraten fliegen können. Hierdurch gelingt es ihnen, ihre Schiffe rechtzeitig in Stellung bringen, bevor die Piraten-Schiffe von ihren Basen aufsteigen. «

»Woher wissen sie das alles«, fragte der General. « Die Informationen wurden von uns als geheim eingestuft. «

Heran, Major Travis und Noel blickten ihn an.

Dann ging der Major wieder auf den Lantraner ein.
»Danke für ihre Hilfe«, sagte er. »Wir nehmen diese gerne an. Wann können wir los? «

»Sofort«, antwortete Heran. »Die Zeit eilt, oder möchten sie 30.000 unkontrollierte Piraten-Schiffe in ihr Heimat-System einfliegen sehen, Herr General? «

»Sie haben einen vorrangigen Startbefehl, erwiderte dieser grimmig.

Heran nickte und legte dabei ein unschuldiges Gesicht auf.

»Ich übernehme ab sofort das Kommando«, sagte Major Travis.

Er griff nach seinem Communicator.
»Hier spricht Major Travis, Ober-Befehlshaber der Terranischen-Natradischen Streitkräfte. Ich ordne den Alarmstart der schnellen Kampfverbände an, Alpha-Order. Alle eingeteilten Schiffe, die zu der Expedition Albino/Pirat gehören, machen sich unverzüglich startklar. Die Besatzungen begeben sich unverzüglich auf ihre Schiffe. Ich befehle den sofortigen Start und ihrer Schiffe in die wartenden Formation im Orbit von Natrid. Die

Befehlsführung obliegt einzig und allein der Termar 1. Bestätigen sie bitte umgehend meine Befehle.«

Major Travis gab Heran die Hand.
»Ich danke ihnen nochmals, dass sie uns helfen«, sagte er.

»Wir Lantraner werden uns für unsere Milchstraße verstärkt einsetzen «, antwortete Heran.

»Wo kommen wir heraus? «, fragte der Major.
»Ich werde ihnen zuerst ein schönes Wurmloch direkt an die dunkelbraune Wolke der Albinus programmieren. Hier können sie die ersten Schiffe ihrer Flotte absetzen, die wie ich mitbekommen habe, diese Wolke bewachen sollen. Danach werde ich ein zweites Wurmloch programmieren, das uns direkt über dem Verwaltungs-Planeten Kiras der Piraten herauskommen lässt. Sie werden sicherlich einen Schock bekommen und versuchen ihre Schiffe zu starten. Sie sollten jedoch vorher mit den Piraten zu reden, um sie davon abzuhalten. Jedes gestartete Schiff bedeutet auch, in eine Abwehr-Aktion treten zu müssen. «

»Die Aufgaben sind verteilt. Hoffen wir auf ein gutes Gelingen«, antwortete Major Travis.

Heran wurde von zwei Leuten des Service-Personals zu dem Hangar und zu seinem Schiff begleitet.

Der Major blickte seinen Vorgesetzten an.

»General Poison, sie kümmern sie um die mögliche Heimat-Verteidigung«, sagte Major Travis. »Es stehen ihnen genügend Schiffe zur Verfügung. Beziehen sie auch unsere Kampf-Stationen mit ein. Sie sind selbständiges Arbeiten gewohnt. «

»Meinen sie, dass wir mit Angriffen rechnen müssen? «, fragte General Poison.

Major Travis schüttelte den Kopf.
»Ich glaube es nicht, aber trotzdem schadet es nichts, vorsichtig zu sein. Ich hoffe sehr, dass wir alle Schiffe der Piraten am Boden antreffen. Durch das Wurmloch von Heran gewinnen wir viel Zeit. Geben sie uns eine Meldung, wenn wir zurückkommen sollen, weil hier vor Ort der Himmel brennt. «

»Das mache ich«, antwortete, General Poison. »Ich wünsche ihnen viel Erfolg. «

»Ich schließe mich an«, sagte Noel. »Ich denke einmal, dass es keine Probleme geben wird. Viel Erfolg und kommen sie gesund zurück. In der Zwischenzeit werden sich Marin und Gareck um den Speicher-Kristall mit den technischen Daten der modifizierten Laser-Geschütze kümmern. «

Major Travis war auf der Brücke der Termar 1 angekommen. Er schaute Commander Brenzby an. »Sind wir startbereit? «, fragte er.

Der Commander lächelte.

»Natürlich, Herr Major«, antwortete dieser.

»Starten sie, Commander, die anderen Schiffe warten bereits«, erwiderte der Major.

Langsam hob die Termar 1 von der Lande-Plattform ab und nahm Kurs auf die Natrid Umlaufbahn. Hier war das Rendezvous mit der Flotte vorgesehen. Für alle Beteiligten der Brückencrew war es ein beeindruckender Moment, als die Bildschirme die große Armada der Flotte des Neuen-Imperiums erfasste. Commander Brenzby ließ die Termar 1 direkt an die Spitze der Flotten-Formation fliegen.

»Wir bleiben etwas hinten dem Schiff des Lantraners zurück«, befahl Major Travis. »Er ist ja allwissend. Heran wird sicherlich schon registrieren, dass wir eingetroffen sind.

Er blickte seinen Funk-Offizier an.

»Öffnen sie einen Kanal zu Flotte«, Sergeant Farmer«, befahl er.

»Die Leitung steht bereits«, antwortete dieser sofort.

»Hier spricht Major Travis«, sprach er in seinen Communicator. »Wir stehen vor unserer zweiten großen Aufgabe. Alle wichtigen Einsatzbefehle liegen ihnen vor. Unsere Aufgabe besteht darin, die beiden Ausgänge aus der Dunkel-Wolke der Albinos zu sperren. Wir lassen keine Schiffe der Albino-Flotte passieren. Die schweren Kampfeinheiten der Kaiser-Klasse richten die Waffen-Türme ihrer Steuerbordseite auf die Koordinaten des Ausganges. Falls trotz unserer Warnungen Schiffe den Korridor benutzen möchten, machen wir ohne weitere Warnungen von unseren Waffen Gebrauch. Die Najekesio haben uns auch nicht über ihre Sabotage-Aktion auf Eris informiert. Die Leitung dieser Aktion obliegt der Termar 8 unter Commander Benfort. Der Hauptteil der Flotte fliegt weiter, durch das geöffnete Wurmloch, zu dem Heimatplaneten der Piraten. Wir werden versuchen, von ihnen eine Kapitulation zu erhalten. Falls die Piraten ablehnen sollten und lieber den Kampf aufnehmen möchten, versuchen wir die startenden Schiffe bereits am Boden, oder in der Startphase zu beschädigen. Vorrangig sind die Antriebe und die Waffentürme auszuschalten. Falls dies nicht gelingt und die Piraten-Schiffe starten können, wenden sie in 5er Gruppen den Manöver-Schlüssel MT-134 A an. Schalten sie die gegnerischen Schiffe aus, ohne Verluste für uns selbst aus. Major Travis, Ende. «

Er zeigte auf Sergeant Farmer.
»Bitte stellen sie mir eine Verbindung zu Heran her. «

»Verstanden kam die Antwort, wird eingeklinkt«, teilte der Funk-Offizier mit.

»Hier spricht Major Travis«, sprach er in den Communicator. »Ich rufe Heran. Wir sind hier fertig und können fliegen. Ich übergebe an sie. «

»Hier spricht Heran«, antwortete der Lantraner. »Ich habe verstanden und öffne jetzt das Wurmloch zu der Dunkelwolke der Albinos. Lassen sie ihre Schiffe unverzüglich folgen. Das Wurmloch schließt sich automatisch, wenn keine Aktivitäten mehr erfolgen. Heran Ende. «

Es vergingen keine 10 Sekunden, da öffnete sich vor ihnen ein großes bläulich schimmerndes Wurmloch. Der Aufriss im Normalraum verhielt sich stabil und kontrolliert. Das Schiff von Heran nahm Fahrt auf und flog auf das Loch zu.

»Fliegen sie hinterher«, bat Major Travis seinem Steuermann zu.

Die Flotte setzte sich in Bewegung. Nach und nach verschwanden die Schiffe in dem Wurmloch, als wäre es sie bereits die Normalität. Nach dem letzten Schiff sackte die Öffnung des Wurmloches wieder in sich zusammen. Der Eingang existierte nicht mehr. Nichts deutete darauf hin, dass hier soeben eine große Flotten-Armada durchgeflogen war. Es vergingen nur Sekunden, da erhellte wieder das Sternenlicht die Monitore der Termar 1.

»Wir sind bereits durch«, teilte Commander Brenzby mit.

Vor ihnen lag die dunkle Wolke der Albinos.

»Die Passage war exakt berechnet«, sagte Ortungs-Offizier Dantow. »Die Lantraner haben die Wurmlöcher gezähmt. «

Die Schiffe, die zur zweiten Aufgabe weiterfliegen sollten, bogen rechts ab und sammelten sich an einer etwas entfernten Position. Dort wartete auch das Schiff von Heran auf die seine Begleitung.

»Hier spricht Commander Benfort von den Streifkräften des Neuen-Imperiums «, hallte es aus den Lautsprechern. »Wir rufen die Verwaltung der Najekesio. Antworten sie. Wir rufen die Raum-Überwachung der Najekesio. Bitte melden sie sich. Ihre Machenschaften sind uns bekannt. Wir haben diese als Angriff auf unsere Hemisphäre gewertet. Die Flotte des Neuen-Imperiums ist hier, um eine Entschuldigung von ihnen zu erhalten. Eine Duldung ihrer Vorgehensweise wird von uns nicht mehr akzeptiert. Wir kennen auch ihre neue Planung. Die Gefangenen ihres Volkes, die bei uns um Gast-Freundschaft gebeten haben, konnten uns von ihren weiteren Plänen berichten. Der geplante Angriff auf das Neue-Imperium wird ihnen nicht gelingen.

Senden sie uns eine Verhandlungs-Delegation, um ihre Kapitulation zu besprechen. Versuchen sie keine weiteren Angriffe. Wir werden sie daran hindern ihre Dunkel-Wolke zu verlassen, solange unsere Operation in der

Piraten-Enklave läuft. Verstehen sie sich als belagert. Falls sie eine weitere Eskalation wünschen, werden wir auch in ihre Dunkel-Wolke einfliegen und uns über ihren Planeten zum Kampf stellen. Auch wir verfügen über neue Waffen, deren Feuerkraft sie sich nicht vorstellen können. Verzichten sie auf eine große Zahl von Verlusten und vermeiden sie ihr Opfer unter ihrer Zivilbevölkerung. Hier spricht Commander Benfort, Leiterin der Operation Dunkel-Wolke. Weitere Gespräche erfolgen nicht. «

»Hier ist Major Travis«, sprach er in seinen Communicator. »Ich rufe die Termar 8. So wie es aussieht, werden sie hier allein fertig, Commander Benfort. Halten sie sich an den Pan. Wir fliegen weiter zu der Piraten-Enklave. Viel Erfolg. «

»Danke, ihnen auch viel Erfolg«, kam die Antwort zurück.

Heran öffnete das zweite Wurmloch und flog hinein. Die Termar 1 und die Flotte folgten dem Schiff des Lantraners in einem kurzen Abstand. Der Flug dauerte wieder nur Sekunden, bis sie die Piraten-Enklave erreicht hatten. Genau über der Haupt-Welt der Piraten öffnete sich das Wurmloch und gab den Ausgang in den Normalraum preis. In geordneter Formation flogen die Schiffe aus dem Wurmloch heraus und nahmen Abwehrstellungen rund um den Planeten ein. Keine Patrouillen-Schiffe der Piraten waren in dem näheren Umkreis festzustellen. Heran hatte wieder eine exakte Programmierung des Wurmloches hinbekommen. Der grünblau leuchtende Heimat-Planet der Piraten lag unter ihnen.

»Feinortung«, befahl Major Travis.

Das Bild auf den Monitoren schärfte sich. Der Planet wies hunderte von Raumhäfen auf. Produktions-Hallen und Fertigungsbereiche schlossen hieran an. Dann sahen die Offiziere die Raumschiffe. Hunderte von Schiffen waren dicht nebeneinander geparkt und wurden von Robotern und Lagerarbeitern bestückt.

»Dank Heran haben wir Glück«, sagte Major Travis. »Die Schiffe sind alle noch am Boden. Das können wir Heran gar nicht wieder gutmachen. Sie sind noch damit beschäftigt, die neue Technik einzubauen und Versorgungsgüter zu laden. Sie haben noch keinen Angriffsbefehl erhalten. Commander Brenzby instruieren sie die Flotte, dass wir keine Schiffe aufsteigen lassen. Unsere Schiffe sollen sich entsprechend verteilen und die möglicherweise aufsteigenden Piraten-Schiffe abschießen. Vorrangig sind die Antriebe und die Waffentürme zu eliminieren. Sergeant Farmer geben sie mir bitte einen externen Kanal zur Piraten-Verwaltung. «

»Die Leitung steht«, antwortete dieser sofort.
»Hier spricht, Major Travis, Oberbefehlshaber der Terranischen-Natradischen Streitkräfte und Hüter der Hinterlassenschaften von Natrid. Ich fordere ihre Kapitulation. Wir wissen von ihrem geplanten Angriff auf das Neue-Imperium, werden dieses aber zu verhindern wissen. Lassen sie sämtliche Schiffe am Boden, ansonsten werden wir sie vernichten. Wir sehen uns auch in der

Lage, alle ihre militärischen Anlagen auszuschalten. Lassen sie Vernunft walten und hören sie auf uns. «

Major Travis ließ eine kurze Pause vergehen.
»Ihr Befehlshaber Reco Kuriato hat uns sämtliche Einzelheiten im Verhör gestanden«, fuhr er fort »Wir wissen, was sie vorhaben, leugnen sie es nicht. Kapitulieren sie und ergeben sie sich. Major Travis, Oberbefehlshaber der schnellen Kampfverbände, Ende der Übertragung. «

Eine kurze Pause verging. Der Major griff nach seinen Communicator.

»Major Travis an alle Schiffe«, sprach er hinein. »Ich vermute, die Piraten werden erstmals einen Ausfallversuch starten. Alle Schiffe schalten den neuen Super-Schutzschirm ein und bedienen die aufsteigenden Schiffe mit unseren Breitseiten. Wir lassen keine Schiffe entkommen. Das ist nun eine Angelegenheit, die den Piraten von den Albinos eingebrockt wurde. Vermutlich haben die Piraten jetzt den Wunsch, ihre neuen Phasen-Waffen auszuprobieren. Dabei kommen wir ihnen gerade Recht. Die angestaute Wut muss heraus, wir haben ihnen die Handelsrouten genommen. Das werden sie uns nicht so einfach vergeben. «

»Hier ist die Verwaltung des freien Handels-Planeten Kiras«, tönte es aus den Lautsprechern der Termar 1. »Wir verbitten uns jegliche Einmischung in unsere Kultur. Ihre Belagerung verstehen wir als kriegerischen Akt. Sie lassen uns keine Wahl. Verteidigung ist unsere einzige Antwort hierauf. Wir werden sie aus unserem System bomben. Das war keine weise Handlung von ihnen, mit uns Kontakt aufzunehmen. «

Das Gespräch brach ab. Major Travis gab Sergeant Farmer einen kurzen Wink. Diese verstand auch ohne Worte.

»Hier spricht Major Travis, Oberbefehlshaber der Raumstreitkräfte des Neuen-Imperiums. Sie brauchen uns keine Geschichten zu erzählen. Wir kennen die wahren Absichten von ihnen. Kooperieren sie, oder wir vernichten sie. Ich habe ihnen hier einen Freund mitgebracht, der sie kurz begrüßen möchte. «

Reco Kuriato war zwischenzeitlich von Heinze und Sergeant Hardin auf die Brücke gebracht worden. Man sah deutlich, dass er unter einer starken Willens-Beeinflussung von Heinze stand. Der Pirat hätte niemals freiwillig kooperiert. So viel stand fest. Major Travis hatte sich daher entschlossen, die Gedanken von Reco Kuriato von Heinze steuern zu lassen.

»Hier spricht Reco Kuriato, Flotten-Befehlshaber der Piraten. Ihr kennt mich alle«, sprach er in den Kommunikator. » Ich bin einer von euch. Ich habe alles gestanden, auch den Angriff auf die Weiterleitungs-Station bedauert. Es ging nicht anders. Die Terraner haben mich gut behandelt. Man kann mit ihnen reden. Sie haben ein offenes Ohr für uns. Vertraut ihnen bitte.

Vermeidet Opfer. Denkt an unsere Familien. Kooperiert mit ihnen. «

Damit war genug sagt.
»Hier spricht nochmals Major Travis«, ergänzte Oberbefehlshaber der Flotte. Die Ausführungen ihres Flotten-Befehlshabers bestätige ich. »Schicken sie uns Unterhändler, um ihre Kapitulation zu besprechen. «

»Die ersten Schiffe steigen auf«, teilte Sergeant Dantow mit. »Sie versuchen es trotzdem.«

Major Travis schüttelte den Kopf. Heran kam in die Zentrale des Schiffes. Major Travis blickte erstaunt auf.

»Ich habe mein Schiff mit ihrem verankert«, teilte der Lantraner mit. »Kümmern sie sich nicht um mich. Ich beobachte nur. «

Alle Einsatzleiter blickten auf das CIC.
»Die aufsteigenden Schiffe aktivieren ihre Waffen«, sagte Sergeant Dantow. »Was sollen wir machen, Herr Major?«

»Sie wollen es nicht anders«, antwortete Major Travis. » Feuerfreigabe, schießen wir auf die Antriebe. Geben sie den Befehl weiter. «

Hiermit war Sergeant Farmer gemeint, der den Befehl direkt an alle Schiffe durchgab.

Die ersten Piraten-Schiffe fingen an zu feuern. Die neuen Laser-Geschütze feuerten ihre Strahlen auf die Flotte des Neuen-Imperiums. Die Laserhagel schlugen in die neuen Super-Schutz-Schirme der natradischen Schiffe ein und wurden von dort als reine Energie wieder absorbiert. Die neuen Super-Schirme hielten weiterhin allen schwersten Beanspruchungen stand. Jetzt erwiderte die Flotte des Neuen-Imperiums das Feuer. Wie von einem gewaltigen Blitz getroffen, schlugen die massiven Laser-Lanzen in die kleineren Schiffe der Piraten ein. Viele wurden durch den massiven Treffer förmlich aus der Flugbahn gerissen. Es war, als ob jemand mit einem großen Hammer auf die Schiffe eingeschlagen hätte. Viele Schiffe der Piraten erhielten mehr als einen Treffer. Sie explodierten sofort. Tausende von kleinen Trümmern zogen sich durch das All und wurden von der Anziehungskraft des Piraten-Planeten beeinflusst. Sie regneten als Trümmer und als feurige Fragmente in die Atmosphäre hinab.

Pausenlos hämmerten die Breitseiten der Schiffe der Kaiser-Klasse, unterstützt von Schiffen der Königs-Klasse, ihre massiven Laser-Strahlen den Piraten-Schiffen entgegen. Die Notrufe der Piraten wurden von allen Schiffen aufgezeichnet. Die Anzahl der aufsteigenden Piraten-Schiffe nahm zwar mengenmäßig zu, doch kein Schiff konnte sich nach dem Startvorgang in eine gute Schuss-Position fliegen. Noch in der Stratosphäre wurden die Schiffe der Piraten beschädigt, oder zerstört. Hunderte Schiffe wurden getroffen, fingen an zu trudeln, und fielen zurück in die Atmosphäre des Piraten-

Planeten. Sie stürzten ab, oder konnten eine kontrollierte Notlandung einleiten.

Ein Teil der Kaiser-Schiffe hatte die bodenmontierten Abwehrstellungen erfasst. Allein durch zwei gezielte Salven aus den mächtigen Laser-Batterien wurden diese ausgeschaltet. Feuer und Rauch loderte an den Stellen auf, an dem vorher die planetaren Abwehrforts standen. Die Verwaltung des Planeten Kiras erkannte, dass die modifizierten Geschütze der Najekesio keine große Verbesserung brachten. Sie waren einem Trugschluss auf den Leim gegangen. Vermutlich wollten die Najekesio zwei leidige Nebenbuhler mit einem Schlag beseitigen. Weiterhin waren ihre Waffen den Geschütz-Türmen der terranischen-natradischen Armada weit unterlegen. Der eiligst zusammengerufene Krisenrat der Piraten musste zusehen, wie immer mehr Schiffe und Besatzungen verloren gingen.

»Machen wir nicht den gleichen Fehler, wie der Flottenbefehlshaber Reco Kuriato«, entschied der Ratsvorsitzende der Piraten. » Wir können die waffentechnische Überlegenheit nicht erzwingen, schon gar nicht, wenn die Voraussetzungen dafür nicht gegeben sind. Beenden wir diesen Wahnsinn. Wir hätten uns von den Najekesio nicht dazu überreden lassen sollen. Sehr dumm von uns, dass wir ihnen geglaubt haben. Wir haben es versucht, sind aber gescheitert. Jetzt beweisen wir Rückgrat und beenden das Dilemma, bevor wir zu viele Verluste verzeichnen. «

Die Mitglieder des Gremiums nickten resignierend.

»Es ist die beste Entscheidung«, sagte der Vorsitzende resignierend. »Öffnen sie einen Kanal zu diesem Oberbefehlshaber, Major Travis. Ich hoffe, er steht zu seinem Wort. Wir wollen hier bei uns keine Besatzungsmächte stationiert haben. «

Die Bestätigung war sofort da.

»Sie können sprechen, die Leitung steht«, antwortete die Kommunikation.

»Hier spricht das Verwaltungs-Gremium von Kiras«, sprach Jackoss in die Leitung. »Ich rufe Major Travis. Stellen sie bitte den Kampf ein. Wir ziehen unsere Raumschiffe zurück. Wir kapitulieren, bitte nennen sie uns ihre Bedingungen. Ich wiederhole, hier spricht das Verwaltungs-Gremium von Kiras. Ich rufe Mayor Travis. Stellen sie den Kampf ein, wir kapitulieren. Wir ziehen unsere Schiffe zurück, bevor wir noch mehr Verluste verzeichnen müssen. «

Major Travis, Commander Brenzby, Heinze und Sirin standen am CIC und beobachten den Kampf.

»Ich hätte gedacht, dass die modifizierten Laser-Waffen durch die Najekesio mehr durch Durchschlagskraft gehabt hätten«, bemerkte Commander Brenzby. »Man hat den Piraten die Feuerkraft schöngeredet. Es ist keine große Verbesserung der Leistung festzustellen, als die wir bereits an unserer Weiterleitungs-Station 6 analysiert haben. Sie haben den Anschluss an andere Völker und Techniken verschlafen. «

»Gut für uns«, antwortete Prinzessin Sirin. »Ansonsten wäre das Gefecht wesentlich verlustreicher geworden.

»Ich bin guter Hoffnung«, sagte Commander Brenzby. »Der Schutz-Schirm, den uns die Lantraner anvertraut haben, wird weiter halten. «

»Eingehender Funkspruch«, meldete Sergeant Farmer. »Der Verwaltungsrat von Kiras möchte sie sprechen. «

»Stellen sie durch«, antwortete Major Travis.
Er griff nach dem Communicator.

Hier spricht das Verwaltungs-Gremium von Kiras«, tönte es in die Leitung. » Ich rufe Major Travis. Stellen sie bitte den Kampf ein. Wir ziehen unsere Raumschiffe zurück. Wir kapitulieren. Bitte nennen sie uns ihre Bedingungen. Ich wiederhole, hier spricht das Verwaltungs-Gremium von Kiras. Ich rufe Mayor Travis. Stellen sie den Kampf ein, wir kapitulieren. Wir ziehen unsere Schiffe zurück, bevor wir noch mehr Verluste verzeichnen müssen. «

»Hier ist Major Travis«, meldete sich der Major. »Ich höre sie. Wir stellen unsere Kampfhandlungen ein. Senden sie uns ihrer Verhandlungsführer. «

Er beendete die Verbindung.

»Geben sie Befehl an die Schiffe, die Kampfhandlungen einzustellen«, befahl der Major. »Die aufsteigenden Schiffe der Piraten machen kehrt. «

Die Crew sah, wie die Schiffe abdrehten und zu ihren Basen zurückflogen. Das Gremium der Piraten-Verwaltung hatte Wort gehalten. «

Commander Benfort hatte ihre Flotte vor den beiden Ausgängen der Dunkel Wolke positioniert.

»Können sie Funksprüche von hier aus empfangen? «, fragte der Commander ihren 1. Offizier.

»Ich denke schon, ansonsten wäre ihr Universum sehr klein«, antwortete dieser. »Sie haben garantiert außerhalb der Dunkel-Wolke eine Hyperfunk-Station eingerichtet, die alle Funksprüche empfangen und weiterleiten kann. Versuchen sie es einfach, vielleicht hört man sie. «

Commander Benfort gab ihrem Funk-Offizier einen Befehl.
»Bitte öffnen sie einen Kanal, den die Najekesio empfangen können«, bat sie.

Nach wenigen Sekunden nickte dieser.
»Sie können sprechen, Commander Benfort«, antwortete er. »Der Kanal ist stabil. «

»Hier spricht Commander Benfort, im Auftrag des Neuen-Imperiums von Natrid und Tarid. Wir haben von der Aufwiegelung der Piraten durch sie und dem geplanten Angriff auf das Neue-Imperium erfahren. Die Durchführung wurde von uns vereitelt. Sie wurden uns als Drahtzieher genannt. Wir werden sie zur Rechenschaft ziehen. Die Ausgänge aus ihrer Dunkel-Wolke haben wir geschlossen und fordern sie auf, sich in ihrer Wolke ruhig zu verhalten. Bis auf weiteres ist ihr Handlungsspielraum auf den Bereich der Dunkel-Wolke eingeengt. Die Milchstraße steht ihnen für Exkursionen nicht mehr zur Verfügung.

Die Völker der Milchstraße sind es leid, ihre Sabotagen und Intrigen aushalten zu müssen. Bis zu möglichen Verhandlungen mit dem Neuen-Imperium, über eine Einigung des zukünftigen Zusammenlebens in der Milchstraße, werden sie in ihrer Dunkel-Wolke verbleiben. Senden sie uns eine parlamentarische Abordnung, die für das Volk der Najekesio sprechen und entscheiden darf. Das Terranischen-Natradische Imperium wird keine weiteren Eingriffe mehr dulden. Ihre Intervention auf Eris ist somit ihre letzte freie Tat gewesen. Versuchen sie keinen Angriff zu starten. Die Ausgänge aus ihrer Dunkel-Wolke wurden von uns entsprechend gesichert. Verhandeln sie mit uns, um eine Zukunft für sie aufzubauen, im Einklang mit den weiteren Völkern der Milchstraße. «

»Die Mitteilung wurde gesendet«, sagte Funkoffizier Connor.

»Auf eine Antwort werden wir zunächst einmal vergebens warten«, bemerkte Commander Benfort. »Geben sie mir eine Mitteilung, wenn sich etwas Neues ergibt. «

Der Commander hatte die Worte kaum ausgesprochen, da meldete sich der Ortungs-Offizier des Schiffes.

»Achtung, 30 Schiffe der Najekesio durchstoßen den Ausgang«, teilte er mit.

Alarmsirenen heulten durch das ganze Schiff. Alle Schiffe unter dem Befehl von Commander Benfort hatten jedoch ihre Breitseiten auf den Ausgang der Dunkel-Wolke gerichtet und ihre Waffen-Türme ausgefahren. Sie waren bereit und wachsam. Als erste Anzeichen auf den Ortungs-Geräten der natradischen Schiffe zu erkennen waren, erteilte Commander Benfort den Feuerbefehl.

Die steuerbordseitigen Waffentürme der Belagerungs-Flotte brüllten ihre Breitseiten auf die ausbrechenden Schiffe ab. Röhrend und fauchend zischten die dicken Laser-Lanzen aus den Gefechts-Rohren der schweren Kanonen den Najekesio-Schiffen entgegen. Bereits in dem engen Ausgang der Dunkel-Wolke wurden die ersten Schiffe getroffen, begannen zu trudeln und wichen von ihrer Flugroute ab. Hierdurch wurde der Durchlass noch enger. Nachfolgende Schiffe prallten auf die bereits beschädigten Schiffe auf. Explosionen waren auf den Monitoren zu erkennen. Die Metallwände der Schiffe wurden durch die Kollision der nachfolgenden Schiffe aufgerissen. Luft, Wasser, Bordgegenstände und leider auch Personal, wurde in den kalten Weltraum gezogen. Der Ausbruch der Najekesio wurde aufgehalten. Wieder schlugen die Laser-Lanzen in die Najekesio-Schiffe ein. Der Belagerungsring des Neuen-Imperiums leistete ganze Arbeit. Schuss um Schuss ging ins Ziel. Die noch übrig gebliebenen Schiffe der Najekesio zogen sich zurück in ihre Dunkelwolke.

»Die scheinen erstmals genug zu haben«, bemerkte Leutnant Janke

»Da wäre ich mir nicht so sicher«, antwortete Commander Benfort. »Unsere Schiffs-Commander wissen, worauf es ankommt. Wir lassen kein Schiff heraus. Die Najekesio sollen mit uns verhandeln. Die ewigen Sabotagen können wir nicht länger hinnehmen. Da gehe ich einer Meinung mit Major Travis. Es wird Zeit die Milchstraße säubern. Die unterschiedlichen Rassen Vertrauen zueinander finden. «

»Welcher Commander befehligt die Schiffe am zweiten Ausgang? «, fragte Junita Benfort ihren 1. Offizier Miller.

»Ich sage es ihnen sofort«, antwortete der Leutnant. »Es ist Commander Jed Cottle. Ein alter Haudegen aus der ersten Generation der Termar-Schiffe. «

»Ich möchte ihn sprechen«, entgegnete Commander Benfort.

»Hier ist die Termar 8, ich rufe Commander Cottle«, sprach sie in ihren Communicator. »Commander Cottle bitte antworten sie. «

Es dauerte nur wenige Sekunden, dann knisterte die Antwort über die Hyperkomm-Anlage.

»Hier spricht Commander Cottle«, kam die Antwort durch. »Was kann ich für sie tun, Commander Benfort? «

»Hallo Commander Cottle«, erwiderte sie. »Haben sie mitbekommen, dass wir den Ausbruchsversuch der Najekesio vereitelt haben. Zwecks der Richtigkeit möchte ich sagen, dass sie den Versuch selbst vereitelten. Das aufgetretene Durcheinander war schuld, das bei den Najekesio nach einigen Treffern unserer Schiffe, nichts mehr richtig funktionierte. Sie standen sich selbst im Weg. Entsprechend leicht war es, den Ausgang mit den Trümmern ihrer eigenen Schiffe zu versperren. «

»Ja«, antwortete Commander Cottle. »Das habe ich gesehen. «

»Ich denke, sie werden einen weiteren Versuch planen«, fuhr Commander Benfort fort. »Da mein Ausgang noch enger geworden ist, sehe ich nur ihren Ausgang als letzte Möglichkeit für einen geordneten Angriff. Ich wollte ihnen nur kurz meine Meinung mitteilen. «

»Danke Commander Benfort«, antwortete Jed Cottle. »Ihre Überlegungen stimmen sehr genau mit meinen überein. Wir passen jetzt sehr genau auf. Die Najekesio werden sich nicht so einfach überzeugen lassen. Da kommen sie schon. Wir registrieren Schiffe der Najekesio im Schleusen-Bereich. Ich schalte sie jetzt einmal aus, weil ich den Angriff beobachten möchte. Bis später Commander Benfort. «

»Bis später, Commander Cottle. Viel Erfolg«, ergänzte sie noch, aber Commander Cottle hatte bereits abgeschaltet.

Die ersten Schiffe der Najekesio flogen durch den zweiten Ausgang aus der Dunkelwolke. Sie wurden sofort von den Schiffen der Kaiser-Klasse und den neuen Hyper-Space-Kanonen empfangen. Die Geschosse entmaterialisierten und kamen wenige 100 Meter vor dem Ziel wieder aus dem Hyperraum zurück. Sie orientierten sich neu und schlugen mit ungebremster Kraft auf die anvisierten Ziele ein. Die Schiffe, die einen solchen Treffer einstecken mussten, waren dem Untergang geweiht.

Die Geschosse ließen die Schutz-Schirme der Najekesio-Schiffe ausfallen und bohrten sich weiter durch die Bordwand zum Energiekern der Schiffe. Sollten diese noch getroffen werden, detonierten die Schiffe und rissen alle Besatzungs-Mitglieder mit in den Tod. Laut Major Travis sollten möglichst wenige Schäden an Personen angerichtet werden, doch lässt sich nicht immer nach dem Lehrbuch umsetzen. Commander Cottle sah, dass seine Flotte ganze Arbeit leistete. Die Waffen-Türme der schweren Schiffe der Kaiser-Klasse schossen ihre Energie-

Lanzen im Sekunden-Rhythmus auf die Schiffe der Najekesio.

Er stand mit seinen Offizieren am CIC.
»Es sieht so aus, als ob die Najekesio keine Chance haben«, sagte er. »Sie kommen nicht einmal dazu, ihre Waffen auf unsere Schiffe zu richten. Sofort dem Ausritt ihrer Schiffe aus der Dunkel-Wolke konzentriert sich unser Feuer auf ihre Einheiten. Es ist ein Abschlachten. «

Die nachfolgenden Schiffe der Najekesio bemerkten, dass kein Schiff von ihnen in eine Angriff-Position wechseln konnte. Alle Schiffe wurden sofort getroffen, beschädigt, oder sogar vernichtet. Endlich drehten die verbliebenen Schiffe ab und flogen in ihre Hemisphäre zurück. Es war nur eine kurze Schlacht, die den Najekesio die Hoffnungslosigkeit ihrer Situation erneut klarmachte.

»Commander Benfort«, sprach Jed Cottle in das Mikrofon der Hyperkomm-Anlage.

»Ich bin noch hier«, antwortete sie schnell. »Sie haben ihre Aufgabe auch sehr schnell gelöst. Wir haben es mitbekommen. Die Dunkel-Wolke entpuppte sich für die Najekesio jetzt als Falle. Kein Schiff kommt mehr hinein oder heraus. «

»Sie haben Recht«, antwortete Commander Cottle. »Hoffen wir, dass sie jetzt kooperieren werden. Mein Ortungs-Offizier informiert mich soeben, dass er eine große Struktur-Erschütterung angemessen hat. Wir sprechen uns später wieder. Commander Cottle, Ende. «

Das Combat Information Center gab Auskunft über die Öffnung eines Wurmloches. Aus diesem strömten unendliche Schiffe des Neuen-Imperiums.

»Hier spricht Major Travis«, tönte es aus den Lautsprechern. Wir sind ihre Verstärkung. Die Enklave der Piraten hat kapituliert. Die dort verbliebenen Schiffe der Kaiser-Klasse sorgen für die Einhaltung der parlamentarischen Ordnung. Wie ist der Stand der Dinge, Commander Benfort? «

»Hallo Herr Major«, antwortete sie. »Schön sie zu hören. Wir haben zwei Ausbruchs-Versuche der Najekesio unterbunden. Sie sind in ihrer Dunkel-Wolke gefangen. Wir haben ihnen angeboten, auf dem parlamentarischen Wege weiter zu verhandeln. Leider kam bisher keine Resonanz aus der Wolke. «

»Danke«, sagte Major Travis. »Sie haben gute Arbeit geleistet, Commander Benfort. Ich übernehme jetzt. «

»Können wir ein Wurmloch in die Dunkel-Wolke öffnen? «, fragte Major Travis seinen Besucher Heran.

»Das ist möglich«, antwortete dieser. »Ich habe aber noch eine bessere Lösung. Ich kann für eine geraume Zeit die Staubschicht in dieser Wolke neutralisieren. Alle

Bewohner der Wolke können dann die Raumschiff-Armada sehen, die hier draußen auf sie wartet. «

»Das könnte die Najekesio zu Verhandlungen hinführen?«, staunte Major Travis.

»Das glaube ich auch«, erwiderte Heran. »Sie haben gesehen, dass ihre Waffen nicht stark genug sind, um die angreifenden Schiffe abzuwehren. Welche Alternative gibt es für sie, als zu verhandeln? «

»Lassen sie es uns probieren«, sagte Major Travis. »Das kostet außer einem Schrecken für die Bewohner, keine weiteren Schmerzen. «

»Dafür muss ich aber in mein Schiff zurück und meinen Ionen-Strahl entsprechen programmieren«, teilte Heran mit.

»In Ordnung«, antwortete Major Travis. »Machen sie das. Wenn es funktioniert, gebe ich zu Hause einen aus. «

»Das nehme ich gerne an«, lächelte Heran. »Ich weiß noch aus früheren Tagen die Köstlichkeiten auf der Erde zu schätzen. «

Dann entschwand er schnell in Richtung des Hangars.

»Hier spricht Major Travis, Erbfolgeberechtigter Oberbefehlshaber der vereinigten Natrid & Tarid Streitkräfte. Erhobener im Gefüge der Kaiserkaste mit

Rang 1, bestätigt und eingesetzt durch Noel von Natrid im Rahmen der Nachfolgeprogrammierung von Admiral Tarin. Stellen sie die Kampfhandlungen ein und lassen sie uns über gegenseitige, aufrichtige Beziehungen verhandeln. Es wird Zeit, uns besser kennenzulernen. Die alten Zeiten sind vorbei. Wir brauchen sie als wichtiges Mitglied im Neuen-Imperium, als Rasse und als Ideengeber. Wir meinen es ehrlich und sind an einer konstruktiven Zusammenarbeit mit ihnen sehr interessiert. Lassen sie es nicht auf weitere Kampf-Handlungen ankommen. Wir meinen unsere Worte aufrichtig. «

»Ich bin so weit«, teilte Heran per Funk mit.

»Gut versuchen sie es«, antwortete Major Travis.

Heran löste sein Schiff von der Termar 1 und setzte sich vor die Flotten-Formation. Dann löste sich ein massiver Energie-Fächerstrahl aus dem Bug des Evolutions-Schiffes. Dieser fächerte sich über die ganze Dunkel-Wolke und veränderte sie in eine milchige Farbe. Dann plötzlich wurde die milchige Farbe transparent. Sie wurde klarer und durchsichtiger. Der Effekt wurde immer intensiver, bis keine Staubpartikel mehr die Sicht auf den inneren Bereich der Wolke beeinträchtigten. Vor dem ehemaligen Ausgang waren Wach-Schiffe der Najekesio positioniert. Diese zogen sich hastig zurück, als sie die Schiffs-Armada des Neuen-Imperiums, in der kompletten Größe über ihre Monitore erfassen konnten.

Endlich kam die Antwort.

»Wir sehen die Ausweglosigkeit unserer Lage ein«, tönte es aus den Lautsprechern. »Falls ihre Worte auch in der Zukunft noch Bedeutung haben sollten, wollen wir einen Versuch der Zusammenarbeit wagen. Wir senden jetzt ein Parlamentarier-Schiff. Bitte senken sie ihre Waffen und stellen sie uns ihre Bedingungen. «

»Es gibt keine Bedingungen«, antwortete Major Travis. »Sie werden als gleichberechtigter Partner gesehen, vorausgesetzt sie unterlassen zukünftig die Infiltration und das gegeneinander ausspielen der unterschiedlichen Rassen. «

»Wir akzeptieren«, kam die Antwort kurz zurück.» Commander Benfort, hören sie mich? «, fragte Major Travis per Hyperkomm-Verbindung.

Sie bestätigte den Empfang des Funkspruches.
»Sie bleiben hier«, teilte Major Travis mit. »Ich lasse ihnen 300 Schiffe der Königs-Klasse hier. Die sollten reichen, um aufkeimende Ideen der Najekesio zu beenden. Sie schützen unsere Verhandlungsführer und geleiten die Politiker nach dem Abschluss der Gespräche wieder nach Hause. Wir ziehen uns mit den restlichen Schiffen zurück. Bekommen sie das hin? «

»Auftrag angenommen, Herr Major«, antwortete Commander Benfort. »Das ist die leichteste Übung. Ich beobachte die Dunkel-Wolke und ihre Bewohner. Ich denke, wir sollten ihnen eine Chance geben, sich wieder an normale Gegebenheiten zu gewöhnen. «

»Sie haben Recht«, erwiderte Major Travis. »Ich übergebe ihnen jetzt die verbleibende Flotte. Erstatten sie mir einen Bericht, wenn sie wieder auf Natrid sind. Viel Erfolg. «

Major Travis funkte Heran an.
»Wir sind so weit«, teilte er mit. »Öffnen sie bitte ein Wurmloch nach Natrid. Die Arbeit ist für heute beendet. Wir treffen uns im Kasino. Versprochen ist versprochen. Ich habe noch einige Fragen an sie. «

»Das verstehe ich, Herr Major«, antwortete der Lantraner. »Wir sehen uns. «

Heran programmierte das Wurmloch nach Natrid ins Sol-System. Er wusste, wenn er Partner des Neuen-Imperiums werden sollte, würden auch die unangenehmen Fragen irgendwann auf seinem Teller landen.

»Ich kann die Tatsachen nicht ewig verleugnen«, dachte er. »Aber die Geschichte kennt viele Varianten. «

Vorschau: